K. Hofbuchdruckerei Carl Liebich.

Swen Ribbing

Vorwort des Übersetzers
zur ersten Auflage.

Was der Beweggrund gewesen sei, nachfolgende
ursprünglich mehr auf die Verhältnisse in den skandinavischen Ländern abzielende Blätter auch den deutschen wissenschaftlichen und überhaupt den gebildeten
Kreisen durch Übersetzung zugänglich zu machen?
... Es war die Überzeugung, dass die meisten Schilderungen Prof. Ribbing's auch bei uns ganz getreuen
Abbildern entsprechen; es war der warme und von echter, schwärmerischen Utopien wie grobem, unthätigem
Gehenlassen gleich abholder Menschenliebe getragene
Ton, der seine Ausführungen durchklingt; die vor nichts
zurückschreckende, und doch in keiner Weise unlautere Wirkungen begünstigende, rein wissenschaftliche
Würde, die er in jeder Zeile zu bewahren wusste,
was den Ausschlag gab, ein Werkchen, das in des
Verfassers Vaterlande und den benachbarten Reichen
wirklich aussergewöhnliches Aufsehen erregt hat, auch
in unsere, an derartigen Erscheinungen leider nicht
reiche Litteratur einzufügen, zumal da der gewissen-

hafte Verfasser mit seinen vielfältigen Citaten überhaupt schon die Grenzen der eignen Heimat oft
überschreitet und damit auch bei uns herrschende
Verhältnisse unmittelbar berührt.

Ribbing's „Sexuelle Hygiene" stellt sich nicht
nur als eine Quelle der Information für bei der Mit-
arbeit an dem hier erörterten Thema Beteiligte dar;
sie wird jedem denkenden Leser überhaupt manche
dankenswerte Aufklärung bieten und ferner der reiferen Jugend ein sorgsamer Warner vor vielen Irrwegen des Lebens sein, von denen dieselbe sonst auch
bei frühzeitiger Umkehr nichts als bittre Erfahrungen
und noch bitterere Reue mit zurückbringt.

Leipzig im Mai 1890.

Dr. med. O. Reyher.

Vorwort zur dritten Auflage.

Niemand erkennt die Mängel eines Buches besser als dessen Verfasser selbst. Gerade deshalb hat es mir eine hohe Befriedigung gewährt, meine vorliegende Arbeit so gut aufgenommen zu sehen. In dankbarer Erinnerung bewahre ich die zustimmenden Beurteilungen, welche mir sowohl in mündlicher Mitteilung, als auch in Schrift und Druck zugegangen sind. Ich weiss nur zu wohl, dass mehrere Teile dieser Arbeit recht fragmentarisch ausgefallen waren und habe mich deshalb in vorliegender Auflage bemüht, dieser Lückenhaftigkeit möglichst abzuhelfen. Dagegen vermag ich den hochachtbaren Rezensenten, welche in manchen sozialen und legislativen Hinsichten von den meinigen abweichenden Anschauungen huldigen, nicht zu versprechen, dass ich mich ihrer Auffassung anschliesse. Kann meine hier folgende ausführlichere Darstellung sie überzeugen, dass ich erst nach gründlichster Prüfung der Verhältnisse zu den — nicht einmal mir selbst völlig genügenden — Schlusssätzen gelangt bin, welche ich aufgestellt habe, so wird mich schon das in hohem Masse befriedigen.

Lund, den 25. Sept. 1889.

Der Verfasser.

Vorrede.

Le ministère sacré du médecin, en l'obligeant
à tout voir, lui permet aussi de tout dire.

Tardieu.

Im Frühjahr 1886 hielt ich vor den Mitgliedern
des Studentenvereins in Lund die Vorträge, welche
hiermit in Buchform erscheinen. Wenn ich dieselben
jetzt veröffentliche, geschieht es hauptsächlich deshalb,
weil die Sexualfrage in den verschiedensten Kreisen
noch immer auf der Tagesordnung steht. Ich behalte
den äusseren Rahmen von Vorlesungen hier bei und
teile alles mit, was ich bei jenen sagte, unter verschiedenen Zusätzen und Anwendungen, welche sich
aus der inzwischen erschienenen Litteratur ergaben.
Dem und jenem könnte es wohl scheinen, dass nachfolgende Blätter eine etwas grosse Anzahl von Citaten
enthalten; doch das erwies sich als notwendig. Die
Citate sind meine „pièces justificatives“, sie beweisen,
dass meine ausgesprochenen Urteile nicht willkürliche,
einer wirklichen Grundlage entbehrende Einfälle sind,
dass meine Forderungen nicht auf subjektiven Privat-
anschauungen beruhen, sondern dass sie mit der wissenschaftlichen Forschung der Gegenwart in voller Übereinstimmung stehen.

Lund, den 5. Okt. 1888.

Der Verfasser.

Inhaltsverzeichnis.

	Seite
Vorwort des Übersetzers	III
Vorwort des Verfassers zur dritten Auflage	V
Vorrede	VI
Erste Vorlesung	1
Die Litteratur der Sexualfrage	2
Deren Zweck und Einteilung	2
Nutzen sexueller Kenntnisse	3
Einteilung der Vorlesungen	4
Die direkte Natur der Darstellung	5
Die sexuelle Hygiene, eine Wissenschaft	6
Pessimistische Auffassung des Geschlechtslebens	7
Die Bedeutung des Geschlechtslebens	7
Anatomie und Physiologie der männlichen Geschlechtsorgane	8
Die weiblichen Geschlechtsorgane und deren Aufgaben	13
Geschlechtsreife	16
Geschlechtliche Frühreife	17
Brunst und Menstruation	19
Zu frühzeitige Ehe	22
Die Paarung und Zuchtverhältnisse der Tiere	23
Geschlechtsleben und Geschlechtsgenuss des Menschen	25
Alter bei der Eheschliessung	26
Statistisches darüber	27
Das Eheschliessungsalter verschiedener Gesellschaftsklassen	30
Entwickelung des Instituts der Ehe	33
Numerisches Verhältnis der Geschlechter	34
Ursachen der Störungen dieses Verhältnisses	37
Zweite Vorlesung	39
Die angeblichen polygamischen Tendenzen des Mannes	40
Kritik derselben	41
Verhältnisse in islamitischen Ländern	42
Typen für sexuelle Leidenschaft	43
Folgen der Polygamie	44
Die Beherrschung des Geschlechtstriebes, eine Kulturkraft	47
Shakespeare's Ansicht darüber	47

Seite

Verhältnis der Frau als Neuvermählte 48
Natürliche Unterbrechungen 49
Der eheliche Umgang 50
Falsche weibliche Auffassung von der Stellung der Gattin 53
Eheliche Lebensregeln 57
Verschiedene Genussfähigkeit der Geschlechter 60
Verschiedene Frauentypen 62
Lebensweise unverheirateter Männer 65
Citate aus der Litteratur der Gegenwart 65
Enthaltsamkeitskrankheiten 76
Wirkung der Litteratur auf die Sitten 86
Beispiele der Tendenz derselben 88
Unsittliche Einflüsse andrer Art 94
Verlobungen 96
Präventivmittel 100
Kritische Prüfung dieser Mittel 102
Die Volksvermehrung 115
Dritte Vorlesung 122
Geschlechtliche Krankheiten 122
Onanie 123
Deren Schädlichkeit 125
Pollutionen 133
Päderastie 135
Römische Kaisergeschichte 136
Die Ansichten moderner Schriftsteller 139
Medizinische Ehen 145
Venerische Krankheiten 146
Massregeln gegen deren Verbreitung 155
Prostitution 161
Die Föderation 164
Kritik der Bestrebungen gegen Reglementierung der Prosti-
  tution 170
Notwendige gesellschaftliche Reformen 211
Schlusswort 214

Erste Vorlesung.

Einleitung. — Die Litteratur der Sexualfrage. — Deren Zweck und Einteilung. — Nutzen sexueller Kenntnisse. — Einteilung der Vorlesungen. — Die direkte Natur der Darstellung. — Die sexuelle Hygiene, eine Naturwissenschaft. — Pessimistische Auffassung des Geschlechtslebens. — Die Bedeutung des Geschlechtslebens. — Anatomie und Physiologie der männlichen Geschlechtsorgane. — Die weiblichen Geschlechtsorgane und ihre Aufgaben. — Geschlechtsreife. — Geschlechtliche Frühreife. — Brunst und Menstruation. — Zu frühzeitige Ehe. — Die Paarung und Zuchtverhältnisse der Tiere. — Geschlechtsleben und Geschlechtsgenuss des Menschen. — Alter bei der Eheschliessung. — Statistisches darüber. — Das Eheschliessungsalter bei verschiedenen Gesellschaftsklassen. — Entwickelung des Instituts der Ehe. — Numerisches Verhältnis der Geschlechter. — Ursachen der Störung dieses Verhältnisses.

———

M. H.! Es dürfte Sie kaum wundern, wenn ich bekenne, dass ich heute nur nach starkem Zweifel das Katheder betrete. Das ins Auge gefasste Thema pflegt nämlich so selten zu öffentlicher und gleichzeitig würdiger Diskussion herangezogen zu werden, dass wohl mancher jedem derartigen Versuche mit grösstem Widerwillen gegenübersteht. Gewisse Erscheinungen der modernen schönen Litteratur scheinen mir aber doch zu dem Aufgeben einer solchen reservierten Haltung hinzudrängen. Wir haben ja erst jüngst ein Buch erscheinen sehen, das sich eine der Wirklichkeit entsprechende Schilderung des Univer-

sitätslebens zu bieten rühmt*), und wenn demselben Glaub-
würdigkeit zuerkannt werden kann, so würde das ältere,
erfahrenere Geschlecht, das von dem geschlechtlich heran-
reifenden, aber unerfahrenen Jünglinge um Rat gefragt
wird, zu dessen Trost und Rechtweisung nichts anderes zu
antworten haben, als ein beklagendes: „Auch du, armer
Junge!" ... Glücklicherweise kann doch so mancher eine
bessere Lehre erhalten, wenn auch leider zugegeben werden
muss, dass die diesbezügliche Litteratur, welche sich zuerst
und am leichtesten darbietet und so oft in die Hände der
Jugend fällt, leider meist eine irreführende ist. Ich möchte
diese Art von Schriftstellerei in die litterär-reforma-
torische und die medizinisch-lukrative einteilen.
Unter der ersten verstehe ich vornehmlich Publikationen
in novellistischer oder dramatischer Form, unter welcher
die Verfasser irgend eine Spezialfrage aus der physischen
oder psychischen Sphäre des Geschlechtsleben zur Debatte
aufnehmen und meist, empört über die dermalige Gestaltung
der Dinge, lebhaft für eine Änderung der geltenden Gesetze
und Sitten das Wort nehmen. Eine derartige Litteratur
erscheint ja an und für sich nicht verwerflich. Die Erfahrung beweist jedoch, dass sie oft genug schädlich wirkt,
und das nicht zum geringsten deshalb, weil die Verfasser
resp. Verfasserinnen in den so gewöhnlichen Fehler der
Halbbildung verfielen, vereinzelte Beobachtungen zu ver-
allgemeinern und so, von isoliert stehenden Fällen ausgehend, die Gesellschaftsordnung, welche sich in Übereinstimmung mit der grossen Zahl normaler Fälle und
Erscheinungen herausgebildet hat, umstürzen zu wollen.

Die andre Art der Litteratur betr. geschlechtliche

---

*) Erick Grane, von G. von Geijerstam. Stockholm 1885. S. 113.

Verhältnisse nenne ich die medizinisch-lukrative. Welcher Art diese ist, verstehen Sie am besten durch Aufzählung mancher Buchtitel, wie „Der persönliche Schutz", „Amor und Hymen", „Ratgeber für Neuvermählte" u. a. m. Diese Litteratur wucherte nur empor, indem sie auf die Lüsternheit und die Fehltritte der Jugend spekulierte. Unter dem Versprechen, die Geheimnisse des Geschlechtsgenusses zu entschleiern, bietet sie nichts anderes als einige recht dürftige, nichtssagende Schilderungen, nebst Ratschlägen gegen Geschlechtskrankheiten und die Folgen der Ausschweifung, welche zuletzt auf die Ermahnung hinauslaufen, sich von irgend einem ausländischen Arzte gegen übermässige Bezahlung ein, seiner Zusammensetzung nach geheim gehaltenes und als rein wunderthätig gepriesenes Heilmittel zu beschaffen.

Erblickt zuweilen eine Arbeit andrer Art das Tageslicht, wie das der Fall war mit Björnstierne Björnson's „En handske" und „Det flager i byen og paa havnen", so geschieht es leicht, dass diese starken Widerspruch und die abfälligste Kritik erfährt von einer Schriftstellersippe, die sich nur an den vorgenannten Zweigen der Litteratur grossgesäugt hatte. Die Anschauung, welche Björnson, gestützt auf Herbert Spencer, in der letzteren Arbeit vertritt, hat zweifelsohne volle Giltigkeit, obwohl gewisse Modifikationen bez. des Zeitpunktes und der Art und Weise der Mitteilung geschlechtlicher Kenntnisse erwünscht erscheinen möchten.

Eine Unterweisung, wie die hier zu gebende, ist keineswegs eine Neuheit. Seit Jahrhunderten wurde sie und noch heute wird sie erteilt in Gestalt der privaten Seelsorge von der protestantischen Geistlichkeit, welche aus der eignen Erfahrung über das Familienleben und dessen Bedingungen die Ratschläge für ihre fragenden Zuhörer

ableitet. Wie gut und wohlgemeint diese Ratschläge auch
sein mögen, werden sie doch nur selten von der studierenden Jugend eingeholt, und ausserdem kommt hierzu, dass
die Geistlichkeit auf diesem Felde unmöglich der wissenschaftlichen Entwicklung wie den wechselnden Äusserungen
und Verirrungen des Kulturlebens folgen konnte, so dass
noch andere Sachkundige, nämlich die Ärzte, hierbei ein-
schreiten mussten.

Die ganze Stellung des Arztes bietet keine ange-
nehmere, keine mehr zufriedenstellende Seite als die, dass
sein Wissen das Sexualleben, „die Grundbedingungen der
Familie", beherrscht. Die praktische Ausübung der Medizin
mag so manche Dornen und Unbehaglichkeiten aufweisen,
die Kenntnis der Gesetze des Lebens kann dagegen nur
Sicherheit und Zuversicht schenken. Etwas von diesem
Wissen des Arztes ist es, das ich Ihnen, m. H., in diesen
Vorlesungen mitteilen möchte, und ich meine, unser Gegenstand wird hier unter gebildeten Männern, mit Ernst und
gebührender Würde abgehandelt, ohne dass unlautere
Nebenabsichten dabei irgendwie mitspielen.

Es würde sehr leicht sein, über dieses Thema ein
ganzes Semester lang zu lesen, doch darf ich Ihre Zeit
nicht so sehr in Anspruch nehmen; ich beschränke diese
Vorlesungen also auf drei, von welchen

die erste die Geschlechtsorgane nebst der Anatomie
und Physiologie des Geschlechtslebens,

die zweite die Ehe und

die dritte die Krankheiten im Gefolge des Geschlechtslebens behandeln soll.

Meinen Zuhörern*) sei kund gegeben, dass sie Be-

---

*) Die Erlaubnis, den Vortragenden mündlich oder schriftlich
zu interpellieren, ist nur den Zuhörern selbst, nicht aber den Lesern

merkungen und Fragen über das hier Gesagte mündlich oder schriftlich, persönlich oder anonym an mich stellen können, und dass ich diese bei der nächsten Vorlesung nach bestem Wissen und Können beantworten werde. Dagegen wünsche ich von allen Diskussionen über diese Vorträge oder einzelne Teile derselben in öffentlichen Blättern verschont zu bleiben. Es könnte nämlich leicht vorkommen, dass derartige Bemerkungen ein tieferes Eingehen, eine mehr detaillierte und so zusagen nackte Beantwortung erfordern würde, die ich in der öffentlichen Zeitungspresse zu erteilen nicht Lust habe.*)

Eines muss ich meinen Zuhörern nämlich im voraus anmelden. Ich werde mich ohne jeden Rückhalt und geradewegs auf die Sache gehend über alle Einzelheiten unseres Themas aussprechen müssen. Es kann da wohl vorkommen, dass eine solche Behandlungsweise bei dem oder jenem ein wirkliches physisches Unbehagen erzeugt. und wer sich nach dieser Seite nicht völlig auskennt, wird am besten thun, sich vorher zu entfernen.

Auch noch etwas anderes drängt es mich, Ihnen zu vertrauen. In diesen Vorträgen werd' ich danach streben, rein empirisch zu sein und niemals doktrinär zu werden. Freilich kann ich nur versprechen, das zu erstreben. Die Lebensauffassung, welche wir aus verschiedenen Quellen

---

dieser Blätter erteilt. Besonders möchte ich darauf hinweisen, dass ich keinerlei Behandlung von Geschlechtskranken auf dem Wege der Korrespondenz übernehme. Derartige Fälle erfordern mehr als die persönliche Untersuchung und den Einfluss des Arztes auf den Kranken, und ich bin auch fest überzeugt, dass die meisten Patienten in unserem Lande leicht in ihrer Nähe einen guten Ratgeber werden finden können.

*) Diese Verwahrung gilt natürlich nicht mehr nach der Veröffentlichung dieser Vorlesungen.

des Wissens gewonnen und im eignen Innern ausgearbeitet
haben, kann ja gar zu leicht hier und da hervortreten,
ohne den Anspruch auf allseitige Anerkennung erheben zu
dürfen. Die Empirie aber, das heisst die eignen Gesetze
und Lehrsätze der Natur, kann dagegen von niemand
zurückgewiesen werden. Die sexuelle Hygiene ist ja eine
reine Naturwissenschaft; die ethischen Konsequenzen,
welche daraus zu ziehen sind, dürften unzugänglich für
Widerrede von jeder anderen Seite als von der einer abweichenden Doktrin bleiben. Es könnte so manchem als
ein unnötiges, ja, nutzloses Unternehmen erscheinen, auf
solche Untersuchungen einzugehen, da wir in der religiösen
und philosophischen Ethik gute Vorschriften für die Sittenlehre des Geschlechtslebens besitzen; ich hege jedoch die
entgegengesetzte Anschauung, d. h. die, dass eine empirische
„Ethica naturalis sexualis" vor allem anderen dasjenige ist,
was wir in dieser Hinsicht brauchen. Eine solche Wissenschaft müsste sich zunächst auf die Erfahrungen der Physiologie und Pathologie stützen. Was unnatürlich ist, was
körperliche und seelische Leiden verursacht, muss als verwerflich angesehen und so weit als möglich ausgerottet werden.
Da die sexuelle Frage jedoch vom individuellen Standpunkt
aus nicht lösbar ist, müssen die Ergebnisse der Soziologen
ebenso genau beachtet und daraus der Grundsatz abgeleitet
werden, dass niemand das Recht hat sich Genüsse zu verschaffen, welche anderen Menschen Leiden und Qualen
bereiten, sowie dass auch auf diesem Gebiete das grösstmögliche Glück für die grösstmögliche Anzahl Menschen
eine der Hauptaufgaben der allgemeinen Thätigkeit ist.

Es ist mehrfach vorgekommen, dass ernste und wohlge-
sinnte Menschen, welche über die verschiedenen Verirrungen
des Geschlechtslebens nachgegrübelt haben, diese ganze
Lebensäusserung als unglücklich, verleitend und erniedrigend
betrachtet haben; sie haben, vielleicht wohl etwas flüchtig,
den Wunsch ausgesprochen, die Fortpflanzung des Menschengeschlechts hätte nicht sollen an eine geschlechtliche Paarung
und Vermischung gebunden sein.

Von einem ganz entfernten Lager aus ist ein Ausfall
auf die Naturordnung unternommen worden; August Strindberg hat in seinen „Utopier i verkligheten" (Utopien in der
Wirklichkeit)*) den Satz aufgestellt, dass die geschlechts-
lose Fortpflanzung ein gleich hohes, wenn nicht höheres
Stadium darstelle als die sexuelle.

Bei einigem Nachdenken wird man die Bedeutung
der geschlechtlichen Fortpflanzung leicht einsehen. Nehmen
wir, wenn auch nur für einen Augenblick, die Anschauungs-
weise der Evolutionstheorie an, so werden wir leicht finden,
dass das Suchen nach dem anderen Geschlecht Gaben und
Früchte gezeitigt hat, welche sonst ungeweckt und unbenutzt
geblieben wären. Ein Blick auf die Natur wird uns sofort zeigen, wie unendlich weit Bedeutung und Wirkungen
des Geschlechtslebens hinausreichen. Nur deshalb und dadurch blühen die Lilien auf dem Felde und duften die Rosen
im Hain, nur deshalb singen Amsel und Nachtigall, nur
deshalb kleidet sich Pflanzen- und Tierwelt in schöne Farben
und Formen; deshalb auch entwickeln sich Mann und Weib
zu körperlicher und geistiger Vollkommenheit und geben
sich Stärke und Schönheit gegenseitig zum Preis. Gäbe es
kein menschliches Geschlechtsleben mehr, so würde das Leben

---

*) Stockholm 1886, S. IV.

zur trostlosen Wüste werden; Künste und Wissenschaften
Staatsleben und Kultur, ja, sogar ein beträchtlicher Teil der
Religion könnte dann nicht ferner existieren.*)

Eine Einsicht in das Wesen des Geschlechtslebens ist
unmöglich ohne Kenntnis der Anatomie und Physiologie
der Generations-Organe, und ich wende mich deshalb zu
einer kurzen Beschreibung derselben. Wohl mag diese
Schilderung manchem trocken und langweilig erscheinen
und mag ein anderer meinen, dass dieses ganze Kapitel nur
Ekel und Widerwillen erwecken müsse; für denjenigen aber,
der tiefer blickt als bis zur Oberfläche, zeigen sich gerade
hier viele der wunderbarsten Züge der Natur.

Übergehen muss ich hier notwendiger Weise alle
Theorien über die Entstehung der Geschlechter, über den
Geschlechtsbegriff und über die sexuale Differenzierung
von niederen Formen zu höheren; ich beginne also unmittelbar mit der Schilderung der männlichen Geschlechtsorgane. Zuerst mag da bemerkt sein, dass dieselben sich
im Gegensatz zu den weiblichen in der Hauptsache ausserhalb der grösseren Körperhöhlen befinden und gleichsam
als sichtbarer Anhang dem unteren Teil des Rumpfes bei-
gegeben sind. Nach ihrer funktionellen Bedeutung teilt
man sie in drei Kategorien und zwar je nachdem sie die
Aufgabe haben, das Generationsfluidum zu bereiten,
dasselbe in röhrenförmigen Organen fortzuleiten
und endlich als Kopulationswerkzeug zu dienen.

Die neue Individuen erzeugende Substanz wird in den
Hoden gebildet, das sind zwei der Grösse, Gestalt und
Lage nach sich gleichende, aus feinen Röhrengängen
zusammengesetzte Drüsen, deren eigentümliche Thätig-

*)Vgl. auch Krafft-Ebing, Psychopathia sexualis. Stuttg. 1868. 8. II.

keit mit Eintritt der Mannbarkeit beginnt und im Alter
gewöhnlich aufhört. Ein normal ausgebildeter Testikel
(Hode) ist etwa 5 cm lang, $2\frac{1}{2}$ cm breit und 3 cm dick
und wiegt gegen 16 g. In seiner äusseren Form kann
man deutlich zwei Teile unterscheiden, nämlich den eigentlichen Hoden, der die Gestalt eines etwas plattgedrückten
Eies hat und dreiviertel der ganzen Masse bildet, und den
Nebenhoden, ein langgestrecktes, fast cylindrisches Organ, welches an der Längsseite des eigentlichen Hoden liegt.
Bedeckt von häutiger Umhüllung läuft von jedem Hoden
der sogenannte Samenstrang (funiculus spermaticus) hin-
auf nach dem Leistenkanal (canalis inguinalis) durch den
er in die Beckenhöhle eintritt. Der Samenstrang besteht
aus dem röhrenförmigen Samenleiter, und Arterien
Venen, Lymphgefässen und Nerven, sowie aus Bindegewebe,
welches alle diese Teile vereinigt. Es würde zuviel Zeit
beanspruchen, wollte ich Ihnen alle Häute, Hüllen, Muskel-
scheiden u. s. w. dieses Organs schildern; ich gehe also
hierüber hinweg und beschreibe nur diejenigen Teile, denen
die wichtigsten physiologischen Funktionen zufallen.

Der Testikel besteht in der Hauptsache aus einer
Menge vielfach verschlungener, äusserst feiner ($\frac{1}{6}$ mm
weiter) Röhrchen, den sogenannten Samenröhrchen (tubuli
seminiferi), deren zusammengelegte Länge in einem voll-
entwickelten Organ nicht weniger als 400 m. beträgt In
diesen Kanälen werden, als Produkte und Veränderungen
der darin enthaltenen Zellen, die Samenkörperchen oder
Samentierchen (Spermatozoën) erzeugt. Diese erscheinen
als ungemein kleine, 0,004 mm lange und etwa halb so
breite Gebilde und bestehen aus einem mandelförmigen
Körper und einem Schwanze, welch' letzterer fadenartig
ist und den Körper selbst an Länge sieben- bis zehnmal

übertrift. Von der Kleinheit der Samenkörperchen gewinnt man vielleicht eine bessere Vorstellung, wenn ich hinzufüge, dass jeder Kubikmillimeter Samenflüssigkeit gegen zehn Millionen solcher Gebilde enthält.

Bei mikroskopischer Untersuchung erweisen sie sich als bestehend aus einer homogenen, perlmutterartigen Substanz, welche chemisch wahrscheinlich aus Eiweiss, Fett und phosphorsaurem Kalk zusammengesetzt ist. Eine bemerkenswerte Eigenschaft frisch entleerter Spermatozoën ist die, dass sie sich in beständiger lebhaft zitternder und drehender Bewegung befinden, welche durch die undulierenden Schwingungen des Schwanzes zustande kommt. Durch diese Bewegungen wird das Samenkörperchen meist in gerader Linie vorwärts getrieben und zwar in der Richtung, nach welcher das spitzige Ende des Körperchens hinweist. Die Schnelligkeit der Bewegung ist auf 4 mm in der Minute abgeschätzt worden.

In die weiblichen Geschlechtsteile eingeführt, können die Spermatozoën ihr Bewegungsvermögen wohl acht bis zehn Tage behalten; unter anderen Verhältnissen hört dasselbe einige Stunden nach der Entleerung auf.

Die Spermatozoën bilden zweifellos den einzigen generierenden Bestandteil der männlichen Samenflüssigkeit, welche übrigens durch die Absonderung verschiedener Drüsen leichter flüssig und zur Überführung in die weiblichen Geschlechtsteile geschickter gemacht wird. Ergiebt die Untersuchung des Samens eines Mannes beständig einen Mangel an genannten Samenkörperchen, so kann man mit voller Gewissheit behaupten, das jener impotent ist, d. h. unfähig, Kinder zu erzeugen, womit übrigens keineswegs die Unfähigkeit zum Beischlaf verknüpft zu sein braucht.

Der fertig gebildete Samen bedarf nun eines Fort-

leitungsapparats, um nach dem endlichen Ziel geführt zu
werden, und dieser besteht aus dem sogenannten Samen-
gange, einem etwa 33 cm langen und in vielen Windungen
verlaufenden Schlauche, der von jedem Testikel durch den
Leistenring in das Becken emporsteigt und im obersten
Teil der Harnröhre ausmündet. Die Wände dieses Rohres
ferner bestehen aus sehr dicken und kräftigen Muskel-
schichten, welche sehr starke peristaltische Bewegungen
auszuführen vermögen. Sehr nahe an der Ausmündung
des Samenganges in die Harnröhre, ist an den ersten als
Appendix noch eine Blase, die sogenannte Samenblase
(vesicula seminalis) angebracht, welche als Aufbewahrungs-
stelle für das fertig gebildete Sperma oder möglicherweise
auch als Absonderungsdrüse für das Fludium dient, das
mit jenem bei der Ergiessung gemischt wird.

Das männliche Kopulationsorgan (membrum virile,
penis) hat verschiedene Bestimmungen und dient unter gewöhnlichen Umständen zur Ausleerung des Harns, als Ge-
schechtsorgan aber zum Eindringen in die weibliche Scheide
und zur Ausleerung des Samens. Deshalb erscheint dessen
physiologisches Verhalten und Aussehen sehr wechselnd,
indem dasselbe unter gewöhnlichen Verhältnissen weich,
schlaff und gleichsam zusammengezogen ist, beim Begattungs-
akte und bei sexueller Reizung aber aufgerichtet, fest und
steif wird. Die Art und Weise, durch welche die Natur
diese Veränderung des Organs hervorbringt, ist wirklich
bewundernswert. Ausser dem schlauchförmigen Kanal für
den Harn und den Samen besteht der Penis nämlich aus
drei langgestreckten schwammartigen Körpern, welche eine
Menge Hohlräume und Maschen einschliessen, die sich mit
Blut anfüllen können, wodurch sie den Penis schnell aus
einem harnleitenden Organ zum kräftigen Kopulations-

werkzeug umgestalten. Der physiologische Vorgang dabei ist nun folgender: wie es Ihnen wohl bekannt ist, dass seelische Erregungen die Blutverteilung im Körper beeinflussen, wovon die Scham- und Verlegenheitsröte Beispiele darbieten, ungefähr ebenso geht es hierbei zu. Bei dem Manne wird durch das Erblicken oder die Berührung eines Weibes, ja, schon durch den Gedanken an ein solches (als Verkörperung des anderen Geschlechts) oft das Verlangen nach physischer Vereinigung mit demselben wachgerufen. Von Gehirn- und Rückenmark aus verbreitet sich dieser Impuls bis zu den Nerven des Genitalapparats, er beginnt diesem Blut zuzuführen und gleichzeitig den Wiederabfluss desselben aus den Gefässen des männlichen Gliedes zu hemmen; die Maschen und Hohlräume füllen sich dabei mehr und mehr mit Blut, die gefüllten Hohlräume nehmen einen grösseren Platz ein als die leeren und diese sind so nebeneinander in gemeinsamer Hülle angeordnet, dass sie, um sich vollständig ausweiten zu können, das männliche Glied aufrichten und dessen Volumen nach allen Richtungen hin vergrössern müssen. Hat endlich hierdurch der Penis hinlängliche Kraft gewonnen zur Überwindung des grösseren oder geringeren Widerstandes, den ihm die weibliche Scheide entgegensetzt, sowie genügendes Volumen erreicht, um letztere auszufüllen, so wird durch die Reibung an der Scheidenwand ein neuer Reflexakt hervorgerufen, der Samenleiter und Samenblase so erregt, dass sie ihren Inhalt in die Harnröhre ergiessen; dadurch aber entsteht eine weitere Reflexbewegung in den Muskeln, welche die Schwammkörper des männlichen Gliedes bekleiden, und die Samenflüssigkeit wird ausgespritzt (ejaculiert) in einer Reihe rhytmischer Stösse oder Zusammenpressungen der samengefüllten Harnröhre. Während dieses ganzen Aktes war das Eindringen

von Urin in die Harnröhre oder von Samenflüssigkeit in
die Harnblase verhindert durch ein kleines ventilartiges
Organ, welches die Wegeverbindung zwischen dem genannten Organsystemen abschloss. Der Genitalapparat hat
nun seine Aufgabe erfüllt, der Reiz lässt nach, das Blut
strömt wieder in seine gewöhnlichen Bahnen, der Penis
erschlafft und nimmt sein gewöhnliches Aussehen wieder an.

Das weibliche Genitalorgan zeichnet sich unter
anderem dadurch aus, das die meisten und wichtigsten
Teile desselben in das Innere des Körpers verlegt sind,
und deshalb auf die physischen nnd psychischen Funktionen
des Weibes einen weit grösseren Einfluss ausüben. Das
Geschlechtsleben der Frau ist infolge dessen nicht von
so momentaner Art wie das des Mannes. Während sich
dasselbe bei letzterem auf den Begattungsakt konzentriert,
bleibt es bei ersterer zwecks Bildung eines neuen Wesens
längere Zeit in Thätigkeit.

Die weiblichen Genitalorgane bestehen zunächst aus
den Eierstöcken, zwei innerhalb des Beckens und in der
Nähe der Gebärmutter gelegene ovale Gebilde, bestimmt
zur Reife und Absonderung des weiblichen Generations-
stoffes, der befruchtet, d. h. vereinigt mit dem männlichen,
den notwendigen Entwickelungsprozess durchzuführen hat,
welcher ein neues Individuum entstehen lässt. die Grösse
eines Eierstocks beträgt etwa 4 cm in der Länge; 2,2 cm
in der Breite, 1,3 cm in der Dicke; sein Gewicht beläuft
sich auf ungefähr 6 g.

Der Eierstock selbst besteht teils aus einem Balken-
werk, welches das Organ stützt und zusammenhält, und
teils aus einer mehrere Tausend betragenden Menge kleiner
Bläschen, den sogenannten Graafschen Follikeln. Im
Grunde der letzteren kann man bei hinreichender Ver-

grösserung das menschliche Ei entdecken, ein kleines,
klares, weisses kugelförmiges Gebilde von $^1/_7$ mm Durch-
messer. Trotz seiner Kleinheit besteht das Ei doch wieder
aus mehreren Teilen, einer dünnen weissen Schale oder
Hülle, einer flüssigen, feinkörnigen Masse, welche dem Ei-
gelb entspricht, und innerhalb letzterer aus der Frucht-
blase. Nicht einmal diese letztere ist einfach, vielmehr
findet man wieder in deren Innern den sogenannten Frucht-
flecken (macula germinativa), eine Art Zellenkern von
0,0037 mm Querschnitt. Bei der Menstruation platzt ein
Graafscher Follikel; das daraus hervortretende Ei wird
von dem ringförmigen Eileiter der Muttertrompete mittels deren äusseren trichterförmigen Mündung aufgefangen
und nach der Gebärmutter fortgeleitet, wo es endlich
seiner vollständigen Entwicklung entgegengehen kann.

Die Gebärmutter (uterus) stellt den centralen und
besonders wichtigen Teil des weiblichen Genitalorgans dar,
indem diese während der Entwicklungsperiode die Frucht
umschliesst, sowie deren Ernährung und Wachstum entwickelt, und andererseits nach dem Ausreifen derselben
austreibt. Die Gebärmutter, welche im jungfräulichen Zustande die Form und Grösse einer etwas plattgedrückten
Birne hat, kann während der Schwangerschaft sich soweit
vergrössern, dass sie eine oder mehrere reife Früchte, samt
deren Anhang an Fruchtwasser und Mutterkuchen, umschliesst. Unter solchen Verhältnissen verdrängt sie bekanntlich die übrigen Bauchorgane und dehnt die Unter-
leibswände des Weibes aus, wodurch dessen Gestalt zu der
bekannten charakteristischen Form verändert wird.

Zwischen der Gebärmutter und den äusseren Geschlechtsteilen verläuft die Mutterscheide (vagina), ein schlauch-
artiges Organ, bestimmt, bei der Begattung das männliche

Glied aufzunehmen und bei der Geburt als Ausführungs-
gang für das Kind zu dienen. Die äusserer Mündung
der Scheide ist bei unverletzten Jungfrauen teilweise ver-
schlossen durch eine ventilartige Schleimhaut-Duplikatur
von verschiedener Form. Dieses Häutchen, das Jung-
frauenhäutchen (hymen), zerreist gewöhnlich bei der
ersten vollständigen Begattung unter mässiger Blutung.
Sein Vorhandensein und seine unverletzte Beschaffenheit
wurde von jeher als Beweis völliger Jungfernschaft betrachtet, was doch wenigstens nicht vollständig richtig
ist, da dieses Häutchen sowohl bei wirklich jungfräulichen
Individuen fehlen, als auch infolge grösserer Festigkeit
und Elastizität selbst nach wiederholter Begattung fortbestehen kann.

Füge ich noch hierzu, dass zu dem weiblichen Gene-
rations-Organ ferner gehören der Kitzler (clitoris), ein
fast dem Penis ähnelndes Organ, welcher als Ausgangspunkt
für die wollüstige Empfindung des Weibes während des
Beischlafs zu betrachten ist, teils die inneren und
äusseren Schamlippen, welche äusserlich die Scheide
abschliessen, so glaube ich auf diesen Gegenstand soviel
Zeit verwendet zu haben, wie es die nötige anatomische
Darstellung erfordert, und Ihnen ferner hinreichende Aufklärung gegeben zu haben, um die Physiologie des Geschlechtslebens verstehen zu können.

Noch muss ich indes hinzusetzen, dass während der
Entwicklung der Frucht im Mutterleibe diese anfänglich
gar keinen, und erst von der sechsten zur siebenten Woche
an einen Geschlechtsunterschied erkennen lässt, der sich
durch die Weiterentwicklung der gleichartigen Urorgane
herausbildet. Eben deshalb findet man bei der Vergleichung
der männlichen und weiblichen Fortpflanzungswerkzeuge

mannichfache Analogien, wie ungleich diese auch bei nur
äusserlicher Betrachtung erscheinen mögen.

Damit eine Befruchtung zustande komme, ist eine
materielle Vereinigung der generierenden Stoffe
notwendig.*) Diese vollzieht sich dadurch, dass ein oder
mehrere Spermatozoën durch eine vorher gebildete Öffnung
in ein Ei eindringen. Die Kopf- oder Kernsubstanz des
Körperchens vereinigt sich dabei mit dem Fruchtkern,
schmilzt mit diesem zusammen, und der so vereinigte Kern
vermag sich nun in mehr und mehr Kerne zu zerteilen,
Zellen zu bilden, sich in bestimmter Weise zu ordnen,
in verschiedene Gewebe zu sondern u. s. w. ... und die
Fruchtbildung ist damit in vollem Gange.

Um die zur Fähigkeit der Geschlechtsfortpflanzung nötige
Reife und Ausbildung zu erreichen, bedarf es bei den höheren
Tieren wie bei den Menschen einer gewissen Zeit. Diese
Reife tritt auch nicht mit einem Male ein, sondern sie ist
das Endergebnis eines mehrere Jahre hindurch fortlaufen-
den Entwicklungsprozesses, der sogenannten Pubertäts-
oder Mannbarkeitsperiode. Diese tritt bei verschiedenen
Menschenrassen und Individuen in verschiedenem Alter ein,
zeitiger für den Stadt- als für den Landbewohner, für
Studierende eher als für den Körperarbeiter. Bei dem Jüngling kündigt sie sich durch drei Erscheinungen an, die Veränderung der Stimmlage (Mutation), das Auftreten des
Bartwuchses und das Hervorsprossen von Haar an den äusseren
Geschlechtsteilen sowie an anderen Stellen des Körpers,
gleichzeitig mit der Absonderung von Samen. Diese Entwicklung fällt meist zwischen das 17. und 21. Lebensjahr.

---

*) Vgl. Hermann, Handbuch der Physiologie; VI, 2 S. 114.

Bei einigen Schriftstellern ist es zur Gewohnheit geworden, diese Entwicklungsperiode als sehr zeitig beginnend darzustellen. So schildert Aug. Strindberg einen Jüngling der schon mit 13—14 Jahren sexuelle Empfindungen bekommt und mit 16 Jahren von dem Niederkämpfen derselben krank ist.*).

G. af Geijerstams Held in Erik Grane zeigt gleichfalls geschlechtliche Frühreife. Schon vor dem Alter von zwölf Jahren hat er zwei Arten von Liebesphantasien, die eine für eine bestimmte Persönlichkeit, ein Mädchen aus seinem Umgangskreise; seine sinnlichen erotischen Gedanken dagegen, welche durch das erweckt werden, was er von Bauernknechten zu hören bekommt, beschäftigen sich mit „einer grossen hübschen Küchenmagd mit frischer Hautfarbe und vollen roten Lippen.**)

Beide Verfasser bemühen sich, die Welt glauben zu machen, dass sie nur die Wirklichkeit schildern. Ein medizinisch Gebildeter, der ihre Arbeiten liest, kann sich aber kaum des Gedankens erwehren, dass ihre in späterer Zeit gewonnene Weltanschauung mit Gewalt in eine Art Wirklichkeitsroman gezwängt werden soll, oder auch dass sich ihrer Beobachtung zufällig ein abnormer Einzelfall darbot. Es wäre dann ihre Pflicht gewesen, die Natur und Häufigkeit einer solchen Abnormität zu untersuchen, dieselbe mit den normalen Fällen zu vergleichen und erst darauf mit Vorschlägen zu sozialen Veränderungen hervorzutreten.

Eine Abnormität soll behandelt und gepflegt werden

---

*) Giftas, I. Stockh. 1884 S. 52, 73 u. 74.
**) Erik Grane S. 14.

wie eine Krankheit, sie kann aber nicht Gesetze für die normale (gesunde) Mehrzahl vorschreiben. Und es ist abnorm, dass ein Knabe von zwölf bis vierzehn Jahren von erotischen Phantasien heimgesucht wird. Zu dieser Zeit haben sich in dessen Körper kaum die ersten Zeichen der beginnenden Pubertät eingestellt, und unter solchen Verhältnissen kann kein gesunder und normaler Jüngling sich auf dem Standpunkte des angeführten Novellenhelden befinden. Erfahrene Ärzte kennen zwar Fälle von sexueller Frühreife bei Knaben ebenso wie bei Mädchen, und es erschiene gewiss ratsam, dass Eltern und Erzieher wegen dieser Ausnahme-Individuen den Arzt befragten, statt — wie es leider nicht selten vorkommt — deren Eigentümlichkeiten zur Zielscheibe von Witzen und Sticheleien zu missbrauchen.

Auch die Pubertät des Weibes kennzeichnet sich durch eine minder auffällige Stimmenveränderung, durch die vollere Entwicklung der Gestalt vom mehr kindlichen zum vollständig weiblichen Typus. sowie schliesslich durch das Eintreten der Menstruation. Lassen Sie uns bei letzterer Erscheinung etwas länger verweilen; sie bedeutet etwas für die Menschheit Eigentümliches und Charakteristisches; keine Tierspezies zeigt etwas dem Entsprechendes; sie hat bestanden, so weit menschliche Erinnerungen und Urkunden zurückreichen.*)

Wohl hat man die Menstruation des Weibes mit der Brunst des Tieres vergleichen wollen, doch decken sich diese beiden Erscheinungen keineswegs. Unter Brunst versteht man einen für verschiedene Tierarten zu wechselnder, für die Art selbst aber zu gleichbleibender Jahreszeit eintretenden Zustand sexueller Erregung. Dieser Zeitpunkt

---

*) Vgl. Real-Encyklopädie der gesamten Heilkunde. Wien und Leipzig 1887. Band IX. S. 3.

ist so abgepasst, dass die erzeugten Jungen gerade dann
zur Welt kommen, wenn sich für sie wie für die Eltern
die reichlichste Nahrung darbietet. Eine solche Brunst-
zeit existiert aber nicht für Menschen. Während jener
Brunstzeiten für Tiere treten, neben sexueller Irritation,
Kongestionen nach den äusseren Geschlechtsteilen auf und
gleichzeitig Ovulation (Reifung und Loslösung eines Eies
vom Eierstocke), und deshalb fällt mit diesen Perioden
ein deutlich ausgeprägtes Konzeptionsvermögen zusammen.
Dagegen ist es nicht im geringsten nötig, dass das, was
man Menstruation (Kongestion nach und Blutung aus der
Gebärmutter) nennt, mit dem Prozesse einer Brunst zusammenfällt. Eine Identifizierung von Brunst und Menstruation ist also wissenschaftlich unhaltbar, ob man dabei
nun die reinen physischen Erscheinungen oder die daraus
hervorgehenden psychischen Stimmungen ins Auge fasst.*)

Die Menstruation oder Reinigung des Weibes besteht
in einer nach regelmässigem Zeitraume wiederkehrenden
Ovulation mit Blutung aus der Gebärmutter. Infolge dieser
häufigen Ovulation kann das Weib zu jeder Jahreszeit
konzipieren, und die Geburt der Kinder verteilt sich damit
gleichmässig auf alle Jahreszeiten und Monate; die Blutung
aus der Gebärmutter beruht auf einer Anschwellung und
Auflockerung der Schleimhaut derselben, welche ein leichteres
Verweilen und Einwachsen des befruchteten Eies in den
mütterlichen Körper gewährleistet.**) Die Blutung kann

*) Hermann, loc. cit. S. 67 und 68.

**) Vergl. dagegen die anderen Anschauungen, dass die erste
Menstruation nicht eher eintritt, als bis ein vier Wochen früher
eingetretenes Ei, weil es nicht befruchtet wurde, aus dem Uterus
wieder entfernt wird, so dass also eine Konzeption auch bei einem
noch nicht menstruierten Mädchen möglich und erklärlich wäre.

Der Übersetzer.

2*

betrachtet werden als die Folge eines Impfschnittes der Natur in den mütterlichen Stamm. Wird das Ei nicht befruchtet, so zerteilt es sich und verschwindet spurlos. Während der Schwangerschaft und in den meisten Fällen auch während des Seuchens kommt die Menstruation ins Stocken und setzt ganz aus. Über das sogenannte klimakterische Alter der Frau werde ich mich später verbreiten. Im Gegensatz zu den brünstigen weiblichen Tieren zeigt die Frau während der Monatsreinigung vielmehr einen Widerwillen gegen geschlechtlichen Umgang, ein Verhalten, welches bei allen Völkern, selbst den auf niedrigster Kulturstufe stehenden, wiedergefunden wird.*)

Ich erwähnte vorhin, dass die Geschlechtsreife bei verschiedenen Rassen und Einzelindividuen zu verschiedener Zeit eintritt, und lasse hier einige Zahlen bezüglich des ersten Eintretens in verschiedenen Ländern und Orten folgen. Als Mittelzahl grösserer Beobachtungsreihen hat sich da herausgestellt:

Im schwedischen Lappland .	. 18 Jahr					
In Christiania	. 16	„	9	Monate	25	Tage
„ Stockholm	. 15	„	6	„	22	„
„ Kopenhagen	. 16	„	9	„	12	„
„ Göttingen	. 16	„	2	„	2	„
„ Berlin	. 15	„	7	„	6	„
„ München	. 16	„	5	„	12	„
„ Wien	. 15	„	8	„	15	„
„ Warschau	. 15	„	1	„	23	„
„ Manchester	. 15	„	6	„		
„ London zwischen . . .	. 15	„	1	„	4	„
	und 14	„	9	„	9	„

*) H. Ploss, Das Weib in der Natur- und Völkerkunde. II. Aufl. Leipzig, 1887. S. 249.

In Paris zwischen	15 Jahr	7 Monaten	18 Tagen
und	14 „	5 „	17 „
„ Montpellier	14 „	2 „	1 „
„ Marseille	13 „	11 „	11 „
„ Corfu	14 „		
„ Madeira	14 „	3 „	
„ Kalkutta	12 „	6 „	
„ Egypten	10 „		
„ Sierra Leone	10 „		

Auch innerhalb desselben Landes begegnet man Verschiedenheiten, so beginnen z. B. jüdische Mädchen zeitiger zu menstruieren als andere, Stadtkinder eher als Landkinder, die Töchter der höheren Stände eher als die der arbeitenden Klasse.*)

Ich dürfte Sie vielleicht ermüden, kann aber nicht umhin zu wiederholen, dass der Anfang der Entwicklungsperiode keineswegs derselbe ist wie die Vollendung dieser Entwicklung. Das zum erstenmale menstruierte Mädchen ist damit noch lange nicht heiratsfähig Schon vom physischen Standpunkt allein erscheint es erforderlich, dass sie ihre Regeln wenigstens zwei Jahre über gehabt und aufgehört habe, in die Länge zu wachsen.**)

Hat man seine Erkenntnis aus dem Leben und der Natur geschöpft, so erscheint folgende Darstellung Strindberg's wenig glaubhaft: „Sie war ein vierzehnjähriges Weib. Hoch geschwellt waren ihre Brüste, als warteten sie nur auf gierige Nasen und kleine zufassende Händchen; fest erschien ihr Gang auf prall-elastischen Waden und wiegenden Hüften, so als ob sie jederzeit ein paar Kleine unter ihrem Herzen

---

*) Ploss, loc. cit. S. 222 und flg.
**) Vgl. auch Klencke, Das Weib als Gattin. Leipzig, Kummer.

tragen könnte." **) Hierbei mag niemand etwa von einer Ausnahme sprechen; so etwas kennen wir Ärzte besser als andere. Der Dichter scheint mir auch eine andere Aufgabe zu haben, als die Abnormität zu schildern, und ausserdem wird der Genannte gar nicht müde in diesem Vorhaben. Die Allgemeinheit fasst seine Darstellungen stets so auf, als verfolge er damit eine gewisse Absicht, eine eingeschlossene Moral, so ein hinzuzufügendes „fabula docet!"

Ehebündnisse, welche von Kontrahenten vor vollständiger Entwicklung eingegangen werden, bringen allemal Nachteil für die Eltern wie für die Kinder. Während man sonst überall die erhöhte Lebenskraft des ehelichen Standes beobachtet, zeigt sich für frühzeitige Ehen das entgegengesetzte Verhältnis. Von tausend verheirateten Männern zwischen vierzehn und zwanzig Jahren starben während einer Beobachtungsperiode in Frankreich 29,3; von tausend unverheirateten in derselben Zeit nur 6,7. Während desselben Zeitraums war die Sterblichkeit unter den Frauen des Landes folgende:

Von 1000 Verheirateten starben	Von 1000 Unverheirateten:
15—20 Jahr alt: 14,0	8,0
20—25 „ „ 9,8	8,5
30—40 „ „ 9,1	10,3
40—50 „ „ 10,0	13,8
50—60 „ „ 16,3	23,5
60—70 „ „ 35,4	49,8 *)

Nach einer anderen französischen Beobachtung beträgt die Sterblichkeit unter verheirateten Männern von fünfzehn

---

*) Giftas, I. S. 285.
**) Oesterlen, Handbuch der medizinischen Statistik. Tübingen 1874. S. 193 und 194.

bis zwanzig Jahren achtmal mehr als die der unverehe-
lichten männlichen Personen in demselben Alter. Die
Altersklasse von zwanzig zu fünfundzwanzig Jahren zeigt
schon ein günstigeres Verhalten für die verheirateten Männer,
welches sich auch durch alle weiteren Altersgruppen erhält.
Die Tabelle für das weibliche Geschlecht zeigt eine grössere
Sterblichkeit für die Verheirateten unter fünfundzwanzig
Jahren, eine geringere aber für diejenigen, welche in diesem
Alter stehen oder schon darüber hinaus sind. Auch in
Schweden erweist sich die Sterblichkeit grösser bei den
jüngeren Ehefrauen als bei den reiferen.*)

Das Menschengeschlecht steht in dieser Hinsicht nicht
vereinzelt da; die Tierzüchter aller Länder haben beobachtet,
dass die zur Zucht bestimmten Tiere erst das vollständige
Wachstum und den grössten Kräftebestand erreicht haben
müssen, wenn ihre Nachkommen gut ausfallen sollen. Obwohl
aus Sparsamkeitsgründen zeitige Fruchtbarkeit und damit
eine höhere Rente auf das angelegte Kapital gewünscht
wird, so zeigt doch die physiologische Erfahrung, dass
Ungeduld hier den Kürzeren zieht. Es ist Ihnen allen kein
Geheimnis, dass unser Land seit geraumer Zeit gezwungen
war, zur Verbesserung der einheimischen Haustierstämme aus-
ländische Zuchttiere einzuführen. Sollte denn gerade Schweden
ein Land sein, in dem keine einheimische und den Natur-
verhältnissen angepasste Tierrasse hätte sich entwickeln und
fortbestehen können? Das anzunehmen ist gewiss nicht notwendig, es liegt aber im Geiste unseres Volkes, zu schnell
die Früchte von dem, was es gesäet, ernten zu wollen,
und dabei hat man zum grossen Teile durch vorzeitige
Paarung und Zucht seine einheimische Tierrasse verdorben

---

*) Emil Svensén, Kvinnofrågan. Stockh. 1888. S. 147, 145, 151.

und sich gezwungen gesehen, nun mit grossen Unkosten von anderen und in dieser Hinsicht geduldigeren, verständigeren Völkern Material zur Rassenverbesserung zu beziehen.

In der freien Natur findet man übrigens verschiedene ursprüngliche Mittel zur Verhinderung vorzeitiger Paarung angewendet; teils entstehen unter dem unumgänglichen Suchen nach Futter und der Verteidigung gegen Feinde nicht so zeitig sexuelle Regungen, wie in unseren mehr treibhausartigen Ställen; teils müssen die männlichen Tiere noch besonders durch Kämpfe gegen einander um den Besitz der Weibchen diejenige Stärke an den Tag legen, welche sie zu Siegern macht, oder sie erreichen doch erst in langsamerem Wachstum den äusseren Schmuck, beziehentlich die Fähigkeiten, welche sie der Gunst der Weibchen würdig machen.

Die Stärke des Geschlechtstriebes ist aber gross, sagt man und führt aus der Natur tausendfache Beispiele an, welche beweisen, dass das Leben des Einzelwesens sehr gering geschätzt wird gegenüber der Erhaltung des Geschlechts, und wie deshalb die unbezwingliche Naturliebe die organischen Wesen antreibt, ihr Gebot selbst auf die Gefahr des eignen Untergangs hin zu erfüllen. Man citiert mit Schiller:

> Einstweilen, bis den Bau der Welt
> Philosophie zusammenhält,
> Erhält sie das Getriebe
> Durch Hunger und durch Liebe,

und ich kann dagegen ja nichts einwenden, sondern will nur darauf hinweisen, dass dieser Geschlechtstrieb, so stark er auch erscheint, doch selbst bei unseren Haustieren nicht unüberwindlich ist. Ich beziehe mich vor allem auf die Tiere, über welche ich die grösste Erfahrung besitze,

nämlich auf die Pferde, und kann versichern — was ja
jeder von Ihnen leicht kontrollieren kann — dass man sowohl den Hengst wie die Stute ihr ganzes Leben hindurch
von jeder Befriedigung des Paarungstriebes abhalten kann,
und zwar nicht nur ausgemergelte Arbeitspferde, sondern
auch Tiere im bestem Zustande, welche in den Ställen der
Vornehmen zu Luxuszwecken gehalten werden. Die Mittel
dazu sind passende, nicht zu kräftige und nicht zu magere
Fütterung, angepasste Arbeit und beständige Beschäftigung,
so dass die Vorstellung des Tieres — wenn dieses Wort
hier zulässig ist — von den Empfindungen des Paarungstriebes nicht besonders beeinflusst wird. Wohl will man
zuweilen an den Tieren eine gewisse Unruhe bemerken, etwas
launische Reizbarkeit u. s. w., doch sind diese Erscheinungen
durch Milde und Festigkeit zu besiegen; vielleicht kann
dann und wann eine gelinde Züchtigung, doch ohne alle
Strenge, nötig werden; das Resultat bleibt aber stets das
gewünschte, und zwar in einem wirklich wunderbaren Grade,
wenn man sich der ursprünglichen Stärke des überwundenen
Triebes erinnert.

Gegen den Menschen ist die Natur freigebiger gewesen; sie hat seinen Geschlechtstrieb und dessen Befriedigung
nicht an eine besondere kürzere Jahreszeit gebunden. Mann
und Frau können jederzeit in der Lage sein, miteinander
Geschlechtsumgang zu pflegen. Wenn die Statistik auch
zwei Nativitätsmaxima nachzuweisen vermag, von denen
das eine einer grösseren Konzeptionshäufigkeit im Frühling,
das andere einer solchen zur Weihnachtszeit entspricht,
so deuten diese Ziffern doch nicht so sehr auf vermehrten
Geschlechtstrieb und häufigeren Geschlechtsumgang während
dieser Periode, als vielmehr darauf, dass die Frauen teils

bei der Ruhe und geringeren Anstrengung, welche dem Weihnachtsfeste für sie zu folgen pflegen, teils unter dem wiedererwachenden Frühlingsleben der Natur am leichtesten geneigt sind zu empfangen.

Immerhin hat die Natur das Geschlechtsleben nicht zu einer dem Belieben freigegebenen Genussform stempeln wollen; im Gegenteil verknüpfte sie damit beim Tiere wie beim Menschen die Fortpflanzung mit der Pflicht der Pflege und Aufzucht der Nachkommenschaft.

Entwicklung und Civilisation haben, was den Menschen angeht, diesen Zusammenhang schärfer ins Auge gefasst; mit den steigenden Anforderungen an die Bedürfnisse des Lebens und einen gewissen Komfort traten noch neue Faktoren hinzu, welche auf die Aufschiebung und Verspätung der Ehe im allgemeinen hinwirken mussten.

Die kirchlichen und juridischen Nebenumstände bei Schliessung einer Ehe, die meist kostspielige Feier der Hochzeit, die Mitgift, das Bestreben, die elterliche Zustimmung zu gewinnen und dergl. konnten wohl auch in derselben Richtung mitwirken. Wenn diese aufschiebenden Ursachen für die Ehe nicht gar zu lange in Wirkung bleiben, ist darüber nichts Schlimmes zu sagen; der civilisierte Mensch kann und darf nicht in den Ehestand treten wie ein Wilder; unsere gesamte Entwicklung würde damit aufs Spiel gesetzt werden; der Mann sowohl wie die Frau bedürfen einer gewissen Zeit, um ihre intellektuellen wie moralischen Eigenschaften ausreifen zu lassen.

Leider ermangeln viele jeder Kenntnis von dem Alter, in welchem die Ehen wirklich geschlossen werden, und ich sehe mich deshalb genötigt, eine Reihe trockner Zahlen anzuführen, weil uns sonst ein bestimmter Ausgangspunkt für unser Raisonnement fehlen würde. Ich weiss wohl, dass man oft genug von der Unzuverlässigkeit der Statistik spricht; auf einem so einfachen und klar vorliegenden Gebiete aber, wie das Fundament dieser Bevölkerungsstatistik, ist kaum ein Missgriff möglich. Gemeinhin herrscht die Ansicht, dass die Ziffer der Ehen in höherem Alter von Jahr zu Jahr steige, was doch keineswegs der Fall ist; zwar hat sich das Verhältnis der zeitigen, das heisst vor Vollendung des fünfundzwanzigsten Lebensjahres eingegangenen Ehen seit 1830 verkleinert; doch diese frühzeitigen Ehen bilden bei uns (in Schweden) noch immer $36^0/_0$ der Gesamtzahl; während England und Sardinien hier eine Zahl von mehr als $50^0/_0$, Bayern dagegen nur eine solche von $21^0/_0$ aufweist.

Das mittlere Alter beim Eintritt in die Ehe ist während des letzten Vierteljahrhunderts folgendes gewesen: *)

Männer			Frauen	
1861	30,91	Jahre	28,49	Jahre
1862	30,92	„	28,48	„
1863	30,93	„	28,43	„
1864	30,81	„	28,26	„
1865	30,87	„	28,47	„
1866	30,86	„	28,32	„
1867	30,73	„	28,07	„
1868	30,78	„	28,20	„
1869	30,80	„	28,23	„
1870	30,15	„	28,47	„
1871	30,15	„	28,53	„
1872	30,22	„	28,56	„
1873	30,11	„	28,41	„
1874	31,17	„	28,40	„

*) Hellstenius, Studier i jemförande befolkningstatistik. Stockh. 1874, S. 95.

Männer		Frauen
1875	31,14 Jahre	28,38 Jahre
1876	31,15 „	28,34 „
1877	30,80 „	28,20 „
1878	30,80 „	28,02 „
1879	30,72 „	27,85 „
1880	30,33 „	27,58 „
1881	30,19 „	27,47 „
1882	30,30 „	27,60 „
1883	30,23 „	27,47 „
1884	30,22 „	27,57 „
1885	30,03 „	27,40 „
1886	30,12 „	27,47 *) „

Es würde zu weit führen, wollte ich mich hier auf tiefere Ergründung der Ursachen einlassen, welche das aus obigem erkennbare Steigen und Fallen jener Alterszahlen hervorbringen dürften; ich erlaube mir nur beiläufig darauf hinzuweisen, dass diese Tabelle keineswegs einen niederschlagenden Eindruck zu machen braucht. Wir sehen vielmehr aus derselben, dass trotz einer in die Mitte dieses Zeitraums fallenden Steigung das Eheschliessungsalter des Mannes in einem Vierteljahrhundert nahezu um ein ganzes, und das der Frau um mehr als ein halbes Jahr gesunken ist. Noch einige solche Perioden hinzu, und ich glaube, wir nähern uns dem wünschenswerten Ziel, vorzüglich wenn man bedenkt, dass die angegebenen Mittelzahlen aus allen eingegangenen Ehen, also auch aus den mehrfach erneuten berechnet sind, sowie dass es für sozial-ethische Zwecke von Hauptbedeutung ist, das Alter bei Abschluss der ersten Ehe zu kennen. Die diesbezügliche Zahl ist für unser Land

---

*) Sveriges officiela statistik.

noch nicht ganz genau berechnet, wird aber von Fachmännern als einige Jahre unter obiger liegend geschätzt.
Beim ersten Eintritt in die Ehe würde also ein schwedischer
Mann im Mittel achtundzwanzig Jahre, die Frau ungefähr
fünfundzwanzigeinhalb Jahre alt sein, eine Zahl, welche nicht
als ungünstig anzusehen ist. Um des Vergleiches willen
mögen hier einige Zahlen aus anderen Ländern Platz finden:

Eheschliessungsalter

	im allgemeinen:		für die erste Ehe:	
	M.	F.	M.	F.
Frankreich	30,17	26,07	28,40	25,30
England	28,01	24,42	26,00	24,07
Dänemark	31,50	28,50	26,00	23,10. *)

Die Zahlen bedeuten natürlich Jahre.

In Dänemark ist seit 1855 das mittlere Alter fortwährend gesunken.

Es könnte wohl nicht unmöglich sein, das auch unser
Volk sich den englischen und dänischen Zahlen näherte;
und dann, wenn jeder heiratslustige Junggesell mit sechs-
undzwanzig Jahren einen Herd begründen kann, wenn jede
Jungfrau zwischen 23 und 24 Jahren Braut wird, sehe ich
keine Ursache mehr, in dieser Hinsicht weitere Veränderungen zu wünschen.

Ja, wird man einwenden, das sind aber die Verhältnisse
für Land und Volk im allgemeinen; handelt es sich dagegen um die sogenannten gebildeten Klassen, soll das
mittlere Alter für Studierte, auf der Universität gebildete
und diesen gleichstehende Männer ermittelt werden, so
wird man sehen, dass eine Ehe im allgemeinen nicht vor

---

*) National-oekonomisk Tidskrift, Bd. XVI, S. 90 u. Bd. XX,
S. 336.

dem vierten oder gar dem fünften Altersjahrzehnt des Mannes eingegangen wird.*)

Um diesen Vorwurf abzuwenden, besitzen wir leider keine offizielle Statistik; ich bin deshalb auf einen Ausweg angewiesen, der bei zukünftiger Weiterentwicklung wohl zur Antwort auf verschiedene Fragen dieser Art führen könnte. Man kann sich nämlich aus zugänglichen personalhistorischen Notizen, in den Geschlechts- d. h. Familien-Tafeln, aus derartigen Büchern, Matrikeln und Erbsitzerinnerungen ein recht umfängliches statistisches Material verschaffen und dieses in verschiedener Richtung bearbeiten. Ich selbst habe zu diesem Zwecke nur die letzte Matrikel von Lunds Stift, Schwedens Ärztegeschichte**) und den Adelskalender für 1888 durchgesehen.

Für das geistliche Personal im Stifte Lund, das sich wie bekannt im allgemeinen keineswegs in günstigen Verhältnissen für eine zeitige Eheschliessung befindet, hab' ich unter 224 Fällen ein mittleres Alter — für die erste Ehe — von 35,9 Jahren gefunden. Von den angeführten Ehen fallen 52 vor das 30. Lebensjahr, 145 vor das 40., 38 vor das 50. und nur 9 in noch späteres Alter. Von 576 schwedischen Ärtzten waren 105 in die Ehe getreten vor dem 30. Jahre, 395 vor dem 40., 67 vor dem 50., und 9 hatten diese Zahl schon überschritten. Das mittlere Alter bei der Verheiratung war 34,2 Jahre. Im Adelskalender für 1888 findet sich das genau angegebene Jahr der Eingehung einer ersten Ehe für 2073 Männer. Von diesen verheirateten sich 847 vor dem 30. Jahre, 1001

---

*) Vergl. Styrbjörn Starke, Mannens äktenskapsålder. Stockholm 1888. S. 8.

**) Neue Folge, herausgegeben von Wistrand, Bruzelius und Edling. Stockh. 1873.

zwischen 30 und 40, 201 zwischen 40 und 50 und 24 in einem Alter von 50 Jahren und darüber. Das mittlere Alter betrug 31,5 Jahre.

Bei Betrachtung der hier mitgeteilten Zahlen finden wir, dass für alle berechneten Bevölkerungsgruppen das mittlere Alter bei Abschluss der ersten Ehe zu einer höheren Zahl ansteigt, als für die Bevölkerung im allgemeinen. Dieses Verhalten erscheint übrigens ganz natürlich. Die Männer, welche die Unterlage für die wiedergegebenen speziellen Berechnungen bilden, mussten sich durch mehr oder weniger langdauernde Studien erst zu einem Amte, Berufe oder einem bestimmten Lebenszwecke vorbereiten, welche ihr eigner Wunsch oder Familienrücksichten für sie erwählt hatten. Hierzu kommt ferner, dass in den Staatsdienst eintretende junge Männer zuweilen längere, zuweilen kürzere Zeit in sehr abhängigem Verhältnisse festgehalten werden, das sie an Eingehung einer Ehe verhindert, selbst wenn die Vermögensumstände der Kontrahenten einen solchen Schritt zuliessen.

Eine Vergleichung zwischen den verschiedenen Gruppen zeigt, dass der Lehrerstand — mindestens im Stifte Lund — sich in der ungünstigsten Stellung befindet. Die schwedischen Ärzte sind etwas besser situiert; ja, in Berücksichtigung des späten Alters, in welchem das letzte Examen abgelegt wird, kommt man zu dem Schlusse, dass es für sie nicht besonders schwer erscheint, sich zwei bis drei Jahre nach Beginn der selbständigen Thätigkeit ein eignes Heim zu begründen.

Die aus adligen Familien entsprossenen jungen Männer verheirateten sich noch zeitiger; sollte das dann und wann auch die Folge grösseren Vermögens sein, welches verschiedene solche Familien noch immer besitzen, so gilt das

doch nicht für alle, ja, nicht einmal für die Mehrzahl der
eingegangenen Ehen; schon eine flüchtige Betrachtung der
Angaben des Adelskalenders wird den Forscher lehren,
dass Ehebündnisse ebenso zeitig von Männern in anspruchs-
loser gesellschaftlicher Stellung wie von reichen Fidei-
kommissarien geschlossen werden. Endlich kann nicht
geleugnet werden, dass alle diese Altersberechnungen einem
störenden Einflusse durch diejenigen Personen unterliegen,
welche noch in weit höherem Alter erst zu Hymens Fackel
schworen.

Wird eine erste Ehe erst im 50. bis 67. Lebensjahre geschlossen, dann darf man den gesellschaftlichen
Institutionen dafür die Schuld nicht aufbürden wollen, ob
der Gatte nun Oberst, Generaldirektor oder Landgeistlicher ist.

Nach der von mir in einzelnen Kreisen gesammelten
Erfahrung, glaube ich, geht hervor, dass die jungen Männer
der jetzigen Zeit sich eher verheiraten, als die der vergangenen Generation. Ich habe nicht einmal für die gebildeten Klassen eine Erhöhung des Eheschliessungsalters
nachzuweisen vermocht, gestehe aber zu, dass ich für diese
hier ausgesprochene Ansicht keine eigentlichen statistischen
Beweise gesammelt habe.

Wer Fragen der sexuellen Hygiene behandelt, muss
natürlich auch bereit sein, seine Ansichten über Monogamie
und Polygamie unzweifelhaft auszusprechen.

Mehrere Verfasser haben sich bemüht den Beweis zu
erbringen, dass die Natur der Geschlechtsverbindungen
sich aus der Promiscuität oder dem allgemeinen Hetärismus zur Polygamie und schliesslich zur Monogamie
entwickelt hätte. Gerade bezüglich der allgemeinen Giltigkeit dieser Regeln aber bleiben sie den Beweis schuldig.

Die vergleichende Ethnologie ist ebenso in bezug auf das Sexualleben wie auch in anderen Fragen noch so wenig bearbeitet, dass man vorläufig daraus keineswegs den Stammbaum der Ehe zu konstruieren vermag.*)

Schon jetzt zugängliche Thatsachen zeigen, dass das Wesen der Ehe sich bei verschiedenen, manchmal nahe verwandten und auf gleichartiger Kulturstufe stehenden Völkerschaften in sehr von einander abweichender Richtung entwickelt hat, dass man bei den einen eheliche Ordnung und Treue hoch ausgebildet, und geradezu die Herrschaft der lockersten Verhältnisse bei den andern finden kann.**)

In einer neulich erschienenen Arbeit hat C. N. Starcke, gestützt auf ein überwältigendes Material, den Ausspruch gethan, dass es nur Unbekanntschaft mit der Lebensweise und der Sinnesart des Wilden ist, welche die Theorie von dessen fortwährenden Geschlechtskrankheiten aufstellen und darauf die Lehre von der Promiscuität als dem ursprünglichen Geschlechtsverhältnisse aufbauen konnte. Nach Ansicht desselben Verf. hat es monogamische Ehen vielfach schon vor urdenklicher Zeit gegeben, und diese geordneten Verbindungen wurden von der Notwendigkeit, die Arbeit zwischen Mann und Weib zu teilen und von dem Bedürfnis der Gründung eines Haushalts veranlasst. Die Promiscuität in den Geschlechtsverhältnissen erweist sich dagegen als ein erst später hinzugekommener Zustand, als ein Ausdruck des weiter fortgebildeten Familien- oder Clan-Sinnes, der sogar innerhalb der Ehen den einzelnen Kontrahenten das ausschliessliche Besitzrecht auf einander bestreitet.***)

*) Hoffding, Etik. Kopenh. 1887, S. 171.
**) Vergl. H. Ploss, loc. cit. S. 289 und 379.
***) Die primitive Familie. Leipzig, 1888, S. 258, 273, 276 u. a.

Ribbing, die sexuelle Hygiene.　　　　3

Fragen wir zuvörderst die Natur um ihre Meinung, so antwortet diese, dass sie unter allen einigermassen normalen Verhältnissen das Gleichgewicht zwischen den Geschlechtern zu erhalten sucht. Das erreicht sie nicht in der Weise, dass sie gleichviel Wesen von jedem Geschlecht erschafft, sondern es werden, in Hinsicht der grösseren Sterblichkeit männlicher Kinder schon bei der Geburt sowie in späteren Perioden, zunächst eine grössere Zahl männlicher Früchte gezeugt; dieses Übergewicht ist sogar so bedeutend, dass trotz der vermehrten Geburtsgefahr für männliche Früchte die Anzahl der lebend geborenen Knaben in allen Ländern und bei allen bekannten Völkern die Nativitätszahl der Mädchen übersteigt. Es giebt kein statistisches Gesetz, das so allseitig bewiesen und begründet wäre wie das, dass mehr Knaben als Mädchen geboren werden.*) Das Verhältnis zwischen den Lebendgebornen beträgt 105,83 Knaben gegen 100 Mädchen, zwischen Lebend- und Totgebornen zusammen 106,30 Knaben gegen 100 Mädchen. Beachtet man besonders das Geschlecht der Totgeborenen, so findet man in Frankreich 145 Knaben gegen 100 Mädchen, in Holland 129 Knaben gegen 100 Mädchen. Schweden nimmt mit 131 gegen 100 eine Mittelstellung ein. Man beobachtet übrigens, dass der Knabenüberschuss unter den Lebendgeborenen in verschiedenen Orten keineswegs konstant ist. So steht z. B. in Schweden das Län Jemtland am höchsten mit 1064 Knaben gegen 1000 Mädchen, die Stadt Stockholm am niedrigsten mit 1014 gegen 1000. Im allgemeinen ist der Knabenüberschuss am beträchtlichsten auf dem Lande, geringer in den grossen Städten; das rührt unter anderem von der grossen Zahl unehelicher Kinder in den Städten her,

---

*) Hellstenius; loc. cit S. 103.

die sich durch die relative Minderzahl männlicher Kinder auszeichnet.*)

Solche eigentümliche Erscheinungen haben natürlicherweise eine Menge verschiedener Hypothesen erzeugt. Über die Ursachen der Geschlechtsdifferenzierung hat man von den Kinderzeiten der Kultur und Wissenschaft an bis heute spekuliert. Unter den vielen versuchten Erklärungen genügt es wohl, die Hofacker-Sadlersche Hypothese anzuführen, wonach der ältere Gatte auf das Kind das eigne Geschlecht übertragen soll, so dass also bei höherem Alter des Vaters das männliche, bei höherem der Mutter das weibliche Geschlecht überwiegen müsste. Inzwischen hat diese Anschauung durch fortgesetzte statistische Untersuchungen keine Bekräftigung erfahren. Noirot, Legoyt und Breslau haben ganz entgegengesetzte Verhältnisse gefunden.**)

Dagegen scheint es hier aus zoologischen und anderen Analogien hervorzugehen, dass der bei der Konzeption am stärksten entwickelte Kontrahent das Geschlecht der Frucht bestimmt, doch in der Weise, dass der männliche oder der weibliche Teil seinen Gegensatz erzeugt.***)

Eigentümlich ist das Bestreben der Natur, nach entstandenem Missverhältnis zwischen den Geschlechtern das Gleichgewicht herzustellen. Den stärksten Einfluss hierauf üben natürlich Kriege aus, und gleich nach einem verheerenden Kriege findet man, dass obiges Verhältnis von dem der vorhergegangenen Volkszählung abweicht. Niemals dürfte ein stärkeres Missverhältnis obgewaltet haben, als in Schweden nach den Kriegen Karls XII., wo angeblich 1250 Frauen auf 1000 Männer gezählt wurden. Dieses

---

*) Hellstenius loc. cit. S. 104.
**) Vgl. Oesterlen, loc. cit. S. 169.
***) Vergl. Ploss, loc. cit. S. 471.

Missverhältnis aber wurde durch einen grösseren Knabenüberschuss als gewöhnlich wieder ausgeglichen, so dass
man im Jahre 1760 fand 1000 Männer gegen 1120 Frauen.

1770: 1000	Männer:	1097	Frauen
1780: 1000	„	1081	„
1790: 1000	„	1090	„ *)
1800: 1000	„	1084	„
1810: 1000	„	1097	„ **)
1820: 1000	„	1085	„
1830: 1000	„	1076	„
1840: 1000	„	1079	„
1850: 1000	„	1064	„
1860: 1000	„	1059	„
1870: 1000	„	1067	„ ***)

Ähnlichen Verhältnissen begegnet man in den statistischen Angaben aus anderen Ländern.

So hatte Frankreich nach den napoleonischen Kriegen
1000 Männer auf 1059 Frauen

im Jahr 1836: 1000	„	„	1037	„
„ 1859: 1000	„	„	1010	„
„ 1861: 1000	„	„	1001	„

Die Volkszählung von 1872 ergab wieder 1000 auf
1008.

Deutschland hatte
im Jahr 1864 1000 Männer auf 1018 Frauen

„ 1867 1000	„	„	1026	„
„ 1871 1000†)	„	„	1037	„

Ähnlicher Beispiele könnten noch viele angeführt werden.

---

*) Dazwischen Krieg.
**) Dazwischen Krieg.
***) Nach starker Auswanderung.
†) Hellstenius, loc. cit. S. 50 und folg.

Ich habe im vorhergehenden ausgesprochen, dass die Knaben bei der Geburt das Übergewicht haben; wir sehen aber bei den allgemeinen Volkszählungen stets eine grössere Anzahl weiblichen Geschlechts. Es muss also unter dem männlichen Geschlecht eine grössere Sterblichkeit herrschen oder es müssen andere Ursachen wirken, welche die Männer aus dem Lande vertreiben. Ausser dem Kriege kommt hier teils der gefährlichere Beruf der Männer (Fischerei, Seefahrt, Bergbau u. dgl.) in betracht, teils auch die Auswanderung, welche ja meist die Jünglinge nach anderen Ländern verlockt.

Nichtsdestoweniger ist in Schweden das Verhältnis zwischen den Geschlechtern im Alter von 15—20 Jahren derart, dass das männliche Geschlecht noch ein geringes Übergewicht (von 1000 gegen 99,7) aufweist. Erst in der nächsten Altersklasse, zwischen 20 und 25 Jahren, erlangt das weibliche Geschlecht das Übergewicht mit 104,9 gegen 100 Männer, und dieser Überschuss wächst mit jeder Altersperiode, welche der Berechnung zu Grunde gelegt wird.*)

Schweden gehört zu denjenigen Ländern, welche ein ungünstigeres Verhältnis in der Zahl der beiden Geschlechter zeigen.

Nach der letzten Volkszählung finden sich

In Grossbritannien gegen 1000 Männer	1046 Frauen		
Im deutschen Reich: „ 1000	„ 1037	-
In Norwegen: „ 1000	„ 1036	„
„ Frankreich „ 1000	„ 1008	„
„ Belgien = 1000	„ 999	„
„ Italien „ 1000	„ 998	„
„ den Vereinigten Staaten Amerikas „ 1000	„ 978	„

*) Hellstenius, loc. cit. S. 49.

Wünschte man in unserem Lande die numerische
Relation zwischen den Geschlechtern zu verbessern, so
müsste man dahin streben, die unehelichen Geburten zu
verhindern oder ganz abzuschaffen, man müsste den Alters-
unterschied zwischen den in die Ehe tretenden Personen
zu vermindern suchen, weiter für eine bessere physische
Erziehung der Mädchen sorgen, sowie in gewissen Fällen
zur weiblichen Auswanderung als Gegengewicht der Männer
aufmuntern.

Da man diesen Zahlenunterschied der Geschlechter
nicht überall gleich, sondern minder ausgeprägt in Ort-
schaften mit einfacherer, sittlicherer Bevölkerung antrifft, so
liegt auch die Annahme nahe, dass wir in diesen Zahlen,
gleichwie in der grossen Sterblichkeitszahl der ganz kleinen
Kinder, nicht eine natürliche Ordnung, sondern vielmehr eine gesellschaftliche Unordnung zu erblicken
haben. Die Ursachen hierzu finden sich teils in den Krankheiten der Geschlechtsorgane, worüber ich mich später aus-
lassen werde, teils auch in den Verheerungen des Alkoholismus, der für jetzt ebenfalls nicht zu den Aufgaben unserer
Untersuchungen gehört. Dass diese beiden Geiseln des civilisierten Lebens die eigentliche Ursache zu den Störungen
des natürlichen Verhältnisses der Geschlechter bilden, ist
nicht eine unbegründete blosse Vermutung, sondern ein
statistisch bewiesener Erfahrungssatz.

Zweite Vorlesung.

Die angeblichen polygamischen Tendenzen des Mannes. —
Kritik derselben. — Verhältnisse in islamitischen Ländern. —
Typen für sexuelle Leidenschaft. — Folgen der Polygamie. —
Die Beherrschung des Geschlechtstriebes, eine Kulturkraft. —
Shakespeare's Ansicht darüber. — Verhältnis der Frau als
Neuvermählte. — Natürliche Unterbrechung. — Der eheliche
Umgang. — Falsche weibliche Auffassung von der Stellung
der Gattin. — Eheliche Lebensregeln. — Verschiedene Ge-
nussfähigkeit der Geschlechter. — Verschiedene Frauentypen.
— Lebensweise unverheirateter Männer. — Citate aus der
Litteratur der Gegenwart. — „Enthaltsamkeitskrankheiten".
— Wirkung der Litteratur auf die Sitten. — Beispiele der
Tendenz derselben. — Unsittliche Einflüsse andrer Art. —
Verlobungen. — Präventiv-Mittel. — Kritische Prüfung dieser
Mittel. — Die Volksvermehrung.

———

Wir sahen in der ersten Vorlesung, mit welcher Zähig-
keit die Natur das Gleichgewicht zwischen den Geschlechtern zu erhalten und damit die erste Vorbedingung für
eine wirkliche Monogamie zu bieten strebt. Ich will
damit nicht sagen, dass diese empirisch als notwendig bewiesen wäre. Weiterhin werd' ich andre Beweise anführen;
für jetzt wende ich mich zunächst zur Beantwortung der
gegen dieselbe erhobenen Einwände. Von verschiedenen
Seiten her hat man behaupten hören, dass der Mann poly-
gamisch, das Weib dagegen monogamisch beanlagt wäre.
Ausgezeichnete Geister haben sich zum Dolmetsch einer
solchen Auffassung gemacht und gedankenlose Nachbeter
dieselbe zum unwidersprechlichen Glaubenssatz zu erheben
gesucht. Als Prototyp der ersteren kann ich den Philo-

sophen Schopenhauer hinstellen. Er sucht seine Ansicht unter anderem durch folgende Tirade, die ich am besten im Original wiedergebe, zu beweisen: „die Liebe des Mannes sinkt merklich von dem Augenblicke an, wo sie Befriedigung erhalten hat; fast jedes andre Weib reizt ihn mehr als das, welches er schon besitzt; er sehnt sich nach Abwechslung. Die Liebe des Weibes hingegen steigt von eben jenem Augenblicke an." *)

Das, meint Schopenhauer, ist eine höchst weise Anordnung der Natur, die vor allem den Zweck verfolgt, das Geschlecht zu erhalten. Der Mann vermag nämlich mit verschiedenen Frauen 100 Kinder im Jahr zu erzeugen, die Frau aber nur ein einziges zu gebären.

Die ganze Oberflächlichkeit und Sophistik dieses Räsonnements fallen bei der ersten Prüfung in die Augen. Schopenhauer ignoriert ganz einfach den gleichen Zahlenbestand der beiden Geschlechter. Gäbe es ursprünglich eine doppelt so grosse Anzahl von Frauen wie Männer, so könnte man über die physische Möglichkeit der Sache nachdenken; unter den jetzt vorhandenen Verhältnissen aber könnte die polygamische Begierde des Mannes nach Abwechslung, wenn die von der grossen Mehrzahl auf natürliche Weise Befriedigung finden sollte, nur zu Promiscuität oder Hetärismus führen; ein Zustand, durch den die Fruchtbarkeit und numerische Erhaltung des Geschlechts keineswegs gefördert wird. Es kann auch nicht geleugnet werden, dass die grosse Grundverschiedenheit der männlichen und weiblichen Geschlechtsliebe wenig natürlich erscheint.

Wir sehen polygamische Tiere und monogamische,

---

*) Die Welt als Wille und Vorstellung. Leipz., Brockhaus. 1884. II. S. 543.

doch überall sehen wir Männchen und Weibchen in ihren Trieben und Begierden übereinstimmen. Die Hirschkühe des Edelhirsches verzehren sich nicht in gegenseitiger Eifersucht und erheben keinen Anspruch auf den alleinigen Besitz der Gesellschaft und des Schutzes des männlichen Tieres. Es müsste also gerade nur bei dem Menschen, dem Herrn und der Krone der Schöpfung, vorkommen, dass die Natur ihm so verschiedene, niemals mit einander auszusöhnende Triebe eingeimpft hätte.

Trotz aller Kreuzung vererbter Eigenschaften, vom Vater zu den Töchtern und von der Mutter zu den Söhnen, trotz gemeinsamer Erziehung und Entwickelung, sollten sich jene Grundverschiedenheiten immerfort erhalten und gleichsam ein unvertilgbares Brandmal des Geschlechtes sein? Die Fortpflanzung sollte für das Weib ohne ihre anderen Gefahren und Leiden auch das beständige Verlangen nach ehelicher Treue mit sich führen, ein Verlangen, das doch niemals befriedigt werden könnte, befriedigt werden dürfte? Der monogame Mann müsste als naturwidrige Ausnahme betrachtet werden, und die erste Forderung natürlicher Ethik sollte es sein, ihn zu galanten Abenteuern anzuregen? — Wahrhaftig! — ohne der Natur ein teleologisches Streben anzudichten, könnten wir doch der Befürchtung nicht entgehen, dass das Menschengeschlecht bei einer solchen unversöhnlichen Sonderung die notwendigen, an eine bevorzugte Art zu stellenden Forderungen keineswegs erfüllen und so der Aussicht auf einen langen Fortbestand im Kampfe ums Dasein verlustig gehen möchte. Ich bin der Meinung, dass Schopenhauer durch Aufstellung des oben citierten Satzes wie durch seine weiteren philosophischen Betrachtungen über sexuelle Verhältnisse vollständig das über ihn von einem kompetenten Richter gefällte Urteil verdient habe, nämlich, dass alles verfehlt und seine Schlussfolgerungen abgeschmackte seien.*)

Es wird berichtet, Napoleon I. habe einmal den Ausspruch gethan, ein einziges Weib könne unmöglich für einen Mann genügen. Sie könne nämlich nicht seine Gattin sein (d. h. geschlechtlichen Umgang mit ihm pflegen), wenn sie menstruierte, wenn sie in gesegneten Umständen oder krank wäre u. s. w., und deshalb eben müsse ein Mann mehrere Frauen haben. Geht man von diesem Standpunkte aus, so wird es notwendig, dass der Mann sich einen Harem von hinlänglicher Grösse anlegte, um sicher zu sein, dass wenigstens eine von seinen Odalisken immer von allen derartigen Hindernissen nicht behelligt sei, eine Sache, welche doch nicht so gar leicht erreichbar erscheint. Die Mohammedaner haben bekanntlich die Polygamie; die Mormonen haben den Versuch gemacht, sie auf mehr civilisiertem Gebiete wieder aufleben zu lassen, bei den ersteren findet man dieselbe doch nur als einen Vorzug (?) der höheren und reicheren Gesellschaftsklassen, und bei den letzteren ist sie eigentlich mehr ein Privileg der Inhaber der hohen geistlichen Würden. In jedem türkischen Gemeinwesen, in dem ein grösserer Teil der Bevölkerung in Polygamie lebt, trifft man stets Störungen in dem Verhältnisse der Geschlechter. Es wird daselbst ein stärkerer Knabenüberschuss als gewöhnlich erzeugt, und jene durch die Sitte eingeführte Form der Ehe kann nicht fortbestehen ohne umfänglichen Raub oder Einkauf von Weibern aus andern Ländern, ohne Kastrierung von Männern (Eunuchen) u. dergl. m.**)

---

*) Krafft-Ebing, Psychopathia sexualis. Stuttg. 1888. S. III.
**) Vergl. Oesterlen, loc. cit. S. 164. — Real-Encyklopädie d. med. Wiss., Bd. 4, S. 329.

Wenn man über Polygamie und die polygamische
Veranlagung des Mannes so viele Worte verliert, sollte
man doch auch einmal an die Wünsche der Frau in dieser
Richtung denken, nicht nur an ihr sehnsüchtiges Verlangen
nach Bewahrung der Treue, sondern auch an ihre physisch
sexuellen Anforderungen, ob sie sich an Stelle eines ganzen
mit dem Bruchteile eines Mannes zufrieden geben will,
und beherzigt man hierbei die Erfahrung, so wird sich in
den weitaus meisten Fällen zeigen, dass ein Mann und
eine Frau am besten den gegenseitigen Anforderungen
entsprechen. Es verdient auch bemerkt zu werden, dass
die Ehe ein gewisses Eigentumsrecht notwendig einschliesst,
das unter polygamischen Verhältnissen niemals zur richtigen Entwickelung gelangt, möge diese unter der Form der
Polyandrie oder Polygamie (Vielmännerei oder Vielweiberei)
auftreten. Es giebt nun einmal eine von Natur berechtigte
Eifersucht, d. h. das Verlangen nach einem ausschliesslichen ehelichen Rechtsanspruch auf die kontrahierenden
Persönlichkeiten.

Die Stärke des menschlichen Geschlechtstriebes, dessen
Verlangen nach einem Objekt zu seiner Befriedigung, zeigt
unter Ausnahmeverhältnissen grosse Verschiedenheiten.

Aus der Geschichte sind einzelne Individuen bekannt,
welche mit wahrhaft enormem Geschlechtstriebe ausgestattet,
und welche, das eine wie das andere, geradezu unersättlich
waren. Sollte ich unter diesen einige Repräsentanten aus-
wählen, so brauch' ich von den Männern nur den Kaiser
Nero, und von den Frauen die Kaiserin Messalina anzuführen. Wieweit diese als normale Menschen zu betrachten sind, das zu ergründen ist augenblicklich meine
Aufgabe nicht. Dieselbe unersättliche Begierde fand auch,
sowohl in der Mythologie verschiedener Länder, wie

schon in der Volkssage, Aufnahme und Bearbeitung. Ich
erinnere hierzu nur an die typische Don Juan-Fabel, so
wie an deren Gegenstück, die Tannhäuser-Sage. In der
ersten wird die männliche Unmässigkeit, in der zweiten
die weibliche geschildert, doch während Don Juan als vollständiger Mensch aus Fleisch und Blut erscheint, ist Tann-
häusers Venus ein Wesen ganz anderer Art. Viel spricht
hieraus das dunkle Bewusstsein, dass das Weib sich weit
mehr als der Mann von der wirklichen Natur des eignen
Wesens unterscheiden müsse, um in obiger Weise aus-
zuarten.

———————

Im vorhergehenden wurde erwähnt, dass der Geschlechtstrieb des Menschen nicht an gewisse Jahreszeiten
und Verhältnisse gebunden sei, dass die freigebige Natur
dem Menschen die Möglichkeit gewährt habe, dessen Befriedigung nach Belieben zu suchen. Daraus folgt aber
keineswegs, dass der Mensch sich diesen Genuss nun auch
fortwährend verschaffen müsse. Im Gegenteil scheint es,
als ob die beständige Befriedigung der Geschlechtslust für
das physische und psychische Wohlbefinden des Menschen
schädlich wirken müsse.

Man beobachtet das z. B. an den vermögenderen
Männern der höheren Klassen der Türkei. Diese unterscheiden sich in dieser Hinsicht sehr bedeutend von der
Masse des Volks, denn während letztere vielfach den Stempel der Kraft und Gesundheit zeigt, kann man die türkischen Effendis im ganzen als blutarm und entnervt bezeichnen. Durch die zeitig begonnene Haremspraxis haben
sie sich in einer Weise geübt, die physischen Vorzüge und
Mängel weiblicher Reize zu erkennen, welche die Roués
des Abendlandes mit Neid erfüllen könnte — ihre Lebens-

lust und Lebenskräfte aber sind erstorben und erschöpft
Vom Leben des Einzelnen überträgt sich diese Schwach-
heit auf das öffentliche, und es unterliegt keinem Zweifel,
dass der „kranke Mann" weniger krank sein würde, wenn
die leitenden Söhne des Landes etwas von der „inexhausta
pubertas" besässen, welche Tacitus als einen besonderen
Vorzug der Germanen hervorhebt. Von anderen Seiten
her werden ganz ähnliche Wahrnehmungen mitgeteilt. In
den früheren Sklavenstaaten Nordamerikas beobachtete man,
nach der Schilderung vieler verlässlicher Reisenden, dass
die Kraft der männlichen Jugend durch frühzeitigen geschlechtlichen Umgang vergeudet und verzehrt wurde. In
Brasilien bemerkt man, nach einer auf dem Ärztlichen
Kongress von 1884 gewordenen Mitteilung seitens eines, in
genanntem Lande praktizierenden skandinavischen Arztes, die
gleiche Degeneration des männlichen Geschlechts, während
das weibliche, welches infolge traditioneller Anschauungs-
weise seine Begierden zu zügeln gezwungen ist, physische
und psychische Gesundheit in weit höherem Masse besitzt.

Die europäischen Schriftsteller, welche so eifrig für
frühzeitigen Geschlechtsumgang eintreten, vermöchten sich
wohl kaum wünschenswertere Verhältnisse zu denken, als
dass einem jungen Manne eine frische jugendliche Sklavin
zur Befriedigung seiner Gelüste überlassen würde; die
Sprache der Erfahrung lautet freilich anders. Die Natur
verlangt, dass der Mann die Gunst des Weibes verdienen
und gewinnen soll; wenn soziale Verhältnisse ihm diese
ohne Kampf und Entwickelung schenken, versündigt man
sich gegen die Natur, und der Sklavenbesitzer leidet davon
selbst vielleicht mehr als der Sklave.

Bezüglich der Polygamie ist weiter hinzuzufügen, dass
wenn Eigentum, Erziehungspflicht u. s. w. auch in Zukunft

an die Familie gebunden sein sollen, die Polygamie zum
Vorrecht des Reichtums und der höheren Gesellschaftsklassen werden müsste, während es doch nicht so sicher
ist, dass sexueller Begehr und Leistungsfähigkeit eines
Mannes immer in bestimmtem Verhältnisse zu seiner sozialen Lage stehen würden.

Dieses Umstandes ist sich der extreme Flügel des
Sozialismus schon völlig bewusst geworden. Er verlangt
deshalb in richtiger Konsequenz, dass jedes eheliche Band
aufgelöst, dass die Verbindung der Geschlechter nur durch
die mehr oder weniger flüchtige individuelle Laune geregelt werden solle, und stellt deshalb weiter die Forderung, die Kinder in öffentlichen Anstalten zu erziehen.
Ein Schriftsteller von anderer Stellung und Bedeutung wie
jene Volksverführer, Georg Brandes, hat nicht gezaudert
einen Wunsch auszusprechen, wie den folgenden. „dass das
Erotisch-eheliche eine völlig private Angelegenheit werde,
und gleichzeitig die Fortentwickelung (der Menschen) so
weit gehe, dass trotzdem keiner seine Kinder im Stiche
lasse."*) Durch einen solchen Satz beweist der Verfasser,
wie falsch er den Entwickelungsgang der Natur aufgefasst
hat. Er wird zum Reaktionär der schlimmsten Art, zum
Reaktionär, der in dieser Spezialfrage gegen seine Zeit,
ja, gegen die Kindheit jeder Gesellschaftsordnung um Jahrtausende zurücksteht. In unserer Zeit, welche mit Recht
Gewicht auf die Lehre von der Erblichkeit legt, ist es
wohl ein Atavismus, die geschlechtliche Verbindung zur
reinen Privatsache umwandeln zu wollen. Es entstammt
das der falschen Auffassung, dass der Geschlechtsgenuss
zu den allgemeinen Menschenrechten gehöre, ein Missgriff,

---

*) Tilskueren, II. S. 502.

den der flüchtigste Blick auf das Leben der Natur ver-
hütet haben würde.

Im Gegensatz hierzu stelle ich den Erfahrungssatz
hin: wie das Vorhandensein des Geschlechtstriebes
eine mächtige natürliche Entwickelungskraft darstellt, so ist doch dessen zeitweilige (auch dessen
absolute) Beherrschung eine moralische Kulturkraft von ausserordentlicher Bedeutung.

Wollte ich mir eine Autorität hierfür als Hilfe nehmen,
so könnte ich wohl kaum einen Namen von unbestrittenerer
Giltigkeit finden, als den William Shakespeare's.

In „Cymbeline", einem seiner vorzüglichsten Dramen,
kommt vielleicht die schönste Frauengestalt vor, die er
überhaupt gezeichnet hat, Imogen, die Königstochter, im
Ehebunde mit Leonardus Posthumus. Über diese
macht ihr Gatte folgendes Bekenntnis:

„Oft wehrte mir die eh'liche Umarmung
Und bat um Schonung sie voll ros'ger Scham,
So schön zu sehn, dass es erwärmt noch hätte
Den alten Kronos selbst."   (Akt 2, Sz. 5).

Ich weiss kaum, einen wie hohen Wert ich auf diese
Verse und die darin ausgesprochene Anschauung legen
soll, und aus der profanen Litteratur kenne ich wenigstens
keine edlere. Shakespeare, der sich gewiss so gut und
eifrig wie irgend ein andrer zum Dolmetsch für die Forderungen und die Sehnsucht der Liebe aufgeworfen hat,
zeigt hier, dass der unumschränkte Besitz Gefahren für
den Charakter bergen kann, dass auch der Genuss dessen,
was man sein eigen nennt, beherrscht und gezügelt werden
müsse von einer Feinfühligkeit, welche zuerst im Weibe
aufsprosst, der jedoch kein edel veranlagter Mann jemals
die berechtigte Anerkennung versagen wird. Er, der

Dichter, zeigt auch, dass nur in dieser Weise erzogene
Frauen die Kraft besitzen, in Zeiten der Prüfung zu bestehen, und dass sie es wert sind, den Sieg zu erringen.

Die moderne, reformsüchtige Litteratur begeht in dieser
Hinsicht einen grossen Fehler. Sie spricht von der Notwendigkeit frühzeitiger Ehe, damit der Mann seine Leidenschaft beherrschen und begrenzen könne; sie vergisst aber
gänzlich, dass die Ehe doch noch etwas ganz anderes ist
als die fortwährende Gelegenheit zu geschlechtlichem Umgange. Wer seinen Ehebund in so verkehrter Weise auffasst, kann davon überzeugt sein, dass derselbe gerade in
dieser Hinsicht ein unglücklicher werden wird.

Eine feinfühlende Vorsicht und Beschränkung ist vor
allem im Anfang des Ehelebens notwendig. Die junge
Gattin, welche als reine Jungfrau ins Brautbett tritt, ist
auf das zunächst Bevorstehende nicht so vorbereitet wie
ihr Gatte. In jedem Falle fürchtet sie sich etwas
vor diesen, ihr neuen Verhältnissen. Der erste geschlechtliche Umgang erzeugt ihr durch Sprengung des Jungfern-
häutchens und durch Ausweitung der Scheide einen gewissen
Schmerz, der nicht auf den Akt allein beschränkt bleibt,
sondern wohl Tag und Nacht fortdauert und sich zu wirk-
lichem Kranksein und damit zum vorläufigen Hindernis für
weitere Versuche steigern kann. Selbst unter ganz normalen Verhältnissen kann auch das Nervensystem der
jungen Frau so stark angegriffen werden, dass Krampf-
anfälle verschiedener Art auftreten.

Ausserdem muss man sich erinnern, dass diese ganze
Lebensveränderung in das Seelenleben der Frau tief eingreift; sie bedarf der Zeit und der Ruhe, sich damit abzufinden, dieselbe mit ihren ethischen und religiösen Anschauungen zu verschmelzen, und zu erkennen

„dass treuer Liebe Freude eitel Unschuld ist".

(Romeo u. Julia, Akt 3, Sz. 2).

Ungeduldige Männer haben durch Unkenntnis und mangelnde Aufmerksamkeit während der Flitterwochen oft genug das spätere Eheglück zerstört.

Sind die oben genannten Schwierigkeiten glücklich überwunden und erfreut man sich des ungeteilten gegenseitigen Besitzes, so wird in den meisten Fällen die junge Frau bald schwanger. Jetzt ist erneute Vorsicht und Zurückhaltung geboten; denn obwohl die geschlechtliche Vermischung während der Schwangerschaft für den Menschen nicht als unnatürlich und absolut verwerflich angesehen werden kann, so bedarf es doch, vorzüglich während der ersten Schwangerschaft, grosser Vorsicht und sorgfältiger Beachtung dieses Zustandes. Es ist nämlich eine bekannte Sache, dass manche junge Ehefrauen, vorzüglich die aus höheren Ständen, deren Erziehung eine etwas verzärtelnde gewesen war, ganz besondere Neigung zur Fehlgeburt (Abortus) zeigen und dass eine solche nicht selten nur durch den während der Schwangerschaft fortgesetzten Geschlechtsumgang hervorgerufen wird. In mehreren Fällen, wo Jahr für Jahr Fehlgeburten vorgekommen und die Hoffnung auf lebensfähige Nachkommenschaft fast erloschen war, habe ich doch noch kräftige Kinder gebären sehen, nachdem die Eltern meiner Verordnung nachgekommen waren, sich von Beginn der Schwangerschaft an jedes geschlechtlichen Umganges zu enthalten.

Die Schwangerschaft schliesst auf natürlichem Wege mit der Geburt eines Kindes; hiermit setzt aber eine Periode ein, während der das Weib von jedem Geschlechtsumgange abzusehen hat. Von alters her hat man für diese „Schonzeit" die Frist von etwa 6 Wochen berechnet,

worauf der „Kirchgang" zu folgen pflegte, nach welchem
die Frau ihre ehelichen Pflichten wieder übernahm; diese
freie Zeit ist gewiss besser als gar keine, leider aber erscheint sie als nicht zureichend. Gar viele der jetzt so
häufigen Frauenkrankheiten werden nur durch das nicht
hinlängliche Ausruhenlassen der weiblichen Generations-
organe hervorgerufen.

Während des Sauggeschäftes konzipiert die Frau gewöhnlich nicht, mit Sicherheit kann man aber nicht darauf
rechnen, dass eine Empfängnis ausbleibt. Dagegen ist es
eine allgemeine Beobachtung, dass eine erneute Schwangerschaft während des Stillungsgeschäfts für die Mutter, für
den Säugling und für die Leibesfrucht schädlich wirkt.
In einer gynäkologischen Zeitschrift sah ich unlängst eine
Berechnung der Zeit, während welcher das Weib wegen
des Geburtsaktes von geschlechtlichem Umgange freige-
lassen werden soll. Zunächst 9 Monate wegen der
Schwangerschaft, dann 12—14 Monate wegen der Säugung
und schliesslich 3—6 Monate für die Rückbildung der
Organe zum Normalzustande, zusammen folglich 2—2$\frac{1}{2}$
Jahr. Obwohl eine solche Ruhepause wohl nur selten eingehalten wird und vielleicht auch nicht immer erforderlich erscheint, ist sie doch gewiss stets nützlich und in
manchen Fällen absolut notwendig, wenn die Gesundheit
der Frau bewahrt werden soll.

Oft hört der Arzt, dass eine junge Ehefrau seitens
ihres Gatten für zu schwächlich erklärt wird, um das erste
Kind selbst nähren zu können; derselbe Gatte trägt aber
kein Bedenken, jene schon 2 Monate nach der ersten
Geburt wieder in gesegnete Umstände zu bringen. Da
die Frauen der höheren Klassen in der Jetztzeit hierzu nur
selten kräftig genug sind, fangen sie nach dem zweiten

Kindbett meist an zu kränkeln, ihre Schönheit verwelkt,
sie bedürfen der Brunnen- und Badereisen, sowie noch
anderer langdauernder und kostspieliger ärztlicher Behandlung, die Verhältnisse der Familie leiden darunter und —
um das Glück der Ehe ist es geschehen.*) Sollte in
manchen Fällen auch der Gesundheitszustand der Mutter
schnell einander folgenden Kindbetten gewachsen erscheinen, so darf man daneben nicht vergessen, dass Gesundheit
und Widerstandsfähigkeit gegen Krankheiten stets geringer
sind bei Kindern, welche schnell nacheinander geboren
sind, als bei solchen, welche erst nach längeren Zwischen-
räumen zur Welt kamen. Schon im Interesse der weiteren
Nachkommenschaft muss daher nach jedem Kindbett der
Mutter eine hinreichende Erholungspause gewährt werden,
deren Dauer nach den Verhältnissen im einzelnen Falle zu
bemessen ist.

Denjenigen, welche sich einbilden, dass die Ehe eine
lückenlose Kette geschlechtlicher Vergnügungen sei, mögen
obige Forderungen wohl mehr als hart erscheinen, und
doch erwähnte ich bisher noch nicht ein einziges Wort
von den vielerlei anderen Vorkommnissen, welche die geschlechtliche Vereinigung zwischen Mann und Weib stören
oder ganz verhindern. Hierzu gehören in erster Linie
chronische Krankheiten, über deren weite Verbreitung
ausser den Ärzten nur wenige Leute eine richtige Vorstellung haben dürften. Bedenkt man, dass vielleicht der
vierte Teil der Frauen in geschlechtsreifem Alter an Tuberkulose in der einen oder andern Form leidet, dass Unter-
leibsaffektionen, Nervenstörungen u. s. w. zahlreiche Indi-

---

*) Krafft-Ebing, Über gesunde und kranke Nerven. Tübingen
1885, S. 73.

4*

viduen zu Halbinvaliden machen, dass Geisteskrankheiten
immer häufiger werden und sehr langer Behandlungszeit
bedürfen, um sie gründlich zu bekämpfen, oder dass selbige
erst nach jahrelang erwiesener Unheilbarkeit als Schei-
dungsgrund angesehen werden; bedenkt man das alles, so
ist leicht einzusehen, dass die Schliessung einer Ehe ein
grosses Risiko mit sich führt, dem nur der sich selbst
beherrschende. zurückhaltende Mann mit Gleichmut zu begegnen im stande ist. Rechnet man hierzu ferner, dass
der Tod so manchen Ehebund vorzeitig trennt, während
Gesetz und Sitte die Schliessung eines neuen während gewisser Frist verbieten, sowie dass persönliche Bedenken
und Rücksichten verschiedener Art noch weiter der Wieder-
verehelichung entgegenwirken, so liegt es auf der Hand,
dass dem Geschlechtsleben keineswegs ein (natur-) gesetz-
liches Recht des beständigen Anspruchs auf normale Funktion zukommen kann.

Nun wird vielleicht mancher einwerfen, dass die „gesetzlichen Grenzen" in solchen Fällen stets, oder doch mindestens sehr oft überschritten werden, dass eine solche
gezwungene Enthaltsamkeit selten beachtet werde und dass
es für einen gar zu naiven Optimismus zeugen würde, an
deren Vorhandensein zu glauben. Gleichwohl kann ich
nicht umhin zu erklären, dass ich, so gut mir auch die
Wege und Formen sexueller Ausschweifung und ehelicher
Untreue bekannt sind, doch im ganzen das eben behandelte Detail bei uns als einen wirklichen Lichtpunkt
ansehe.

Nicht nur die Männer, welche wirklich noch keusch
in die Ehe treten, sondern auch diejenigen, welche auf
diese Tugend während ihres Junggesellenstandes keinen
Anspruch mehr erheben konnten, zeigen als Gatten und

Witwer oft eine rühmenswerte Treue und Enthaltsamkeit.
Das beweist unter anderem, dass, wenn eine wirkliche
Liebe, „la grande passion", wie die Franzosen sagen, in
das Wesen eines Menschen Einzug gehalten, diese im
stande ist, dasselbe zu läutern und gar viele Schlacken
wegzuschmelzen, welche dessen edlere Eigenschaften ver-
deckten. Zu diesen höheren Motiven treten auch noch
andere niedrigerer Art, welche gleichwohl auf das näm-
liche Ziel zustreben, wie die Bedenklichkeiten bez. der
gesellschaftlichen Achtung, die Scheu vor der Eifersucht
der Gattin, die Furcht vor Einschleppung venerischer
Krankheiten in die Familie u. dergl. mehr.

Man kann in quasi-medizinischen Unterhaltungen über
sexuelle Verhältnisse oft sehr weit von einander abweichende
Anschauungen und Erfahrungen zu hören bekommen. So
meinen z. B. einige, dass die Gewöhnung des verheirateten
Mannes an den Genuss ehelicher Rechte ihn besonders
ungeeignet mache, sich dem Opfer längerer Abstinenz
zu unterziehen. Ich kann hiermit nicht übereinstimmen.
Herrscht in einer Ehe die wirkliche echte Liebe und hat
die Gattin in gesunden Tagen ohne Launen und Selbst-
sucht die Wünsche des Mannes erfüllt, so ist kaum daran
zu zweifeln, dass der Mann sich ohne Murren mit Schwierigkeiten abfinden wird, welche die schuldige Rücksicht auf
das Wohlergehen der Gattin mit sich bringt.

Die Enthaltsamkeit ist also ebensowohl möglich, wie
zeitweise notwendig; doch selbst wenn Mann und Weib
sich im Vollbesitz der Gesundheit befinden und ihre Rechte
zu geniessen vermögen, bedarf es noch immer einer gewissen Vorsicht und Feinfühligkeit. So sollte der Mann
niemals die Gunst des Weibes fordern, sondern sich diese
nur erbitten; er soll die Gattin schonen nicht nur unter

den oben angeführten Verhältnissen, sondern auch bei jeder Sorge, jeder seelischen Verstimmung, die sich ihrer etwa bemächtigt. Vorzüglich für unsere lieben Landsleute (d. h. die geistigen Getränken stark ergebenen Schweden, doch trifft diese Bemerkung auch für Deutschland kaum weniger zu, obwohl hier mehr das etwas unschuldigere Bier gegen den dortigen schweren kalten Punsch, event. Branntwein in Betracht kommt. Der Übers.) sei hier auch davor gewarnt, dass sich niemand durch einen mehr oder weniger vollständigen Rausch in die Arme der Gattin treiben lasse. Das Glück unzähliger Ehen hat hierdurch Schiffbruch gelitten. Die Zuneigung des Weibes wird im innersten Herzen dadurch verwundet, wenn der Akt, der

"Das Pfand sein sollte für des Herzens Sprache,
Der Liebe Frühlingsblüte, wie der Seligkeit
Erfüllter Traum, das Bild der Seeleneinheit"*),

wenn der Akt, den nur Liebe und Schönheit herbeiführen sollte, seine Triebkraft im Glase, in einer Art Vergiftung, in einem erniedrigenden Anreiz findet.

Hier ausführlichere Verhaltungsmassregeln für die Frau zu geben, erscheint minder notwendig; nur mag bemerkt werden, dass, da das ehegenossenschaftliche Verhältnis zwei Personen interessiert, niemals der eine Teil gemeinschaftliche Angelegenheiten allein abmachen sollte. Wenn die Gattin unter andern als den oben geschilderten Verhältnissen dem Gatten das Ehebett verwehrte, so dürfte das weder berechtigt noch klug sein.

Ein englischer Arzt, W. Acton, der die medizinischen Seiten des Sexuallebens besonders eingehend studiert hat,

*) Robert Burns.

erwähnt in einer wissenschaftlichen Arbeit*), dass nachdem
es Mode geworden, von den „Rechten der Frauen“ zu
sprechen, sich viele Ehemänner bei ihm darüber beklagt
hätten, dass ihre Frauen sich selbst als Märtyrer ansähen,
wenn sie (die Männer) von ihnen die Erfüllung ihrer ehelichen Pflichten begehrten.

Er fügt hinzu, dass diese misslichen Verhältnisse noch
weiter verschlimmert worden seien, nachdem John Stuart
Mill sein Buch über die „Subjection of Women“ veröffentlichte, und er führt dafür folgendes Beispiel an:
„Ich sprach kürzlich mit einer Dame, welche die „Rechte
der Frau“ für sich in solcher Ausdehnung in Anspruch
nimmt, dass sie dem Manne in der Frage, wie weit das
geschlechtliche Zusammenleben stattzufinden habe oder
nicht, jede Stimme verweigerte. Sie erklärte bestimmt,
dass die Frau, da sie die Folgen geschlechtlichen Umganges zu tragen habe, da ihr das Ungemach der neun-
monatlichen Schwangerschaft zufiele und sie gezwungen
sei, ihre Vergnügungen und gesellschaftlichen Verbindungen aufzugeben, und in anbetracht, dass sie allein die
Gefahren und Beschwerden des Geburtsaktes trage — dass
die verheiratete Frau das vollständige Recht habe, ihrem
Manne das eheliche Zusammenleben zu verweigern. Ich
wagte diese höchst entschiedene Dame darauf hinzuweisen, dass
ein solches Verhalten ihrerseits von medizinischem Standpunkte höchst schädlich sei für die Gesundheit ihres Mannes,
besonders wenn dieser von ausgeprägter geschlechtlicher
Disposition wäre. Sie dagegen wollte die Giltigkeit meines
Arguments nicht anerkennen und erwiderte, dass ein Mann,

---

*) On the reproductive organs. 6th. ed., London, Chur-
chill, S. 142.

der nicht im stande sei, seine Triebe zu beherrschen, eine
Strassendirne hätte ehelichen sollen, nicht aber eine intellektuell beanlagte Person, die weder Lust noch auch Veranlassung fühle, ihre Zeit Pflichten zu widmen, welche
mehr einer Amme und einem Kindermädchen zufielen." *)

Derselbe Verfasser fügt weiter hinzu, er habe oft
genug Unglück in der Ehe und Gesuche um Ehescheidung
aus ähnlichen Ursachen hervorgehen sehen. An einer
anderen Stelle seines Buches findet sich folgende Mitteilung: „Als Gegner derartiger Anschauungen möchte ich
dem weiblichen Geschlechte lieber anraten, dem Beispiel
jener frischen, heiteren, von Natur glücklich beanlagten
Ehefrauen nachzuahmen, welche — statt ihre eingebildeten
Beschwerden zu übertreiben . . . . . es für die grösste
eigene Befriedigung erachten, dem Manne zu Gefallen zu
leben, und welche einsehen, dass das Weib geschaffen
wurde, um die Gehilfin des Mannes zu sein. Ohne Zweifel
erinnert sich so mancher Arzt so gut wie ich der Selbst-
anklagen seitens mehr als einer Ehefrau, welche in reu-
mütigen Augenblicken zu der Erkenntnis gekommen war,
dass Mangel an Teilnahme und Liebe auf ihrer Seite zuerst zu kühlem Verhalten und allmählich zu vollständiger
Entfremdung von einem Manne geführt hatten, dessen
Wert sie nur zu spät schätzen gelernt." **)

Ich hoffe, es wird niemand einen Widerspruch zwi-
schen meiner Anerkennung der Grund- und Lehrsätze
Actons und dem finden, was ich vorher dargelegt hatte.
Gerade weil ich so viel Freiheit für das Weib und so viel
Beherrschung von dem Manne fordere, gerade deshalb

---

*) Acton, loc. cit. S. 215 u. 216.
**) Acton, loc. cit. S. 143.

kann ich wohl auch verlangen, dass das Weib nicht aus reiner Launenhaftigkeit die Schwierigkeiten der Erkenntnis, welche jedes Ehepaar erst gewinnen muss, noch vermehren werde.

Ich kann nicht leugnen, dass ich in anbetracht alles dessen jedem weiblichen Wesen, das in den Ehestand zu treten beabsichtigt, die Warnungen Sondereggers vor dem Eintritt in den ärztlichen Stand wiederholen und hier anpassen möchte: „Wenn du hörst, dass einer Arzt (hier Ehefrau) werden will, so warne ihn (sie), warne ihn eindringlich, und falls er dennoch auf seinem Vorhaben besteht, so gieb ihm deinen Segen, wenn dieser einigen Wert hat — er kann ihn wohl sehr bedürfen." *)

Mancher dürfte eine derartige Auffassung eine pessimistische nennen und sich darüber wundern, dass Missverständnisse und Unglück so leicht in einer so natürlichen Verbindung, wie der ehelichen, aufkommen können. Eine der Ursachen dieser beklagenswerten Thatsache liegt bestimmt darin, dass unter den gegenwärtigen gesellschaftlichen Sitten in vielen Klassen die beiden Geschlechter eine längere Reihe von Jahren von einem zwanglosen alltäglichen Umgange ferngehalten werden. Studenten, Handwerker u. a. verbringen oft einen grossen Teil ihrer Ausbildungszeit in vollständigem Junggesellenleben, während die weiblichen Angehörigen derselben Klasse zu Hause sitzen fast ohne die Möglichkeit, die Lebensverhältnisse ihrer männlichen Standesverwandten beobachten und sich merken zu können. Bei Eingehung einer Ehe sind solche Personen weit schlimmer daran, als z. B. die ackerbauende

---

*) Cit. aus J. Petersen, Den medicinske lagekunst historie. Kopenhagen, 1876, S. 349.

Bevölkerung oder die eigentliche arbeitende Klasse, weil
bei den letzteren die Gemeinschaft des Lebens und der
Beschäftigung zu einer Personenkennntnis beiträgt, welche
auf anderen Wegen selten zu gewinnen ist. So weit
meine Erfahrung reicht, soll man auch unter den letztgenannten Klassen den geringsten Prozentsatz wirklich
unglücklicher Ehen antreffen.

———

Ärzte und Moralisten haben zu allen Zeiten darüber nach-
gedacht, wie häufig Mann und Frau in den Tagen voller
Gesundheit mit einander Umgang pflegen dürften. In alten
Religions- und Sittenlehren und Gesetzen kann man die
merkwürdigsten Detailvorschriften in bezug hierauf finden,
welche zuweilen darauf hinauslaufen, die Frau durch Ver-
bote gegen zu grosse Anforderungen seitens des Mannes
zu schützen, zuweilen wieder ihr durch Festsetzung eines
Minimums eine gewisse Befriedigung zu sichern. In andern
Fällen wieder scheinen Rücksichten auf eine gesunde Nachkommenschaft der bestimmende Gesichtspunkt gewesen zu
sein. Zoroaster verlangte von dem Manne eine Umarmung
binnen 9 Tagen, Solon dreimal im Monate, Mohammed
einmal in der Woche, wenn die Frau keinen Scheidungs-
grund haben sollte. Nach alten rabbinischen Vorschriften
wechselten die Anforderungen nach dem Berufe und der
gesellschaftlichen Stellung des Mannes; junge kräftige
Männer ohne spezielle Beschäftigung schuldeten ihrer Gattin
danach ein tägliches Beilager, Handwerker ein solches einmal
in der Woche, mehr durch ihren Beruf angestrengte Männer
nur nach ein- oder auch mehrmonatlicher Pause.
Unter den bei uns bekanntesten, diesbezüglichen Vorschriften verdient Luther's Rat Erwähnung, seine ehelichen

Pflichten in der Woche zweimal zu erfüllen. Es unterliegt keinem Zweifel, dass Luther sowohl durch diese
Vorschrift, sowie überhaupt durch sehr vieles, was er über
die Ehe gelehrt und geschrieben, sich ein unbestreitbares
Verdienst um die Entwickelung der sexuellen Ethik erworben hat. Die Roheit des Mittelalters wie die stürmische
Leidenschaftlichkeit der Renaissanceperiode haben beide
in seiner Lehre wie in seinem mächtigen Beispiele die so
notwendige dämpfende Kraft gefunden.

Es würde um manche Ehe besser bestellt sein, wenn
solche Grundsätze zur Anwendung kämen. Unter völlig
normalen Verhältnissen brauchte der Mann sich nicht einmal auf diese Zahl zu beschränken, sondern dürfte, in der
Zeit zwischen den natürlichen Unterbrechungen, wohl drei-
bis viermal in der Woche ehelichen Umgang pflegen. Vor
allem aber muss man als Grundprinzip hinstellen, dass allgemein gültige Zahlen überhaupt nicht anzugeben sind. Die
geschlechtliche Vermischung ist eine Einrichtung, eine Art
Gebot der Natur, zu der man durch einen natürlichen Trieb
veranlasst wird, und wer seine Sinne unverderbt bewahrte,
wer gleichzeitig lernte, inmitten der Hochflut der Gefühle
auch Rücksichten auf die Gattin zu nehmen, der läuft am
wenigsten Gefahr, hierbei auf Irrwege zu geraten. Entgegen gewissen Anschauungen, die mir mehrmals begegnet
sind, betrachte ich es als völlig zulässig und richtig, dass
Ehegatten mit einander Umgang pflegen, wenn physische
und seelische Neigungen sie zu einander ziehen. Ich sehe
also keinen Grund, warum sie während der ersten unter-
brochenen kurzen Zeitperioden, in denen sie die Freuden
des ehelichen Umganges geniessen können, sich zufolge
irgend welcher Theorie weitere Fesseln anlegen sollten, als
die Sorge für körperliche und seelische Gesundheit solche

mit sich bringt.*) — Prüfstein der ehelichen Hygiene ist, dass sich am Tage nach intimem Umgange beide Gatten vollkommen frisch, kraftvoll und lebhaft an Leib und Seele — möglichst noch mehr als nach andern Nächten — befinden. Wo diese Zeichen fehlen, haben Übertreibungen, Excesse, stattgefunden. Es mag so manchem hart klingen, von Excessen im Ehebett reden zu hören, und doch kommen solche oft genug vor, und zwar nicht allein in den Flitterwochen, sondern auch nach langjähriger Gemeinschaft.

Physische und psychische Störungen bei dem einen oder dem andern Ehegatten leiten ihr Aufkommen oft von einer solchen Ursache her, und oft genug übersieht es der Arzt bei seiner Nachforschung nach den Ursachen der Krankheiten sich über dieses Kapitel zu unterrichten. Gerade in unsrer nervösen Zeit verdient das besonders betont zu werden. Acton hat, wie mir scheint ganz mit Recht, daran erinnert, dass mit intellektuell angreifender Arbeit beschäftigte und in grossen Städten wohnhafte Ehemänner mit ihren Kräften besonders haushalten sollten, und er gestattet ihnen deshalb keinen häufigeren geschlechtlichen Umgang als jeden 7. bis 10. Tag.**)

Von meiner Schüler- und Studentenzeit entsinne ich mich, dass junge Leute oft über eheliche Verhältnisse verhandeln und u. a. auch darüber, wer von der geschlecht-

---

*) „Wir können nach Belieben den Nektar schlürfen, die Natur selbst mischt ihn und hält uns den Becher an die Lippen; trinken wir zu viel, so schenkt sie Wasser ein, später Galle, und schliesslich vielleicht tötliches Gift." Pomeroy, Ethics of marriage. New-York und London, 1888, S. 80.

**) Loc. cit. S. 188.

lichen Vereinigung den grössten Genuss habe, ob der Mann
oder die Frau. Eine Schlussfolgerung, welche damals allgemeinen Beifall erntete, lautete folgendermassen: „Hätte
der Mann so viele Beschwerden zu erdulden, wie die Frau
bei dem Gebären des Kindes, so würde er, nach einmaliger
trüber Erfahrung, lieber auf die Freuden der Ehe verzichten,
als sich noch einmal solchen Leiden aussetzen. Nun
riskiert die Frau aber wiederholt die Qualen des Wochen-
bettes, also geniesst sie (vorher) auch weit mehr als der
Mann — was zu beweisen war."

In diesem naiven Knabenräsonnement verrät sich nicht
viel Kenntnis von der Natur des Weibes; ich hätte dasselbe,
sowie diese ganze Spezialfrage, auch gänzlich ausser acht
lassen können, wäre letztere nicht auf die Tagesordnung
gebracht worden durch novellistische Schilderungen und
bei den öffentlichen Diskussionen über Geschlechtsverhältnisse, welche, veranlasst durch die moderne Litteratur,
zwischen Männern von laxer Moral und sittenstrengen und
eifrigen Frauen geführt wurden. Man hat dabei die Ansicht
aufstellen hören, wie die Frauen so wenig sexuelle Neigung
zeigten, dass allein daraus genug eheliches Unglück für
den Mann hervorquelle, und dass die Erziehung der Frau
in andrer Weise und zwar so zu erfolgen habe, dass das
eigne Begehren bei ihr stärker und lebhafter würde.

Wohl niemandem kann es entgehen, dass aus dieser
Klage nur der Gram der Wollüstlinge hervortönt, weil
nicht eine der ihrigen entsprechende Leidenschaftlichkeit
auf das erste Ansuchen hin jedes Weib sogleich in ihre
Arme treibt.

Geschlechtstrieb und Genussfähigkeit wechseln beim
Weibe ungemein. Ich erlaube mir, hier ein Beispiel dafür
anzuführen. Als Probe positiver Entwickelung wähle ich

einen Auszug aus einem Briefe Heloisens an Abälard folgenden Inhalts:

„In tantum vero illae, quas pariter exercuimus, aman-
tium voluptates dulces mihi fuerunt, ut nec displicere mihi
nec vix a memoria labi possint: Quocumque loco me vertam,
semper se oculis meis cum suis ingerunt desideriis.

Quae cum ingemiscere debeam commissis, suspiro potius
de amissis. Nec solum quae egimus, sed loca pariter et
tempora, in quibus haec egimus, ita tecum nostro infixa
sunt animo, ut in ipsis omnia tecum agam, nec dormiens
etiam ab his quiescam. Nonnunquam ex ipso motu corporis
animi mei cogitationes deprehenduntur nec a verbis tem-
perant improvisis." *)

Beim Durchlesen einer solchen eigentümlichen Herzens-
ergiessung muss man sich erinnern, das Heloise keineswegs eine Kurtisane war, dass sie sich im Gegenteil durch
eine rühmenswerte Herzenstreue gegen den Geliebten aus-
zeichnete und dass sie bez. der Begabung und Bildung auf
hoher Stufe stand. Wäre Heloise, statt von Abälard ge-
trennt zu werden, dessen rechtmässige Gattin geworden
und hätte sie ihm eine Schar muntrer Kinder geboren, so
ist es kaum glaublich, dass ein solcher Brief von ihr je
das Tageslicht erblickt hätte.

Lassen Sie mich als Gegenstück hierzu noch einen
andern Fall aus neuerer Zeit mitteilen.

„Im Jahre 185.. wurde ich von einem etwa 30jährigen
Advokaten konsultiert, der sich wegen sexueller Schwäche
Rat erholen wollte. Bei der Befragung desselben erfuhr
ich, dass er seit einem Jahre verheiratet war, dass während

---

*) Citat aus: Hwasser, Om äktenskapet. Upsala 1841, S. 69.

dieses Jahres ein einziger Versuch zu geschlechtlicher Vermischung gemacht, es aber zweifelhaft geblieben wäre, wie
weit der Akt vollständig geglückt sei. Er brachte auch
seine Gattin mit, weil diese, wie er sagte, ebenfalls mit mir
sprechen wollte.

Ich fand in der Ehegattin eine feingebildete und besonders feinfühlende Persönlichkeit. Sie sprach mit einer
Ungezwungenheit, welche ebensoweit von Frechheit, wie
von falscher Scham entfernt blieb — sie hielt es eben
für ihre Pflicht, sich mit mir zu verständigen. Weder
errötend noch stammelnd erzählte sie ihre Geschichte,
und ich bedaure, dass mir die rechten Worte fehlen, die
Feinheit, mit der sie ihr Geständnis ablegte, zu schildern.
Ihr Mann und sie selbst waren schon von der Kindheit
her miteinander bekannt, waren so nebeneinander aufgewachsen, hatten sich später lieben gelernt und endlich ge-
heiratet. Sie hatte Ursache, ihn für mannesschwach zu
halten, doch — davon erklärte sie sich überzeugt — nicht
infolge irgendwelcher unerlaubter Handlungen von seiner
Seite; sie betrachtete das vielmehr als seinen natürlichen
Zustand. Sie bewahrte ihm die zärtlichste Zuneigung,
und würde sich nicht entschlossen haben, mich zu konsul-
tieren, wenn sie sich nicht um seinetwillen Kindersegen
wünschte, der ihr gemeinsames Glück gewiss nur erhöhen
würde. Dabei versicherte sie mir, allerdings nicht das
geringste geschlechtliche Verlangen zu empfinden, und
wenn sie eines solchen überhaupt fähig wäre, so schlum-
mere in ihr dazu wenigstens die Anlage gänzlich. Ihre
Liebe zu dem Manne war platonischer Art, und, weit entfernt, seine kühleren Gefühle anfachen zu wollen, war sie
sich unklar darüber, wieweit das recht sei. Sie liebte ihn
so, wie er nun einmal war, und würde sich ihn nicht

anders gewünscht haben, ausser um der Hoffnung willen, Kinder zu bekommen." *)

Der Verf. fügt betreffs dieses Falles hinzu: „Ich halte diese Dame für das vollkommene Musterbild einer englischen Hausfrau und Mutter, für zärtlich-besorgt, selbstaufopfernd, verständig und für so herzensrein, dass sie mit jedem geschlechtlichen Begehren unbekannt und gegen dasselbe abweisend war, und doch so selbstlos ergeben dem Manne, den sie liebte, dass sie bereit war, um seinetwillen ihre eignen Gefühle und Wünsche zu opfern."

Zwischen diesen beiden Extremen nun kann und mag das weibliche Geschlechtsleben sich bewegen; jenseit dieser Grenzen begegnet man nur Abnormitäten. Für jetzt haben wir uns zumeist mit der negativen Seite, mit der mangelnden Geschlechtslust des Weibes, zu beschäftigen, und da zeigt die Erfahrung, dass es sog. naturae frigidae giebt, Frauen, welche in jeder andern Beziehung musterhafte Gattinnen und Hausfrauen sind, die sich aber nicht enthalten, ihren Widerwillen, ja, einen wirklichen Abscheu gegen jeden geschlechtlichen Umgang auszudrücken und diesen zuweilen geradezu verweigern. Diese Fälle stehen immer in Konnex mit irgendeiner krankhaften Störung und können oft durch medizinische Behandlung geheilt werden.**)

Halten wir uns fern von den Grenzen und nur auf dem breiten Mittelwege, so werden wir unzweifelhaft finden, dass der Mann, der Zeit und Stunde nach seinem Belieben wählt, in der Regel weit mehr Genuss hat als die Frau, welche durch wiederholte Wochenbetten, durch Unterleibsstörungen und andre Veränderungen gegen die Äusserungen

---

*) Acton, loc. cit. S. 213 und 214.
**) Vergl. Acton, loc. cit. S. 214; Krafft-Ebing, Psychopathia sex. 1878, S. 30; Real-Encyklopädie d. med. Wiss. Bd. XX, S. 73.

des Geschlechtstriebes mehr oder weniger unempfindlich
und gleichgiltig wird. Im übrigen hängt es zum grossen
Teile von den Männern selbst ab, wie die Frau sie im
Ehebette aufnimmt. Wenn die ersteren nur die Ehegemeinschaft ehrlich schätzen und sich die Verschönerung
derselben angelegen sein lassen, wenn sie auch den Wünschen des Frauenherzens gern entgegenkommen, so werden
sie gewiss andre Erfahrungen machen, als wenn sie nur
brutalen Egoismus zur Schau tragen.

Wir kommen nun zu einer wichtigen Frage, zu der
persönlich wichtigsten von allen, die wir zusammen verhandeln werden: **Was soll ein Mann thun, bevor er
in die Ehe tritt? Soll er sich geschlechtlichen
Umgang andrer Art verschaffen oder nicht?**
Lassen Sie uns zuerst zusehen, welcher Art die Verhältnisse sind und wie sie geschildert werden. Ein guter
Teil der Vertreter der Litteratur der Gegenwart hat seine
Beiträge dazu geliefert, und so gestatte ich mir also, diese
zunächst kritisch zu prüfen.
Max Nordau, dem als Führer von vielen gehuldigt
wird, stellt zwar nicht direkt die Lehre und die Forderung
polygamischer Verbindungen auf, seine Beweisführung zielt
aber dahin in vielen Stücken und seiner Ansicht nach
sprechen die Thatsachen eine Sprache, welche gar nicht
missverstanden werden könne. „Der Mensch ist thatsächlich kein monogamisches Tier." — „Die unbedingte Treue
liegt nicht in der Menschennatur, sie ist eine physiologische Begleiterscheinung der Liebe." — „Der Hagestolz
hat von der Gesellschaft die stillschweigende Erlaubnis,

sich die Annehmlichkeiten des Verkehrs mit dem Weibe
zu beschaffen, wie und wo er das kann; sie nennt seine
selbstsüchtigen Vergnügungen Erfolge und umgiebt sie
mit einer Art poetischer Glorie." — „Es dürfte unter hun-
derttausend Männern kaum einen einzigen geben, der auf
seinem Sterbebette beschwören könnte, in seinem ganzen
Leben nicht mehr als ein einziges Weib gekannt zu haben."*)

G. af Geijerstam hat in seinem Erik Grane, in seiner
Gegenschrift an Lektor Personne**) und schliesslich in seinen
vor kurzem herausgegebenen Vorlesungen***) angedeutet,
dass geschlechtlicher Umgang im Junggesellenleben zur
Notwendigkeit werden könne. Die Heldin in Erik Grane
hat derartige Anschauungen so tief eingesogen, dass sie
keinerlei Ansprüche auf die Sittenreinheit ihres Gatten macht,
sie kennt „keine Eifersucht auf das Vergangene" und
meint, „dass das mit allen Männern wohl ganz ähnlich bestellt sei." †) — Aug. Strindberg stürmt fast in jeder Zeile
einzelner seiner neueren Arbeiten gegen alle Forderungen
auf Enthaltsamkeit an und sucht zu beweisen, dass un-
gesetzlicher Geschlechtsverkehr die Gesundheit, das Gedeihen und die Lebensfreudigkeit des Jünglings erhalte.
Ein andrer, minder beachteter jugendlicher Schriftsteller
hat, kaum der Schulbank entronnen, eine Arbeit veröffent-
licht, worin der Held, im Begriff sich zu verloben, seiner
Auserwählten unter anderem folgendes schreibt: „Ich gehe
jetzt nicht auf die Frage ein, ob ein Mann zwischen 20

---

*) Die konventionellen Lügen der Kulturmenschheit. 14. Aufl.
1889, S. 277 u. ff.

**) Hvad vill Lektor Personne? Ett genmäle. Stockh. 1887,
S. 24 und 25.

***) Stridsfrågor för dagen. Helsingfors 1888, S. 52 und flg.

†) Loc. cit. S. 334.

und 30 Jahren so leben kann und soll, wie es eine Jungfrau nun einmal gezwungen ist, um als ehrbares Weib
bezeichnet zu werden; ich sage nur, dass das kaum einer
thut, mindestens keiner, der nicht in körperlicher oder
geistiger, resp. seelischer Hinsicht abnorm veranlagt ist.**)

So läuten also die Glocken!

Ein junger Mann, dem noch jede andre Kenntnis ausser
der der Schulaufgaben abgeht, tritt ohne Zagen auf und
erklärt kategorisch, dass alle Männer unsittlich leben.
Wenn sie das auch unterlassen können, bleibt es doch
sehr zweifelhaft, ob sie damit wohl recht thun. Da die
Erfahrung aber nicht ganz ausser acht zu lassen und
wenigstens das Bild eines enthaltsamen Jünglings zu skiz-
zieren war, so fertigt man diese und ihre Lebensführung
kurz und bündig mit dem Ausspruche ab, dass sie an Leib
und Seele abnorm geartet seien, während gesunde und
kräftige stets anders handelten.

Die geringste Kenntnis der Kulturgeschichte und der
Ethnographie würde gezeigt haben, dass Religionsformen,
Sittenlehren und Volkseigentümlichkeiten entstanden waren
und bestanden hatten, welche Enthaltsamkeit in einer oder
der andern Form verlangten, dass diese in mehr oder
weniger grosser Ausdehnung Beachtung und Gehorsam
gefunden haben, und dass die Geschichte endlich keine
Zeile enthält, aus der der Untergang eines Volks oder
Geschlechts durch Keuschheit hervorginge, dagegen viele
lehrreiche Kapitel, welche das Gegenteil predigen.

Dem letztgenannten Verfasser sei übrigens die Anerkennung nicht vorenthalten, dass er das Weib nicht so
gleichgültig, wie Erik Granes Gattin bei Geijerstam, gegen

*) Alfred Lindkvist, Bagateller, S. 67.

5*

diese Sache hinstellt. Obwohl man bei ihm nichts von dem Ausgange der Werbung zu hören bekommt, macht jenes (oben citierte) Bekenntnis dem jungen Mädchen doch Sorge und Trauer.

Lauschen wir nun auf die Erfahrungen einiger Ärzte.

Der Psychiater Krafft-Ebing äussert: „Unzählige normal konstituierte Menschen sind imstande, auf Befriedigung ihrer Libido zu verzichten, ohne durch diese erzwungene Abstinenz an ihrer Gesundheit Schaden zu nehmen." *)

Acton spricht es in seinem wiederholt erwähnten Buche als seine Ansicht aus, dass absolute Enthaltsamkeit von jungen unverheirateten Männern und ohne Schaden für deren Gesundheit geübt werden könne und müsse.**)

Der Hygieniker Oesterlen sagt: „Selbstbeherrschung allein kann viel Unglück verhüten, gegründet auf feineres sittliches Gefühl, auf keuschen Sinn, wie auf Einsicht, Bildung und unterstützt durch geeignete Lebensweise, durch eine sittlich reine Umgebung und deren Beispiel. Jeder und jede sollen eben auch hier warten und sich zähmen lernen, bis ihre Zeit gekommen. Sie werden dies aber um so eher imstande sein, je mehr es ihnen zur lebendigen Überzeugung geworden, dass von ihrem Verhalten in dieser kritischen Periode ihr Glück für's ganze künftige Leben abhängt, zumal in der Ehe; dass sich jeder für etwaige Selbstkasteiung und Opfer durchs Erhalten seiner Gesundheit und frischen Lebenskraft wie seines höchsten Gutes, eines reinen und ruhigen Gewissens, entschädigt finden wird." ***) Und zur Erklärung der Ursachen der Tugend-

*) Psychop. sex. 1878. S. 104.
**) Vgl. die Kapitel Continence, S. 12, und Incontinence, S. 33.
***) Handbuch der Hygieine. Tübingen 1876, S. 728 und 729.

haftigkeit wie des Versinkens auf diesem Gebiete fügt er hinzu: „Keuschheit ist aber nur möglich bei schlichtem, mässigem Leben, bei gehöriger Selbstbeherrschung und Genügsamkeit. Selten wohnt sie deshalb in Palästen und sonstigen Orten, wo einer von Jugend auf auch in dieser Richtung fast alles thun kann, was er will und noch dazu von allen wegen allem bewundert oder doch entschuldigt wird. Ebensowenig ist sie aber bei grosser Unkultur, Roheit und Armut recht möglich."

Lionel S. Beale, Prof. am Kingscollege in London, schreibt: „Die Behauptung, dass es, wenn eine Eheschliessung aus verschiedenen Ursachen nicht zustandekommt, aus physiologischen Gründen notwendig sei, dafür Ersatz zu beschaffen, ist gänzlich verfehlt und unbegründet. Es kann gar nicht eindringlich genug gepredigt werden, dass die strengste Enthaltsamkeit und Reinheit gleich übereinstimmend sind mit physiologischen wie mit sittlichen Gesetzen und dass die Nachgiebigkeit gegen Wünsche, Begierden und Leidenschaften ebensowenig mit physiologischen und physischen, wie mit moralischen und religiösen Gründen gerechtfertigt werden kann." *)

„Tausende werden geboren, verbringen ihr Leben und sterben, und werden, obwohl das Böse sich immer in ihrer Nähe befindet, davon doch nicht mehr angesteckt, als ob es keine Sünde gäbe. Und wenn das bei so manchen der Fall sein kann, warum nicht bei vielen? Ist das der Annahme nach notwendige Übel dies nur für einen Teil, für einen kleinen Teil der Bevölkerung? Wenn dem so wäre, müssten wir klarzulegen versuchen, in welcher Hinsicht

---

*) Our morality and the moral question. Chiefly from the medical side. London, Churchill, 1887, S. 47.

sich diese kleine Minorität so vollständig von der übrigen
Menge unterscheidet, um für diese allein den Fortbestand
eines Fluches notwendig erscheinen zu lassen, von dem
die Majorität ganz und gar nicht betroffen wird. — Kann
der enragierteste Fatalist etwa zu behaupten wagen, dass
das Übel auf bestimmtem, unveränderlichem Standpunkte
durch eine gleichbleibende dunkle Kraft, die er „Gesetz"
nennt, erhalten werde? Er wird sicherlich zugeben, dass
es noch schlimmer sein könnte, als es thatsächlich ist,
und wenn er seinen Verstand nicht gänzlich verleugnen
will, muss er dann ebenso zugestehen, dass es auch besser
sein könnte." *)

In moralischen und religiösen Schriften über diesen
Gegenstand findet man oft angegeben, seitens der Ärzte
werde der männlichen Jugend geschlechtlicher Umgang vor
und ausser der Ehe angeraten; noch öfter hört man ge-
sprächsweise solche Aussagen mit Bezug auf den oder jenen
namhaft gemachten Arzt. Wenn im Privatzimmer ausgesprochene Worte später durch viele Zwischenträger verbreitet werden, ist es nicht mehr leicht, diese zu widerlegen
oder zu bestätigen; es kann dabei ja so manches Missver-
ständnis unterlaufen. So hab' ich z. B. einmal von einem
Kranken aussagen hören, ein namhafter Arzt habe ihm
illegitimen Geschlechtsverkehr empfohlen; bei meiner ver-
trauten Bekanntschaft mit dem genannten Arzte musste
ich aber doch bei der Überzeugung verharren, dass mein
Patient jenen freiwillig oder unfreiwillig missverstanden
habe. Ebensowenig darf man es als einen „ärztlichen
Rat" hinstellen, wenn der oder jener ausschweifende Student
der Medizin seine Kommilitonen zu einem lockeren Leben

---

*) Loc. cit. S. 67.

zu verführen versucht und als Argument die vermeintlichen Vorteile eines solchen für die Gesundheit benutzt.

Ich habe schon die Äusserungen einiger der hervorragendsten Vertreter meiner Wissenschaft angeführt und
könnte dergleichen noch unendlich mehr beibringen, wenn
ich nicht fürchtete, damit nur zu ermüden. So sei hier
nur noch kurz mitgeteilt, dass ich wohl den allergrössten
Teil der einschlägigen Litteratur durchforscht, nirgends
aber eine weitere direkte Ermunterung zu ungesetzlichem
Geschlechtsverkehr gefunden habe, als folgenden Passus
in einer Abhandlung über Onanie:

„Bei vielen jungen Leuten hören die onanistischen
Gewohnheiten mit dem Zeitpunkte auf, wo sie mit einem
Weibe Umgang gehabt haben. — — — Ohne in allen
solchen Fällen formell den Beischlaf zu empfehlen, müsste
man denselben doch vielleicht anraten, wenn es sich darum
handelt, ein Individuum zu erretten von der Leidenschaft
für jenes die Einsamkeit suchende Laster, das sich sonst
mehr und mehr in ihm festwurzelt. Die meisten Unglücklichen kommen auf dieses Hilfsmittel schon von selbst, so
dass es nur selten nötig wird, sie darauf hinzuweisen.“*)

Meine Ansicht über die spezielle Behandlungsfrage
werde ich später mitteilen; jetzt sei zu obigem nur hin-
zugefügt, dass ich in zweiter Linie durch Gegenargumente
bei Niemeyer**) erfahren habe, es solle wirklich Schriften
von Leuten, deren Namen er verschweigt, geben, welche
schwachen und unruhigen jungverheirateten Männern den
Rat erteilen, sich von liederlichen Dirnen zu ihren sexuellen
Funktionen einüben zu lassen. Etwas Weiteres aus medi-

---

*) Nouveau Dictionnaire de médécine et de chirurgie. T. XXIV,
p. 494.

**) Handb. d. spez. Pathol. und Ther. 7. Aufl. Bd. II, S. 107.

zinischer Feder über diesen Gegenstand hab' ich nicht in Erfahrung gebracht, wohl aber kräftige Zeugnisse für das Gegenteil. Ich erlaube mir, noch einmal Acton zu citieren: „Abgesehen von allen moralischen Gründen, bin ich vollkommen überzeugt, dass keine physiologischen oder anderen Gründe den Arzt berechtigen, den promiscuosen oder systematischen Umgang mit dem andern Geschlecht zu empfehlen oder auch nur stillschweigend gutzuheissen."*) Er fügt weiter hinzu, „Professor Newman, Emeritus am University College, könne nur aus unwahren und unwissenschaftlichen Schriften geschöpft haben, wenn er in einer kürzlich veröffentlichten Broschüre dem ärztlichen Stande vorwirft, dieser empfehle geradezu die Unzucht — eine Beschuldigung, welche ich hiermit in schärfster Weise zurückgewiesen haben möchte."**) Er verweist ferner auf das unverschämte Spiel, das in London von zahllosen Quacksalbern getrieben wird, auf deren Reklamen, schädliche Ordinationen und Gelderpressungen.***)

Lionel S. Beale bemerkt über dieses Thema folgendes: „Der Bischof von Truro erklärte bei einer Konferenz des Stiftes Truro: ›Ich könnte zahlreiche Beispiele anführen, in welchen ein Arzt einem jungen Manne empfohlen hatte zu sündigen — Scham und Schande über ihn! — um seine Gesundheit zu erhalten.‹ Es ist höchst bedauernswert, dass Männer in der Stellung eines Bischofs von Truro sich solche beleidigende Äusserungen wie die obige von ›zahlreichen Beispielen‹ erlauben. Darf ich wohl fragen, wie viele er — genau gezählt — darunter ver-

---

*) Loc. cit. S. 33.
**) Loc. cit. S. 36.
***) Loc. cit. S. 220.

steht? Während 35 Jahren, wo ich ausnahmsweis reiche
Gelegenheit hatte, solche Fälle zu meiner Kenntnis gebracht zu sehen, sind mir dafür zwei oder vielleicht drei
derartige Beispiele vorgekommen, doch keineswegs von so
unzweifelhafter Natur, dass ich berechtigt gewesen wäre,
etwa an den betr. Arzt zu schreiben und zu sagen: ›Da
Sie den N. N. ermahnt haben, eine unmoralische Handlung zu begehen, werden Sie wohl so freundlich sein
mir die Gründe mitzuteilen, auf welche hin sie einen
solchen Rat verantworten zu können meinen.‹ Die
Ärzte sind eben gar oft in unbestimmter Form fälschlich
ebenso dieser wie andrer verwerflicher Dinge angeklagt
worden." *)

Vielleicht wird jemand einwenden, ich hätte nicht
die gebührende Aufmerksamkeit einem Buche, den „Samhällslärans grundlag" (die Grundgesetze der Gesellschaftslehre) geschenkt, welches angeblich einen Arzt zum Verfasser hat.**) Ich benutze hier die Gelegenheit zu erklären,
dass mir dieses Buch sehr wohl bekannt ist, dass ich aber
nur selten eine reichhaltigere Sammlung von Irrtümern
und falschen Auffassungen gefunden habe. Die Moral des
Buches sei dabei ganz beiseite gelassen; ich halte mich ausschliesslich an die medizinische Seite desselben. Im folgenden
werde ich eine und die andere Angabe desselben widerlegen; wollte man das Buch mit streng kritischer Brille
prüfen und auf alles Falsche in demselben hinweisen, so
ergäbe das eine Liste von grösserer Länge als meine Vorlesungen selbst im Druck einnehmen werden. Ein Teil
der Irrtümer des Buches rührt zweifellos davon her, dass

---

*) Loc. cit. S. 98 u. 99.
**) Samhällslärans grundlag u. s. w. 2. Aufl. Stockh. 1880.

das Original desselben im Jahre 1854 verfasst ist und
dass die späteren Auflagen auf die seit jenem Zeitpunkte
gemachten Fortschritte der medizinischen Forschung nicht
die nötige Rücksicht nehmen; andre thatsächliche Angaben des Buchs sind durchweg sehr in der Luft schwe-
bende Vermutungen und nicht zu begründende Einfälle.
Im übrigen erlaube ich mir in Parenthese eine Bemerkung.
Der Verfasser nennt sich nicht und deckt seine Anonymität
nur damit, dass er gefürchtet habe, einen Verwandten zu
betrüben. Dem Verfasser ist es dann wiederum geglückt,
einen anonymen Übersetzer zu finden, sowie auch eine
ebenfalls unbekannte Persönlichkeit, welche erklärt, die
schwedische Ausgabe durchgesehen und die Übersetzung
vortrefflich gefunden zu haben, soweit er darüber urteilen
könne; dagegen habe der namenlose Kritiker vorzüglich
in dem medizinischen Teile der Arbeit mannigfache Verbesserungen angebracht.

Gleichwohl sind hier noch so viele notwendige Verbesserungen unterlassen, dass die Arbeit im ganzen als
ein Musterbild von Unzuverlässigkeit betrachtet werden
kann. — Noch ein Wort in dieser Sache. Es ist wohl
bekannt, dass die Geschichte der Litteratur im allgemeinen der oder jener ausgezeichneten Arbeit erwähnt,
deren Verfasser für seine Zeit wie für die Zukunft unbekannt war und geblieben ist; die Geschichte der Wissenschaft kennt dagegen derartige Vorkommnisse nicht. Eine
solche Kette von anonymen Personen, welche als wissenschaftliche Lehrer und soziale Reformatoren aufzutreten
versuchen, hat kein Anrecht auf Glauben und Beachtung.
Sogar eine Zeitung mit gekauftem verantwortlichen Redakteur befindet sich in achtungswerterer Stellung als die
angeführten, im Dunkel hinschleichenden Personen; der

wirkliche Redakteur einer Zeitung wird allemal bekannt, so dass die Allgemeinheit ihm mindestens die moralische Verantwortung aufzubürden vermag.

Nachdem ich im früheren einen Überblick über die Stellung der medizinischen Litteratur zur Frage der Enthaltsamkeit gegeben, möge es mir vergönnt sein, eine Einwendung gegen Styrbjörn Starke zu erheben. Dieser erachtet, dass — da die Ansichten unter ihnen (sc. den Ärzten) über das in Rede stehende Thema geteilte sind — „die Frage auf die Zukunft verwiesen werde, welche sie dann entscheiden möge." *)
Ich glaube gezeigt zu haben, dass unter den wirklichen Ärzten die Ansichten ganz gleichartige sind und es also nicht nötig erscheint, erst das Urteil der Zukunft abzuwarten. Übrigens kenne ich mit Ausnahme der Fundamentalsätze der Mathematik und der Logik kaum eine einzige Lehre, welche ganz allgemeine, gleichmässige Anerkennung gefunden hätte. Im Bereiche der Heilwissenschaft vegetiert z. B. die Homöopathie an der Seite der wissenschaftlichen Medizin weiter; man findet sogar medizinisch gebildete Widersacher der Vaccination u. s. w. Trotzdem betrachte ich es als ausgemacht, dass die echte Wissenschaft ihre Stellung so hinreichend gekennzeichnet hat, dass die Allgemeinheit klar sehen kann, wo diese zu finden ist. Ohne den weltlichen Erfolg anzubeten, glaube ich, dass man alle Ursache hat, sich für diejenige Seite zu entscheiden, auf der man die in der Sache erfahrensten Männer der Gegenwart wie der Vergangenheit findet, nicht aber die diesen gegenüberstehende kleine Gruppe zu be-

*) Loc. cit. S. 26.

achten, unter der nur die Excentrizität, Mangel an Kenntnis
und Kulturfeindlichkeit zutage tritt. Die genannte anonyme
Arbeit hat eine ganz neue Art von Krankheiten erfunden,
√ die Enthaltsamkeits-Störungen, ein Name, der in der
wissenschaftlichen Medizin völlig unbekannt ist. Was den
Mann angeht, so sollen diese vorzüglich bestehen in ge-
✝ schwächtem Fortpflanzungsvermögen, Samenfluss und Hypochondrie; bez. des Weibes in Hysterie, Bleichsucht und
✝ Menstruationsanomalien.

Mehrere moderne Schriftsteller sind in Übereinstimmung mit genanntem Buche dafür eingetreten, dass das
Weib von der Fessel des Vorurteils befreit werden müsse,
welche sie verhindert, ebenso ungeniert wie der Mann sich
dem Genusse illegitimen Geschlechtsumganges hinzugeben;
Nordau will „ihren natürlichen Anteil im Liebesleben der
Menschheit gesichert wissen"; auch Georg Brandes hat
sich der Sache der armen unverheirateten Frauen angenommen und erklärt, dass „die Askese, wie diese jetzt
von der grossen Mehrzahl der unverheirateten Frauen der
höheren Stände geübt wird, ein Unglück, ein naturwidriges
Ding, ein Opfer sei, das doch oft nur einem wertlosen
Vorurteil gebracht werde." *) Weiter heisst es bei demselben Verfasser: „Werden geistige Vorzüge zuweilen zu
teuer erkauft mit einem Opfer an Reinheit und Unschuld
(? Der Übers.), so kann auch wirkliche und nicht minder
die bloss scheinbare Reinheit zu teuer erkauft werden,
wenn diese verzehrendes Verlangen und die Thorheit steter
Unfruchtbarkeit und quälender Sehnsucht mit sich führt."

Es ist recht interessant zu beobachten, dass Brandes,
wenn er die unglücklichen Folgen weiblichen Cölibats

---

*) Tilskueren II. S. 22

schildern will, sich teils auf das verzehrende Verlangen bezieht, teils mit besonderer Schärfe die (vermeintliche) Beschränktheit geisselt. Nun könnte man doch wohl fragen, ob diese Eigenschaft ein so grosses Unglück sei, dass ein Weib, um jenem Vorwurfe zu entgehen, ihren Seelenfrieden und ihre soziale Stellung — solche Sachen haben natürlich in Brandes' Augen keinen besonderen Wert — aber auch ihre gesicherte, wenn auch vereinsamte Existenz, ihren Frieden und ihre Ruhe darum hingeben sollte. Das Weib, welches ihre Gunst einem flüchtigen umherflatternden Wollüstling verschenkt, gewinnt dadurch, selbst bei guter ökonomischer Stellung, noch keinen von den physischen oder psychischen Vorzügen der recht-mässigen Ehefrau.

Unter allen jenen angeblichen Schädlichkeiten liegt es mir natürlich am nächsten, die sog. Enthaltsamkeits-Störungen für eine eingehendere Prüfung auszuwählen. Was nun die dem Manne eigentümlichen Formen derselben angeht, nämlich verminderte Potenz, Samenfluss und Hypo-chondrie, so entstehen diese gewiss selten oder nie als Folgen wirklicher Enthaltsamkeit, dagegen werden sie oft genug verursacht durch Excesse, naturwidrige Laster und erbliche Veranlagung. Ich werde auf dieselben übrigens in meiner letzten Vorlesung zurückkommen.

Bezüglich der Krankheiten des Weibes aus angeblich gleicher Veranlassung kann ich dagegen schon hier statt eigener Beobachtungen die Erfahrungen wissenschaftlicher Koryphäen anführen. Was die Hysterie angeht, so sagt Krafft-Ebing:

„Die in Laienkreisen vielfach bestehende Anschauung, dass der Mangel der naturgemässen Funktionen des Weibes diese Krankheit erzeuge, ist ein völlig unbegründetes Vorurteil. Wenn ältere Jungfrauen öfters hysterisch sind, so ist die Ursache eine moralische, aber keine physische. Unverheiratete Frauen, welche als Ersatz für die Ehe eine ernsthafte, Geist und Seele in Anspruch nehmende Beschäftigung haben, z. B. Ordensschwestern, die sich der Krankenpflege oder Kindererziehung widmen, werden höchst selten hysterisch."*)

An anderer Stelle fügt derselbe Autor hinzu: „Es ist ein trauriges Zeugnis für die mangelhafte hygienische Bildung, dass gegenwärtig sogar Ärzte nicht selten Hoffnung setzen auf ein Heilmittel für Nervenkrankheiten, z. B. Hysterie durch eine Ehe bessern zu können glauben, und dass sie ihren Klienten einen solchen Schritt geradezu anraten."**)

Der amerikanische Neurolog Hammond lässt sich hierüber wie folgt aus: „Meiner Auffassung nach ist die stärkere Neigung zur Hysterie bei unverheirateten Frauen nicht auf den unbefriedigten Geschlechtstrieb zurückzuführen, so wenig wie auf die Unthätigkeit der Fortpflanzungsorgane, sondern vielmehr auf das Fehlen eines wirklichen Lebenszieles, die beständige Reflexion der Gedanken und Empfindungen auf das eigene Ich, welche mit der derzeitigen Stellung der unverheirateten Frau untrennbar verbunden ist. Die unverheirateten Frauen, welche selbst für ihren Unterhalt sorgen, sind meiner Erfahrung nach der Hysterie nicht mehr ausgesetzt als Ehefrauen."***)

In einer Monographie über die Hysterie führt Prof. Jolly (hier im Auszug wiedergegeben) folgendes an:

---

*) Über ges. und kranke Nerven, S. 123.
**) Loc. cit. S. 80.
***) A treatise on the diseases of the nervous system. 7th. ed. Lond. 1882, p. 759.

„Scanzoni fand, dass unter einer grösseren Anzahl hysterisch Leidender 75°/₀ Kinder, und 65°/₀ mehr als 3 Kinder gehabt hatten. Damit wird der Gegenbeweis erbracht, dass diese Krankheit eine „virginum et viduarum affectio" sei. Sexuelle Abstinenz kann wohl zuweilen bei jungen Witwen zur Ursache der Hysterie werden, ebenso wie bei Frauen impotenter Männer; weit öfter aber als sexuelle Enthaltung trägt sexuelle Überreizung hieran die Schuld." *)

Wenden wir uns zur Bleichsucht, so lernen wir aus der Wissenschaft wie aus der täglichen Erfahrung, dass diese teils angeboren sein, dass sie weiter beide Geschlechter und alle Altersklassen befallen kann, so dass ihr Zusammenhang mit der Genitalsphäre mehr als zweifelhaft wird — und endlich, dass diese Krankheit zahlreiche Ursachen im jetzigen Kulturleben findet.

Menstrualstörungen können sowohl bei Verheirateten als auch bei Unverheirateten auftreten; oft stehen dieselben in ursächlicher Verbindung mit Bleichsucht und krankhaften Veränderungen der Gebärmutter, welche nicht im geringsten auf der natürlichen Funktionierung oder Unthätigkeit derselben beruhen.

Mit allem, was ich hier anführte, will ich keineswegs die Thatsache verneinen, dass eine Frau, die einen gesunden und sie vernünftig schonenden Mann heiratete, sich besserer Gesundheit als in ihrer Mädchenzeit, ja, einer besseren, als unvermählte Altersgenossinnen erfreut; ebensowenig, dass die verheiratete Frau nach Verlauf der früheren Jugendperiode nach statistischen Erhebungen eine geringere Sterblichkeitsfrequenz zeigt als die unverheiratete; daraus folgt

---

*) Handbuch der spez. Pathol. u. Therapie, herausgeg. von H. v. Ziemssen, XII. 2. Aufl. Leipz. 1877, S. 503 u. flg.

aber weder, dass es Enthaltsamkeits-Störungen giebt, noch
dass das körperliche und seelische Befinden des Weibes
verbessert würde, wenn sie in einer Gesellschaft nach
Nordau'schem oder Brandes'schem Muster vom Liebesleben
der Menschheit ihren Anteil erhielte und von der jetzigen
Askese befreit wäre.

Doch, wir wenden uns nun von den Frauen ab und
zu den Männern zurück. Giebt es denn keine Ungelegen-
heiten und Beschwerden für den unvermählten geschlechtsreifen Mann? Ja, gewiss giebt es solche. Ich will hier
wieder Acton das Wort lassen.

„Eine fast endlose Verschiedenheit der Meinungen
herrscht bezüglich dieser Sache zwischen dem äussersten
Standpunkt einerseits, dass ein junger Mann ein geschlecht-
liches Verlangen weder haben könne, noch — mindestens
nicht in beschwerlichem Grade — ein solches zu haben
brauche, und dass er folglich weder Vorsichtsmassregeln
zu treffen, noch vor der Wachrufung sexueller Begierden
gewarnt zu werden brauche — und zwischen dem äussersten
Standpunkt andrerseits, dass die aus der Keuschheit ent-
springenden Leiden so grosse wären, dass sie ihn zu un-
keuscher Lebensführung berechtigten oder diese wenigstens
entschuldigten. Meine Ansicht geht dahin, dass, wenn die
Erziehung eines jungen Mannes gebührend überwacht und
seine Seele nicht durch Unarten erniedrigt wurde, es gewöhnlich ein leichtes Vorhaben für ihn ist, keusch zu
bleiben, und dass es dazu keiner grossen, ausserordent-
lichen Anstrengungen bedarf; jedes Jahr freiwillig auf-
erlegter Keuschheit macht es aber schon durch die Macht
der Gewohnheit leichter, diese weiter zu bewahren. Gleichwohl ist schwerlich zu leugnen, dass eine ganz ansehnliche Zahl sogar der mehr oder minder Enthaltsamen

zeitweise von nicht ganz geringen Unbehaglichkeiten zu
leiden hat.

— — — — — — — — — — — — — — — — — — — —

„Die zur Hälfte Enthaltsamen, die Männer, welche den
besseren Weg vor sich sehen, ihn auch billigen, und doch
dem schlimmeren folgen, die Männer, welche der Kalt-
blütigkeit des verhärteten Sensualisten ebenso entbehren
wie der Stärke des gewissenhaft keuschen Mannes, erdulden gleichzeitig die Qualen der Selbstversagung und
die Reue über die Selbstverderbung. — — —

„Der Thatsachen, welche diese Wahrheit bekräftigen,
giebt es zahllose, und diese können ebenso auf die Jugend,
von der ich hier besonders spreche, wie auf die vollge-
reiften Männer angewendet werden. Es ist eine alltägliche
Erfahrung, Patienten klagen zu hören, dass gänzliche Enthaltsamkeit nach gewisser Zeit einen so reizbaren Zustand
des Nervensystems hervorbringe, dass das Individuum seine
Gedanken unmöglich mehr bei einem und demselben Gegenstande festzuhalten im stande sei; Studien würden unmöglich, weil der Studierende nicht mehr stille sitzen könne;
Beschäftigungen im Sitzen würden unausführbar, weil
sexuelle Vorstellungen stets den Gedankengang des Leidenden
unterbrächen. Wenn ich solchen Klagen lausche, bin ich
mir gar nicht mehr unklar über das Geständnis, welches
ihnen auf dem Fusse folgen wird, ein Geständnis, welches
sofort alle Symptome erklärt. Ich bin nämlich vorbereitet
zu hören, dass das selbst gewählte Mittel sehr wirksam
gewesen, dass geschlechtlicher Umgang den Studenten sofort instandgesetzt habe, seine Arbeiten wieder aufzunehmen, den Dichter, die poetische Ader wieder fliessen
zu lassen, dass die verbleichte Phantasie des Malers Kraft
und Glut wieder gewonnen, während der Schriftsteller,

der mehrere Tage gänzlich unvermögend war, zwei Sätze zusammenzubringen, sich nach Entleerung der Samenbläschen
in der Lage befunden habe, die herrlichsten Schöpfungen
zu gebären. Bei Individuen, wie die genannten, führt die
Enthaltsamkeit sicherlich diesen Reizungszustand herbei;
nichtsdestoweniger kommt keinem dieser Symptome, wie
lebhaft sie auch geschildert werden mögen, die Berechtigung
zu, einen Arzt zu bestimmen, den Fortgebrauch jenes gefährlichen Mittels, welches die Krankheit weiter unterhält,
auch nur scheinbar gutzuheissen.

„In feierlichstem Ernste protestiere ich dagegen, dass
ein Arzt seine Zuflucht zur Empfehlung eines solchen
Mittels nehmen solle. Es ist besser für einen jungen Mann,
ein enthaltsames Leben zu führen. Die ganz streng
Enthaltsamen leiden wenig oder gar nicht an jener Reizbarkeit, während der Unkeusche darauf rechnen kann, in
einer oder der andern Art obiger Beispiele von Beschwerden
heimgesucht zu werden, sobald sich eine Seminal-Plethora
(Samenfülle) bei ihm einstellt, wobei die Befriedigung des
Triebes, um ein wirksames Hilfsmittel zu bleiben, Wiederholung verlangt, sobald sich wieder unbequeme Erscheinungen einstellen. — — — —

„Die Wahrheit ist, dass sehr viele, vorzüglich junge
Leute oft nur gar zu zufrieden damit sind, eine Entschuldigung für ihre fleischlichen Gelüste zur Hand zu haben,
statt den Versuch zu machen, wie sie diese regeln und beherrschen könnten. Mir ist es gar nicht zweifelhaft, dass
die genannten sexuellen Beschwerden stark übertrieben,
wenn nicht gar zu diesem Zweck ganz erfunden werden.*)

---

*) Diesem Zeugnis medizinischer Erfahrung dürfte es ja interessant erscheinen, das Geijerstam's gegenüberzustellen: „Wisst
Ihr, dass der Mann, der sein Leben der Erfüllung einer solchen

„Beabsichtigte ein junger Mann, sich die schwersten sexuellen Leiden zuzuziehen, so könnte er keine sicherere Methode anwenden, als sich der Unkeuschheit mit der geheimen Absicht zu ergeben, wieder enthaltsam zu werden, nachdem er „sich die Hörner abgelaufen". Die Schwierigkeit mit einer Gewohnheit zu brechen, welche sich so schnell mit jeder Faser im menschlichen Organismus verwebt, ist so gross, dass man einem Jünglinge beim ersten Schritt auf die Bahn des Lasters zurufen könnte: „Du begiebst dich auf einen Weg, den du niemals rückwärts finden wirst." *)

Die rein physischen Beschwerden, welche die Enthaltsamkeit sowohl beim Jünglinge wie beim ausgereiften Ehemannn und beim Witwer begleiten, äussern sich bei gesunden Individuen nur als Empfindung von Blutfülle, Spannung und leisem Druck u. dergl. in den Unterleibsorganen und an andereren Körperstellen; sie würden auch

---

Aufgabe (sc. der steten Enthaltsamkeit) widmet, kaum Zeit und Möglichkeit findet, etwas anderes zu thun? Seine Kraft wird durch diese kolossale Selbstkastrirung aufgebraucht und seine besten Jahre verrinnen in einem peinlichen Kampfe, dessen lähmende, um nicht zu sagen zerstörende Einwirkung auf alle Seelenthätigkeiten nur der ahnen kann, der jenen selbst in gewissem Masse an sich erfahren hat.

„Und wenn man obendrein weiss, welche gefährliche Folgen jene so gepriesene Reinheit haben kann, sollte man sich wirklich zweimal überlegen, ehe man sich entschliesst, in dieser Angelegenheit den entscheidenden Richter spielen zu wollen." (Stridsfrågor, S. 53, 54.

---

*) Loc. cit. S. 17 u. flg.

nicht so belästigend sein, wenn bei den ersteren die Gefühle nicht oft zu unnatürlichem Grade durch Einwirkung
von Büchern, Bildern, Phantasien u. dergl. auf Geist und
Gemüt gesteigert würden. Ich habe, seitdem ich mich
öffentlich mit diesen Dingen beschäftige, wiederholt ein-
schlägige Mitteilungen von gesunden, an Leib und Seele
frischen Studenten erhalten, und diese haben mir gesagt,
dass ich noch nicht stark genug die Leichtigkeit betont
hätte, mit der sinnliche Begierden gedämpft und beherrscht
werden könnten. Während meiner 20 jährigen ärztlichen
Thätigkeit habe ich Gelegenheit gehabt, viele Personen,
und vorzüglich viele Jünglinge aus den verschiedensten
Gesellschaftsklassen, in geschlechtlichen Fragen zu beraten und zu behandeln; es sind mir Vertreter der verschiedensten Ansichten bez. der Moral und der Religion
vorgekommen, Männer mit und ohne schuldfreier Vergangenheit hinter sich, ich bin aber niemals auch nur
einem einzigen begegnet, der die gänzliche Selbstbeherrschung — den guten Willen dazu vorausgesetzt —
für unmöglich erklärt hätte.

Ich erwähnte, dass geschlechtliche Begierden durch
das Lesen mancher Bücher erweckt würden, und das ist
der Fall in sehr hohem Masse. Bevor ich meine eignen
diesbezüglichen Untersuchungen anführe, will ich das Wort
einem Franzosen geben, bitte aber im voraus bemerken
zu dürfen, dass dieser keineswegs ein Klerikaler, ja, nicht
einmal strenger Moralist einer anderen Schule ist. Er
heisst Charles Mauriac, ist Syphilidolog und Verfasser
eines Aufsatzes, aus welchem ich den Rat an Onanisten
angeführt habe, sich unter gewissen Umständen durch

illegitimen Geschlechtsumgang zu heilen. Der Genannte
sagt:

„Während des XVIII. Jahrhunderts bemächtigte sich
die Beschäftigung mit allem, was mit der Liebe, vorzüglich nach deren physischer Seite, in Verbindung steht,
lebhaft aller Geister. Die Kühnheit des Gedankens und
die Freiheit des Ausdrucks brachten dieses Thema in der
verschiedensten Form zur Sprache. Es war das übrigens
nichts als der Widerschein und das Abbild der Sitten,
welche damals so verlottert waren wie zu keiner anderen
Zeit. An dieser Korruption, welche sich aller Gesellschaftsklassen bemächtigte, hatte das Temperament ohne
Zweifel grossen Anteil, obwohl dasselbe minder stürmisch,
weniger verlangend und ertrotzend gewesen zu sein scheint
als im XIV. Jahrhundert und zur Zeit der römischen
Kaiser. Wenn die Ausschweifungen aber auch nicht so
weitgehende und nicht so monströse waren, wurden sie
dafür mehr überlegt und sozusagen philosophisch. Man
lebte nicht vergeblich im Jahrhundert der Encyklopädie
und der Volksaufklärung. Das Laster entschlug sich der
Mühe, sich zu verbergen, und feierte seine Orgien am
hellen Tage, wie um sich für die erzwungene Hypokrisie
zu rächen, zu der es in den letzten Jahren Ludwigs XIV.
verurteilt gewesen war. Man hat ausserdem gesagt, es
habe das Bedürfnis gehabt, sich zu klären und gewissermassen eine Schule zu bilden. Charakterisiert nicht das
und muss man es nicht dieser Art cynischer Pedanterie —
von der man mehr oder weniger deutliche Spuren selbst
bei den hervorragendsten Autoren wiederfindet — zu-
schreiben . . . das Aufblühen einer unflätigen Litteratur, in
der die Abnormitäten und Verirrungen der Sinne beschrieben und mit einer Mischung von Tollheit und verständiger

Methode, für die man bisher kein Beispiel kannte, beschrieben wurden? Die eigenartigen Obscönitäten, welche fast ganz öffentlich in Frankreich wie im Auslande verbreitet wurden, waren in französischer Sprache geschrieben. Das war die verbreitetste und dazu am geeignetsten erscheinende Sprache. Diese Schriften überschwemmten Europa, ja, die ganze Erde, doch ist heute ein Exemplar derselben nur selten aufzufinden. Aus der Korruption hervorgegangen, formulierten sie diese unter allen, selbst den niedrigsten, gemeinsten Arten und verbreiteten sie mit dem ganzen Feuereifer der Proselytenmacherei. Die Ausschweifungen des XVIII. Jahrhunderts erzeugten wieder zu ihrer Bekämpfung eine wissenschaftliche, medizinische Litteratur, welche allen Lesern zugänglich gemacht wurde, die sie zu bessern beabsichtigte."*)

Mir scheint es, als ob diese Schilderung der Litteratur des XVIII. Jahrhunderts in vielen Stücken anwendbar wäre auf diejenige, welche — ich hoffe mit geringerem Erfolge — sich in den letzten Jahrzehnten des XIX. Jahrhunderts hervorzudrängen sucht.

Wegen meiner Äusserungen über die moderne Litteratur hab' ich verschiedentlich Widerspruch erfahren, der seinen Ausdruck unter anderem auch in Privatbriefen fand. Hab' ich mich im vorhergehenden nur etwas kurzgefasst ausgesprochen, so will ich das nun etwas ausführlicher thun. Ich weiss recht wohl, dass andere Zeiten eine andere Litteratur benutzt haben, um ihre Gelüste aufzustacheln. Diejenigen meiner Altersgenossen, welche ihre Phantasie zu vergiften wünschten, benutzen dazu während

---

*) Nouveau Dictionnaire de médecine et de chirurgie, T. XXIV, p. 494.

der Gymnasial- und Universitätszeit Boccaccio, Casanova, Faublas, Paul de Kock u. dergl. Jetzt braucht man die studierende Jugend nicht mehr zu sehr zu warnen vor den Werken dieser Autoren, welche von den Leibbibliotheken weit öfter an Leser aus anderen Klassen abgegeben werden. Die studierende Jugend hält Schritt mit ihrer Zeit und sich selbst an Zola, Strindberg, Krohg, Garborg u. s. w. So schädlich auch die Einwirkung der vorgenannten war, halte ich die letzteren doch für noch gefährlicher, nicht so sehr an und für sich, als vielmehr deshalb, weil ihre Anhänger sich eines grossen Teils der litterarischen Kritik in der periodischen Presse bemächtigt haben und nun derartige Machwerke und die darin enthaltene Weltanschauung als etwas Vortreffliches und Nachahmungswertes ausposaunen. Etwas Ähnliches las man über erstgenannte Autoren in meiner Jugend niemals, im Gegenteil machte es sich damals die Zeitungspresse zur Aufgabe, bei passender Gelegenheit ihr abweisendes Urteil darüber auszusprechen. Rührt man jetzt nur an die Autoren der Zeit und an deren Werke, so erregt das bekanntlich leicht einen „Sturm der Entrüstung" und eine energische Verteidigung derselben. G. af Geijerstam bemüht sich vor allem den schwedischen Zweig als den in Schutz zu nehmen, der die „Sinne geweckt" habe, und die Erkenntnis ist ja die erste Bedingung des Fortschritts, ob dieser nun die Sittlichkeit oder irgend etwas Anderes betrifft.*)

Oscar Levertin drängt sich für die Vertreter des modernen französischen Genres ebenfalls in die Arena und erklärt, dass Zola's „Nana", „La fille Elise" von den Brüdern Goncourt und Maupassant's „Bel-Ami" solche litte-

---

*) Vgl. Hvad vill Lektor Personne? S. 20.

rarische Grossthaten seien, dass sie von so fieberhaftem
Leben zitterten, von solcher Lebenswärme glühten und so
auf der Höhe künstlerischen Könnens ständen, dass kein
urteilsfähiger Leser das Recht habe zu der Ansicht,
sie 'könnten etwa Kupplerabsichten mit der Sittlichkeit
treiben." *)

Ich will nicht behaupten, dass einer dieser Autoren
sein Werk direkt im Interesse des Lasters verfasst habe,
jedenfalls zeigen sie aber eine sehr geringe Menschen-
kenntnis, wenn sie nicht einsehen, dass Bücher für die
Jugend zu Verführern werden, und vorzüglich lasse ich es
dahingestellt, wie Zola vollständig freigesprochen und nur
sein Verleger allein verurteilt werden könne, wenn „Nana"
mit Illustrationen versehen und unter der Schuljugend verbreitet wird. Bei Levertin heisst es weiter, dass „der
Mensch, welcher sich über Garborgs „Ungdom" oder Strindbergs „Ett dockhem" bekreuzigt, entweder ein Pharisäer
oder sehr zu beklagen sei — — —."

Für meinen Teil muss ich gestehen, dass mir beide
Arbeiten widerwärtig sind, widerwärtig, weil unwahr, weil
sie sich zum niedrigen Anwalt der Rohheit und des Ver-
brechens machen und weil sie im ganzen erbärmlich sind.
Zu welcher der obengenannten verächtlichen Kategorien von
Menschen Herr Levertin mich nun auch rechnet, ist mir
herzlich gleichgültig. Wie der eine oder der andere der
angeführten Autoren schon so weit auf der schlüpfrigen
schiefen Ebene hinuntergeglitten ist, dass er sich sogar
von früheren Anhängern verleugnet sehen muss, ist ja z. B.
bezüglich Strindbergs allgemein bekannt. Zur richtigen
Beurteilung Garborgs bedarf es wohl nur eines kurzen

---

*) 1886, Revy i literära och sociala frågor, S. 151.

Citats: „Donnerwetter, so'n Prachtmädel! Nicht über sechzehn Jahr — meinen Kopf zum Pfande! Könnte ich die ergattern, so würde es mich nicht mehr länger ekeln wegen meines Freundes Sullich — — — Hm, wenn ich's nun mit dem Mädel versuchte? — Ich könnte die Fabrik prellen und mir meinen Lohn erhöhen lassen, denn gentil muss man auftreten... Wenn nur Rasmus nicht schon auf sie abonniert hat. Er thut so scheinheilig, das Ferkel; ich traue ihm nicht für zwei Pfennige. Na, ich denke, ich greife zu und versuch' es ... sechzehn Jahr! Wenn's Glück gut ist, könnte sie noch ein Jüngferchen sein!"*)

Lassen sie mich noch einige Worte von einem anderen Schriftsteller anführen, der zu den sogenannten „jungen Schweden" gerechnet wird und dessen Worte gewiss jeden über den Geist aufklären werden, der ihm seine Arbeit diktiert hat. Ola Hansson schreibt unter anderem folgendes: „Ich habe nun kein anderes Interesse mehr, als das Geschlechtsleben zu studieren und zu geniessen."**)

„Ich habe dieses Studium und diesen Genuss zu einer leckern Kunst gemacht und habe kein anderes Ziel und Interesse in und an diesem Leben mehr, als diese Kunst bis zu ihrer Vollendung zu entwickeln."***)

„Ich lege sie vor mich auf den Sektionstisch und grabe in ihr mit meinen forschenden Gedanken."†)

„Wozu dient denn der Versuch, eine Norm für die Lebensführung aufzustellen, da wir doch von Gewalten,

---

*) Ungdom, berättelser, öfvers. af G. af Geijerstam Stockh. 1885, S. 204 u. 205.
**) Sensitiva amorosa. Helsingborg 1887, S. 3.
***) Loc. cit. S. 4.
†) Loc. cit. S. 10.

die uns nicht bekannt sind, beherrscht werden und von den Geheimnissen unseres Geschlechtslebens auch nichts weiter kennen als die Keime und Knospen, welche um uns herum schwellen und treiben."*)

— — — „und so verheiratete ich mich mit ihr, ohne sie eigentlich mehr zu lieben, als ich auch jedes andere Weib hätte lieben können, das mir etwa in den Weg gekommen wäre — nur deshalb, weil ich ihre Hingebung so rührend fand und meinte, es wäre schade um sie, und ausserdem war ich meiner Junggesellen-Liaisons überdrüssig."**)

„Ich habe vielerlei — meist billig zu erkaufenden — Umgang mit dem anderen Geschlecht gehabt, in ein paar Fällen auch aus reiner Neigung; allemal aber waren das Ziel und der Schluss derselbe: wenn ich erreicht, was ich wollte, war die Geschichte aus — ein Gelüste, ein brutaler Akt, Erschlaffung, gewöhnlich eine Empfindung von Ekel, im besten Falle eine leise, schwermütige Erinnerung — voilà tout."***)

Ich meine, Ola Hansson hat in den angeführten Zeilen so gut für sich selbst gesprochen, dass seine Worte einer Erläuterung und Widerlegung gar nicht bedürfen. Ich weise nur darauf hin, dass die alte, psychologisch wahre Vorschrift, „auf ein Weib nicht nur zu sehen, um sie zu begehren", nicht allein vom Verfasser oder von seinem Helden ignoriert wird, sondern dieser das Gegenteil geradezu zur Lebensaufgabe erhebt. Ich stelle es den Eltern und anderen Pflegern der Jugend anheim, ob ein solches Individuum noch das Recht hat, sich unter der

---

*) Loc. cit. S. 25.
**) Loc. cit. S. 29.
***) Loc. cit. S. 100.

anderen Gesellschaft frei zu bewegen, oder ob es nicht, sich selbst und der Allgemeinheit zum frommen, in einer Pflege- und Besserungsanstalt interniert werden sollte. Nahm eine (schwedische) Zeitung nun wirklich einmal kein Blatt vor den Mund und verwies die „Sensitiva amorosa" auf den ihr gebührenden Platz, so sprangen gleich die traurigen Hilfstruppen des Verfassers, ihnen voran Herr Georg Brandes, vor, welch letzterer dem Autor seine Bewunde- rung in hyperbolischen Sätzen zu erkennen gab, ferner Stella Kleve, welche jene Arbeit „für ein Buch" erklärt, „das so tief innerlich durchsetzt ist von einer fast aske- tischen Scheu — ich möchte sagen, von ätherischer Auf- fassung des Wesens der höchsten Liebe — — —." *)

In einer Reklame des Verlegers in „Stockholms Dag- blad" findet sich auch der Auszug eines Artikels der „Neuen freien Presse", in dem unter anderm gesagt ist, dass „der Grundton (sc. jenes Buches) Enthaltsamkeit, eine Keusch- heit von fast krankhafter Verletzbarkeit sei." (??)

Nun kann man wohl voraussetzen, dass keine urteils- fähige Person sich von solchen Versuchen, den Leuten Sand in die Augen zu streuen, blenden lassen wird; wohl aber kann die unerfahrene Jugend dadurch unschlüssig und nachher zur Beute des Verführers werden.

Gewiss hört man zuweilen von einem oder dem an- deren, dass die Litteratur eigentlich gar keinen Einfluss habe, dass sie nicht die Sitten schaffe, sondern das Gegen- teil der Fall sei**), doch damit dürfte die Bedeutung eines der mächtigsten Werkzeuge zum Guten wie zum Bösen wohl unterschätzt sein.

Jeder erfahrene Arzt kennt gar zu gut die Wirkungen

---

*) Skånska Aftonbladet, 21. Dez. 1887.
**) Vergl. Geijerstam, Hvad will Lektor Personne? S. 21

der Litteratur gerade bez. der uns hier beschäftigenden
Frage. Aus eigener Beobachtung kann ich anführen, dass
jede mehr Aufsehen erregende Arbeit dieser Art, wie z. B.
„Samhällslärans grundlag" oder „Giftas", dem Arzte eine
stärkere oder schwächere Gruppe junger Männer zutreibt,
welche vor ihm etwa folgendes Bekenntnis ablegen: „Herr
Doktor, ich habe mich bisher eines enthaltsamen Lebens
befleissigt (oder: ich habe mich auf Ihren Rat nun längere Zeit von jedem geschlechtlichen Umgange ferngehalten), jetzt les' ich ja aber, dass das schädlich, sehr
schädlich für die Gesundheit ist, und wenn ich recht genau auf mich achte, so fühle ich auch u. s. w." — — —

In solchen Fällen müssen Arzt und Patient oft vereinigt den langen mühsamen Weg der Überredung und
Abgewöhnung noch einmal zurücklegen, was unnötig gewesen wäre, wenn nicht ein Buch dieser Art erst verführt
oder ein Recidiv bewirkt hätte.

Der Einfluss der Litteratur wird von Beale mit folgenden Worten gekennzeichnet:

„Von all dem Übel, wogegen das Gute bei seinen
Versuchen sich auszubreiten zu kämpfen hat, ist dieses
(sc. die unmoralische Litteratur) das grösste und gleichzeitig das am schwersten zu packende. Es giebt keine
Gesellschaftsgruppe, keinen Beruf, keine Lebensbahn, welche
nicht in der oder jener Form von dem, der Druckpresse
entstammenden Laster überschwemmt würde. Nicht einmal der Jugend wird dabei geschont. Es ist leider gar
zu augenscheinlich, dass ein schlechtes Buch die geduldige
und sorgsame Arbeit vieler rechtsinniger Menschen vernichten und fruchtlos machen kann." *)

---

*) Loc. cit. S. 84.

Derselbe Autor macht den Vorschlag, die Litteratur
sollte von dem Gesichtspunkte der Sittlichkeit aus durch
ein halbes Dutzend Personen in derselben Weise einer
Zensur unterzogen sein wie ein Theaterstück, dessen Auf-
führung bei einem unmoralischen Inhalte verboten wird.*)

Freilich scheint der Autor selbst zu der Möglichkeit
einer solchen Einrichtung nicht viel Zutrauen zu haben,
und damit hat er, was die heutige Generation angeht,
vollkommen recht. Desto freudiger kann man seinen weiteren, hier folgenden Worten zustimmen: „Den überfluten-
den schlechten Strom aufzuhalten, ihn durch direkte Anstrengung abzuleiten, das, fürchten wir, ist ebensowenig
möglich, wie die Hochflutwelle des Meeres abzudämmen
oder das ewige Fortschreiten der Gletscher zu verhindern.
Es steht zu befürchten, dass der einzige Weg, auf dem
man das Übel hemmen kann, in dem langsamen Prozesse
der Ermunterung und Hinführung zu anderer Geschmacks-
richtung zu finden sein wird. Auf diese Weise kann die
Nachfrage nach verführerischer, entsittlichender Litteratur
eingeschränkt und ausgerottet werden, so dass sich dann
für feile Autoren und gewissenlose Verleger nicht mehr
die Mühe verlohnt, die Welt damit zu beschmutzen. Hilfe
vom Gesetz, von der Kirche, vom Staate zu erwarten, erscheint aussichtslos. Die Behörden sind hierin praktisch
machtlos. Der Geschmack verlangt einmal Befriedigung,
und bis sich dieser dereinst verändert, trägt man eben
dessen Begehren Rechnung." **)

Möge niemand glauben, dass jener, der für sexuelle
Hygiene und Moral eine Lanze bricht, sich auf einen

---

*) Loc. cit. S. 87.
**) Loc. cit. S. 85.

Angriff auf die zeitgenössische Litteratur beschränkt.
Er weiss nur zu wohl, dass es noch andere mächtige
Reiz- und Verführungsmittel giebt, z. B. die lasciven
Operetten, die gesamte Caféchantant-Wirtschaft u. s. w.
Gegen diese haben sich schon wiederholt gewichtige
Stimmen erhoben, doch wurden sie von dem Beifallsruf
der Gönner derselben übertönt; die periodische Presse
scheint gegenüber solchen Erscheinungen bereits kapitu-
liert und sie als einen berechtigten oder mindestens unumgänglichen Bestandteil grossstädtischen Lebens betrachten gelernt zu haben. Wer dagegen eifert, wird als
Pharisäer oder sauertöpfiger Rigorist hingestellt. Wollen
dagegen G. af Geijerstam und Genossen mit uns gemeinschaftliche Sache machen, diese Schandflecke zu tilgen, so
soll ihnen bei diesem Bestreben unsere Billigung nicht
vorenthalten bleiben.*)

Ein Wort müssen wir auch der Verbreitung lasciver
Bilder widmen. Ich kann Ihnen die Versicherung geben,
dass es auf den Arzt einen recht betrübenden Eindruck
macht, wenn er bei einem Besuch von Studenten oder anderen jungen Männern Wände und Schreibtisch mit Abbildungen mehr oder weniger entblösster Frauen bedeckt findet.
Ich spreche natürlich nicht von solchen wie der Venus
von Milo oder Hasselberg's „Schneeflocke", doch um so
mehr von den Photographien der Fräulein X. und Y., von
Kunstreiterinnen, Café-Sängerinnen, welche mit und ohne
Kleidung in den unglaublichsten Stellungen und Verrich-
tungen dargestellt sind. Rechnet man hierzu allerlei andere obscöne Bilder, welche mit Cigarrenetuis, Breloques,
Stöcken und auf tausend anderen Wegen eingeschmuggelt,

---

*) Vergl. Hvad vill Lektor Personne? S. 20.

wohl auch öffentlich in den Tagesblättern angezeigt werden u. s. w., so findet man, dass die Verführung auf recht
vielfache Weise arbeitet. Ich kann mich nicht genug
darüber wundern, dass sich Leute finden, die ihr gutes
Geld für derartige Nichtsnutzigkeiten zu opfern bereit
sind, für Abbildungen, welche doch nichts anderes zeigen
können als nackte Frauengestalten, ein Anblick, den man
ja in jedem anatomischen Saale haben kann.

Wir verlassen nun die Litteratur und die bildende
Kunst, um uns einer anderen wichtigen Ursache zur Versuchung und zum Falle zuzuwenden, ich meine die Al-
koholvergiftung, denn diese hat eine grosse, eine sehr
grosse Schuld an der Sklaverei der männlichen Jugend
unter illegitimen Geschlechtsverhältnissen. Wie viele Pro-
zente moralischen Verfalls sie verursacht, vermag ich freilich nicht zu entscheiden, wohl aber hört man nicht gar
so selten als Antwort auf die an junge Männer gerichteten
Fragen: „ich war natürlich etwas angeheitert." Durch
den Rausch und im Rausche gewöhnt man sich an Verhältnisse, gegen welche man sich sonst empört hätte, und
sind dann einmal die Eingebungen der Tradition und der
Scham überwunden und verstummt, so behält man das
Schlechte als Gewohnheit bei und sucht sich einzubilden,
dass es ein natürliches Bedürfnis sei. Die Fälle, wo ein
Jüngling mit kaltem Blute, mit klarem Kopf und bestimmtem Vorsatz sich der Prostitution in die Arme wirft,
sind ganz selten im Vergleich mit denen, welche sich im
Rausche ereignen.

Ein englischer Militärarzt hat ziffermässig nachgewiesen, dass Geschlechtskrankheiten in einer Truppe weit

seltener bei den Anhängern absoluter Nüchternheit als
unter der übrigen Mannschaft vorkommen.*)

Im vorhergehenden habe ich mehrere Beweise und Bei-
spiele für die Möglichkeit und das wirkliche Vorkommen der
Abstinenz auf seiten des Mannes nicht allein während dessen
Junggesellenstandes angeführt, sondern auch dafür, dass
der Mann, nachdem er in die Ehe getreten, aus dem einen
oder anderen Grunde die Verpflichtung fühlen kann, der
Gattin eine Ruhepause zu gewähren. Hieran anknüpfend
liegt es nahe, zu den Verhältnissen während der Zeit des
Verlobtseins überzugehen und dieses von hygienischem
Standpunkt aus zu beleuchten. Was die Verlobungen betrifft, so ist schon so viel dafür und dawider gesprochen
worden, dass dieser Gegenstand als erschöpft gelten könnte,
wenn man auf die von mir zu berührenden Gesichtspunkte
Rücksichten genommen hätte, was indes selten der Fall
gewesen ist. Gestatten Sie mir zuerst anzuführen, dass
die Verlobung, wie sie vorzüglich unter den germanischen
Völkern Sitte ist, die Bewunderung romanischer Moralisten
erweckte, und dass diese eine ungewöhnlich grosse Bedeutung für das Glück der zukünftigen Ehe hat. Ob sie
nun als wirkliches Eheversprechen aufgefasst oder nur als
Prüfungszeit der beiderseitigen Neigungen, Eigenschaften
und Ansichten angesehen wurde, jedenfalls hat dieselbe viel
Gutes bewirkt. Im Vergleich zu der sexuellen hygienischen Seite der Ehe muss ich hier anführen, dass bei einem
jungen Manne, der nicht ganz und gar dem Cynismus verfallen war, wenn er zum ersten Mal Jnteresse für ein Mädchen gewinnt, sich um dasselbe bewirbt und mit ihm ver-

---

*) Parkes, A manual of practical hygiene. Hrsgb. von F.
de Chaumont. London 1878, S. 502.

lobt, das sexuelle Moment seiner Liebe zunächst streng ausgeschlossen bleibt. Im Verlauf der Verlobungszeit, im Genusse der Vorrechte, welche unsere Sitten und Gebräuche den Verlobten gewähren, und in der Hoffnung auf die in bestimmter Zeit zu schliessende Ehe, treten dann wohl beim Manne Vorstellungen von dem Brautbett und den Freuden, die er davon erwartet, hervor, was so natürlich erscheint, dass daran kaum etwas zu tadeln ist. Das Geschlechtsleben des jungen Mädchens entwickelt sich weniger in der gleichen Richtung, doch sie gewöhnt sich an das persönliche Nahestehen des Bräutigams und an dessen intime Vorrechte, so dass sie bei Eingehung der Ehe in ihm nicht mehr einen fremden Mann sieht, der mit Gewalt von ihrem Körper Besitz nehmen will. Dass eine Ehe letzter Art aber sehr oft mancherlei Unglück bedingt, wird vorzüglich von französischen Moralisten und Romanschriftstellern auf tausenderlei Art geschildert. Die Vorteile also, welche die Verlobung mit sich führt, können nicht hoch genug geschätzt werden, nur sollte diese ohne zwingende Gründe nicht allzusehr in die Länge gezogen werden. Eine nach Jahren und Monaten bestimmte Grenze dafür anzugeben, ist natürlich unmöglich; es kommen nach dieser Seite zu viele verschiedene Umstände in Betracht, wie das Alter der Kontrahenten, ihre Neigungen, Bildungsgrad, Beschäftigung, Aufenthaltsort, ob sie nahe bei einander wohnen oder nicht u. s. w. Im allgemeinen kann man etwa sagen, dass solche Verlobungen, welche ohne aussergewöhnliche Ursachen sich über mehr als fünf Jahresperioden erstrecken, nicht zu empfehlen und meist auch nicht vorteilhaft sind. *) Unter gewissen Verhältnissen

---

*) Vergl. Acton, loc. cit. S. 198.

√ können „heimliche" Verlobungen für beide Teile von Vorteil sein. Ich verstehe darunter solche unter Mitwissen
und Zustimmung der Eltern getroffene Verabredungen
dahin zielend, dass zwei junge Leute nach Ablauf einer
gewissen Probezeit offiziell verlobt werden sollen. Eine
solche Bestimmung hat für den Jüngling den Vorteil, dass
√ er einer geliebten Jungfrau gegenüber seinen Gefühlen
Ausdruck geben, ihre Antwort einholen und sich ver-
gewissern kann, dass kein anderer ihm im Wege steht,
wenn er dafür arbeitet, das gemeinsame Heim zu gründen;
gleichzeitig ist eine solche (heimliche) Verlobung sicher noch
ein stärkerer Antrieb zum Vorwärtsstreben als die zeitig
√ veröffentlichte Verlobung mit den zeitraubenden Besuchen
und Familienverpflichtungen, welche ihm hierdurch meist
auferlegt werden. In bezug auf das Verhalten des Mannes
in verlobtem Stande kann ich nach eigenen Beobachtungen
mitteilen, dass er sich während dieser Zeit in den weitaus
√ meisten Fällen jedes illegitimen Geschlechtsverkehrs enthält.
Ich kann also Wicksell's Worte nicht bekräftigen, dass
„eine solche Verbindung dem Manne nur äusserst geringen,
wenn überhaupt einen Schutz dagegen gewährt, in er-
kauften Armen der Liebe ein Verlangen zu stillen, welches der „Anstand" ihm bei und mit dem Weibe, das er
liebt, zu stillen verbietet." *)

Ich sprach über dieses Thema neulich mit einem
etwas mehr als ich pessimistisch angelegten Kollegen; er
beschränkte seine Ansicht nur auf die verlobten Männer,
welche vor dieser Zeit schon geschlechtlichen Umgang
gepflogen hätten, und meinte, dass diejenigen, welche der
Syphilis entgangen wären, sich dann wohl der Enthaltsam-

---

*) Knut Wicksell, Om prostitutionen. Stockh. 1887, S. 53.

keit befleissigten, um diese Krankheit nicht in die spätere
Familie einzuschleppen; während diejenigen, welche von
genannter Seuche schon befallen wären, oft das frühere
Leben fortsetzten. Es mag wohl ein gutes Teil Wahrheit
in einem solchen Ausspruche liegen, wenn er mir auch
etwas zu allgemein formuliert erscheint. Ich erwähne denselben indes mit Vergnügen, da er nebenher beweist, dass
die Beherrschung des Geschlechtstriebes eine Sache ist,
welche weit mehr, als man sonst anzunehmen beliebt, von
dem freien Willen des Mannes abhängt.

Durch den geschlechtlichen Verkehr werden neue Individuen erzeugt, welche das Menschengeschlecht vermehren
und die Erde anfüllen. Die Stärke und Schnelligkeit dieser
Zunahme der Volksmenge hat manchen denkenden Beobachter erschreckt und ihn fürchten lassen, dass der Menschen auf Erden so viele werden würden, dass sie nicht
mehr ausreichende Nahrung finden könnten und folglich
in grösserer oder geringerer Menge dem Hungertode verfallen müssten. Ein berühmter Forscher, der Geistliche
Malthus, verlieh vor etwa einem Jahrhundert diesen Befürchtungen eine wissenschaftliche Form und verfocht mit
aller Kraft den Satz, dass das Menschengeschlecht die
Tendenz habe, in weit bedeutenderem Masse zuzunehmen als
die Menge der Lebensmittel. Ungeachtet der allgemeinen
Ursachen, welche die Volksvermehrung hemmen könnten,
wünschte er den Individuen Grundsätze eingeimpft zu sehen,
welche zu demselben Ziele führen sollten, und diese Grundsätze hiessen späte Ehe und strenge Abstinenz. In
späteren Jahren entstand dann eine Schule, hauptsächlich
von Nationalökonomen, welche Malthus' Anschauungen von

den Gefahren der Volksvermehrung teilte. Diese Neumalthusianer wiesen allerdings darauf hin, dass spätere Eheschliessung und strenge Enthaltsamkeit doch zu schwere
Bürden wären, die man den Menschen nicht auferlegen
dürfe, dass der geschlechtliche Verkehr in seiner gesetzlichen Form unbeschränkt bleiben, trotzdem aber eine
Grenze für die Volksvermehrung eingehalten werden müsse
und zwar durch Verwendung sogenannter Präventivmittel. Den Neumalthusianern schliessen sich in diesem
Punkt auch andere Schriftsteller an, welche z. B. befür-
worten, dass auch die gesetzliche Form des Geschlechtsverkehrs noch weiter ausgedehnt werden sollte, als man bisher anerkannt habe; so stellen die Anhänger des ganz
regellosen Geschlechtsverkehrs bezüglich der Präventivmittel mit gewissen Behagen die Ansicht auf, dass diese
sie von allen unbequemen sozialen Konsequenzen der Befriedigung ihrer Triebe zu befreien versprächen. Von dem
einen oder dem anderen Gesichtspunkt ausgehend, haben
Männer und Frauen während der letzten Jahre in volkstümlichen Schriften die Kenntnis dieser Präventivmittel zu
verbreiten sich bemüht. Hierher gehören z. B. Charles
Bradlaugh, das bekannte englische Parlamentsmitglied,
Mistress Annie Besant, die von A. C. Leffler (vormals
Edgren) in den skandinavischen Leserkreisen eingeführte
und warm empfohlene Pastorsgattin, sowie der Lic. phil.
Knut Wicksell, der in einer Menge kleiner Schriften und
Vorlesungen für seine Idee Propaganda zu machen suchte.
Hierher gehört ferner der anonyme Verfasser und der
Übersetzer des im vorigen genannten Buches „Samhällslärans
grundlag" (die Grundzüge der Gesellschaftslehre), und
weiter zum Teil ein schwedischer Schriftsteller, welcher
seine Anonymität so sorgsam zu bewahren bemüht war,

dass er auf dem Titel eine falsche Berufsart angegeben zu
haben scheint*), teils auch ein Engländer Henry Arthur
Albutt, der in London von einer sachkundigen Person
eine Arbeit unter dem Namen „das Handbuch der Hausfrau" übersetzen und dann drucken liess, ein Buch, in dem
die Anwendung von Präventivmitteln besprochen und empfohlen wird. Gleichwohl ist der Verfasser naiv genug zu
erklären, dass sein Buch nur für Hausfrauen bestimmt
sei, nicht aber dazu, von lasterhaften Personen gelesen zu
werden.**)

Bei meiner Besprechung der Präventivmittel werde
ich zunächst der letzterwähnten einheimischen Schrift folgen, und das um so mehr, als dieselbe darlegt, dass die
Vorschriften in den „Grundzügen der Gesellschaftslehre",
wie in Annie Besant's „Gesetze für die Volksvermehrung"
nur sehr kurzgefasst und übrigens veraltet sind.

Das erste dieser Mittel wäre danach periodische
Enthaltung vom geschlechtlichen Verkehr. Einige Schriftsteller sind nämlich der Ansicht, dass es zwischen zwei
Menstruationsperioden eine Zeit gäbe, in der das Weib
nicht empfangen könne, so dass ein Beischlaf dann un-
fruchtbar bleiben müsse. Mehrere auf verschiedenem ethischen Standpunkt stehende Schriftsteller haben eingeräumt,
dass ihnen ein solches Mittel, als ein gleichsam natürliches,

---

*) Försigtighetsmått i äktenskapet, af en läkare; med förord
af Knut Wicksell. 3. Aufl. Stockh. 1866.
**) In diesem Buche werden übrigens allerlei mechanische
und pharmaceutische Mittel angezeigt, welche unter dem Namen
Malthusianische Artikel behandelt werden. Es kann nicht scharf
genug getadelt werden, dass ein achtungswerter Name in dieser
Weise an ein Verfahren geknüpft wird, das der Träger dieses
Namens bei Lebzeiten auf das strengste verworfen haben würde.

weniger unsympathisch sein würde als die übrigen mehr künstlichen Mittel. Indes erwiesen sich die angeführten Beobachtungen als falsch. Die allermeisten Frauen können √ zu jeder beliebigen Zeit zwischen zwei Menstruationen befruchtet werden. Man hat deshalb die Unterbrechung des √ Beischlafs empfohlen; der Mann sollte sich vor eintretender Samenergiessung abwenden und verhindern, dass etwas davon in die weiblichen Geschlechtsteile gelange. Um nicht zu missglücken, erfordert diese Methode, dass der Mann nicht zu lange verweilt, sowie dass er mit seinem Begattungsorgan nicht etwa vorher ausgetretene Spermatozoën einführe, d. h., dass er einen Beischlafsversuch nicht zu bald nacheinander wiederhole. Die Sache liegt nämlich √ so, dass von den Milliarden ergossener Samenkörperchen nur ein einziges das weibliche Ei zu erreichen braucht, um die Befruchtung zu vollenden. Eine andere Methode, die man ebenfalls vorgeschlagen hat, geht darauf hinaus, √ dass die Frau sofort nach dem Akte sich erheben und eine Ausspülung der Scheide vornehmen solle, wodurch der Samen weggeschafft und die Lebensfähigkeit der Samenkörperchen vernichtet würde. Dieses Mittel muss schon deshalb als unzuverlässig bezeichnet werden, weil bereits bei dem Akte selbst ein Teil des Sperma so tief eindringen kann, dass dasselbe nicht mehr herauszuspülen ist, und ausserdem kann das gesamte Nervensystem des Weibes durch den Akt so angegriffen werden, dass es gar nicht im stande ist, augenblicklich obiger Vorschrift Genüge zu thun.

Man hat weiter versucht, eine Art Pessarien anzu- √ wenden, d. h. grössere Pillen mit einem Chinasalz, welche in die weibliche Scheide gebracht wurden. Durch die Körperwärme sollten diese gelöst und die Samenkörperchen durch das Chinin getötet werden. Um wirksam zu sein,

müssten jedoch diese Pillen oder Kugeln von ganz genau
abgepasster Konsistenz sein, sonst könnte es vorkommen,
dass sie nicht im rechten Augenblicke zerschmelzen; ferner
müssten sie so genau und zuverlässig eingelegt werden,
dass sie nicht während des Aktes verschoben, heraus-
gedrängt und natürlich unwirksam würden, lauter Forderungen, welche nicht gar so leicht zu erfüllen sind. Man
verwendet wohl auch Kondoms, eine häutige Hülle um das
männliche Glied — doch kann gegen das Zerreissen derselben niemand gut sagen — sowie Schwämmchen, welche
in die Mutterscheide eingelegt werden, um den Eingang
zur Gebärmutter zu verdecken. Dieses Mittel, welches von
genanntem Verfasser als das beste erwähnt wird, hat doch
in nicht so seltenen Fällen den Dienst versagt, weil der
Schwamm nicht ganz richtig eingeschoben oder wieder von
der Stelle gerückt worden war.

Schliesslich hat der Gynäkolog Dr. Mensinga in Flens-
burg ein sogenanntes pessarium occlusivum konstruiert,
einen elastischen mit einem feinen Häutchen überspannten
Ring, der ebenfalls den Eingang zum Gebärmutterhalse
verschliessen und den Vorteil haben sollte, gleich längere
Zeit in seiner Lage verbleiben zu können.*) Die Begut-
achtung der Präventivmittel vom nationalökonomischen und
moralischen Standpunkt überlasse ich den Fachmännern,
und beschränke mich nur auf die medizinische, respektive
die hygienische Beurteilung derselben. Meine Anschuldi-
gungen gegen dieselben sind im wesentlichen zweierlei
Art: Sie sind unzuverlässig und sie sind gesund-

---

*) Über fakultative Sterilität, von C. Hasse. — Ich mache
besonders darauf aufmerksam, dass auch Dr. Mensinga bei Behandlung dieses Themas es für angezeigt gehalten hat, obiges Pseudo-
nym vor sein Buch zu setzen.

heitsschädlich. Unzuverlässig schon deshalb, weil die
Natur, als sie das lebende Wesen mit einem starken Paarungs-
trieb ausstattete, die Prozesse, welche die Befruchtung be-
dingen, mit intensiver, wenn auch unmerklicher Kraft
ausrüstete. In so manchen Fällen von Missbildung und
Erkrankung der weiblichen Geschlechtstheile kann sich der
Arzt gar nicht genug wundern über die seltsamen Wege,
auf denen die Spermatozoën ihr Ziel, das weibliche Ei,
erreichten. Es sieht wirklich aus, als wären dieselben mit
Verstand und Denkvermögen begabt, denn sie dringen
durch die verwickeltsten Kanäle und auf den eigentüm-
lichsten Umwegen ein, oft nur, um in abnormen Fällen
durch die Schwangerschaft das Weib in Lebensgefahr zu
bringen oder ganz zu töten.

Auch weiss jeder Arzt mit einiger Erfahrung Fälle anzuführen, in welchen derartige Präventivmittel, die von den
Kontrahenten auf eigene Faust oder nach der Anleitung von
Büchern angewendet wurden, unwirksam blieben.*) Dasselbe
Resultat ergiebt ferner die Prostitutionstatistik mehrerer
europäischen Städte. Obgleich der geschlechtliche Verkehr
der Prostituierten mit vielen Männern der Befruchtung
entgegenwirkt, trotz der Hindernisse syphilitischer Erkrankungen, trotzdem jene in der Anwendung präventiver
Mittel ebenso geübt wie unbedenklich bezüglich des Ge-
brauchs derselben sind, kommt doch alljährlich eine mehr
oder minder grosse Zahl prostituierter Mädchen und Frauen
in andere Umstände. Weiter sind dergleichen Mittel oft
gesundheitsfeindlich und zwar teils deshalb, weil sie natürliche Funktionen unterbrechen, weil sie zu grob und klumpig

*) Vergl. die Aussage vieler Mitglieder der schwedischen Ge-
sellschaft der Ärzte in deren „Verhandlungen" 1882, S. 47—48

gewählt werden, teils und nicht zum mindesten dadurch, dass bei deren Anwendung das Weib nicht die natürlichen Ruhepausen geniesst, welche Schwangerschaft, Geburt und Säugungsgeschäft zu erfordern pflegen. Sie werden nicht selten Ursachen zu Erkrankungen der Geschlechtsorgane des Weibes, wie unter anderen der amerikanische Gynäkologe Gaillard Thomas in seiner Schrift nachweist. *)

Ich habe auch die mündliche Äusserung eines Spezialisten in einem unserer Nachbarländer vernommen, dass er nicht selten schwedische Frauen, welche an auf diese Weise entstandenen Krankheiten litten, in Behandlung bekommen habe, woraus er geschlossen habe, dass jene Mittel und ihre Ursachen in Schweden sehr verbreitet sein müssten.

Seitens der nationalökonomischen Schriftsteller werden die präventiven Mittel empfohlen, um grossen Familien vorzubeugen; von Mensinga z. B. um einer kränklichen und erschöpften Mutter einige Zeit der Ruhe für wiederholte Kindbetten zu sichern; Wicksell wieder hat nach einer anderen Seite hingewiesen auf das Bedürfnis (?) der jungen Männer zu geschlechtlichem Umgang, sowie auf die wünschenswerte Möglichkeit, dass junge Leute beiderlei Geschlechts sich zu Paaren vereinigen könnten, welche wie Eheleute lebten, durch präventive Massregeln aber

---

*) „Mittel, welche angewendet werden zum ersten von diesen Zwecken (Konzeptionshindernisse), sind oft die Ursache zu Uterusleiden. Darüber kann man sich nicht wundern, wenn man die Gefährlichkeit solcher Mittel ins Auge fasst. Die Wirksamkeit der Natur ist in diesem wie in jedem anderen physiologischen Prozess viel zu vollkommen, harmonisch und fein angeordnet, um sich nicht mit aller Macht gegen die plumpen und ungeeigneten Schritte und Massregeln zur Wehr zu setzen, zu denen man zuweilen greift, um ihre Gesetze zu umgehen." Handbuch der Frauenkrankheiten, Übersetzung; Berlin 1873, S. 27.

eine Befruchtung und Geburt vermeiden, bis ihre ökonomischen Verhältnisse es erlaubten, Kinder in die Welt zu setzen.

Giebt es Bedenklichkeiten gegen die Anwendung solcher Mittel bei Frauen, welche schon mehrere Kinder geboren haben, so wachsen diese Möglichkeiten nahezu zu Unmöglichkeiten aus, wenn es sich um jungfräuliche Individuen, um junge Mädchen handelt. Führt man auch die Fälle X., Y. und Z. an, wo die Sache angeblich geglückt ist, so bedeuten diese zum Teil apokryphen Fälle doch nichts gegen die grosse Anzahl derjenigen, wo sie entschieden missglückte. Jeder, der den Unterschied zwischen den Genitalien der Jungfrau und der Mehrgebärenden kennt, wird zugeben, dass jede Instrumentapplikation in ersterem Falle ganz ausnehmend schwierig wird und kaum dem gynäkologisch Ausgebildeten und Geübten glücken dürfte.

Hätte Lic. Wicksell Gelegenheit, im Empfangszimmer eines Arztes schwangere Frauen zu untersuchen, hörte er deren verzweifelte Ausrufe, wenn sie die Diagnose vernehmen: „Nein, das ist unmöglich! Er (der Liebhaber) versicherte mir so bestimmt, dass es keine Folgen haben könne" — so würde er seiner Sache wohl nicht länger so sicher sein. In öffentlichen Vorlesungen und Diskussionen hat Herr Wicksell ausgesprochen, dass eine Lebensweise, wie er sie vorgeschlagen, z. B. in Malaga vorkomme, und er gab dabei als Quelle für seine Kenntnis eine Schrift von H. Wachtmeister an. Das einzige, was ich bei diesem Schriftsteller in bezug auf unsere Frage gefunden, lautet wie folgt: „Die jungen Mädchen sollen sich oft im Alter von 12 Jahren mit 14—15 Jahre alten Knaben verheiraten; da diese gewöhnlich ausser stande sind, die Gattin zu erhalten, ist es allgemein Gebrauch, dass das junge

Ehepaar sich einen oder zwei Wohnräume mietet, im
übrigen aber jeder Teil zu den betreffenden Eltern geht,
um dort seine Mahlzeiten noch so lange zu geniessen, bis
es sich selbst versorgen kann." *)

Etwas Weiteres habe ich in genanntem Buche nicht
entdecken können. Ich bedaure, dass über diese interessante
sexuell-physiologische und soziale Eigentümlichkeit keine
eingehendere Untersuchung vorliegt; dass sie den Beweis
für die Anwendbarkeit der Wicksellschen Theorien erbringen könnte, dafür findet sich auch kein Schimmer von
Wahrscheinlichkeit.

Es ist jedoch nicht genug, die physischen Bedenklichkeiten gegen eine solche Sache anzuführen, ich will hier
auch die psychischen nicht unerwähnt lassen. Diese beziehen sich ebenso wohl auf die Frau wie auf den Mann.
Die allermeisten besser erzogenen europäischen Frauen fühlen
sich gewiss tief im Herzen gekränkt, wenn sie sich nur
allein als Genussmittel betrachtet glauben sollen, und nicht
als Individuen, als Personen mit unveräusserlichen Rechten.
Hier mag jedoch gleich ausgesprochen sein, dass das Verhältnis eigentlich doch ganz dasselbe ist, wo die Frau einmal nach dem anderen, ohne Rast und Ruhe zur Mutter
gemacht und nicht einmal soviel geschont wird, wie ein
gutes Zuchttier, dessen Gesundheit und Leben man stets
zu erhalten sich bemüht. Gilt das schon für jede verheiratete Frau, so ist es doch von doppelter Bedeutung
bei den Frauen der arbeitenden Klassen, denen es bei
ihren bedrückenden Mühen meist noch an jeder helfenden
Hand fehlt. Für eine solche Kreuzträgerin wäre es gewiss
eine Wohlthat, wenn ihr Mann eine wirklich moralische

*) Turistminnen. Stockh. S. 161.

und intellektuelle Veredelung erführe, so dass er einen
stetig fortgesetzten geschlechtlichen Verkehr nicht mehr
als notwendig und natürlich ansähe. Die scheinbare Phi-
lanthropie, welche die Neumalthusianer in dieser Hinsicht
bieten, erreicht fast niemals ihr Ziel. Die Frau leidet
nämlich noch besonders von allen unnatürlichen Massregeln, weil sie, möglicherweise infolge von ererbten Ansichten, alle Phasen des Geschlechtsverkehrs wohl gern
kombinieren, aber nur ungern voneinander trennen mag.

Für den Mann ist die Sache gefährlich, weil ihn leicht
Widerwillen erfassen kann gegen eine Frau, welche —
wenn auch zuerst auf seinen Antrieb — sich mit der Tech-
nik des Geschlechtslebens in einer Weise beschäftigt, die
sein Instinkt als streitend gegen die Unmittelbarkeit, die
Keuschheit und die Reinheit empfindet, welche jeder Mann
von seiner angetrauten Gattin verlangt und erwartet. *)

Sollten wir die ganze Neumalthusianische Lehre mit
einem bestimmten Urteilsspruch abthun, so brauch' ich
einen solchen nicht erst selbst zu formulieren; ich kann
ganz einfach Max Nordau das Wort lassen und in seinen
Ausspruch einstimmen, ein Ausspruch, der recht gut beweist, dass die Gegner der jetzigen Gesellschaftsordnung
keineswegs unter sich einig sind, sowie ferner, dass dieser
Schriftsteller wahrscheinlich infolge seiner israelitischen
Abkunft trotz aller Verirrungen einen Zug von jener gesunden sexuellen Hygiene behalten hat, welche Jahrtausende
hindurch die Stärke seines Volkes gewesen war. Seine
Worte lauten folgendermassen: „Ist eine Rasse oder Nation
auf diesen Punkt ihrer absteigenden Lebensbahn gelangt,

---

*) Eine gute, feinfühlige eheliche Diätetik findet sich in
dem Werke von Klencke: Die Gattin. Leipzig, Kummer.

so verlieren ihre Individuen die Fähigkeit gesund und natürlich zu lieben. Der Familiensinn geht unter. Die Männer
wollen nicht heiraten, weil es ihnen unbequem scheint,
sich die Last der Verantwortlichkeit für ein andres Men-
schenleben aufzubürden und für ein zweites Wesen ausser
sich selbst zu sorgen. Die Frauen scheuen die Schmerzen
und Unbequemlichkeiten der Mutterschaft und streben auch
in der Ehe mit den unsittlichsten Mitteln nach Kinder-
losigkeit. Der Fortpflanzungsinstinkt, der nicht mehr die
Fortpflanzung zum Ziele hat, verliert sich bei den einen
und entartet bei anderen zu den seltsamsten und irrationell-
sten Verirrungen. Der Paarungsakt, diese erhabenste
Funktion des Organismus, — — — — — — — — — —
— — — — — — — — — — — — — — — — —
wird zu einer ruchlosen Lüstelei entwürdigt und nicht
mehr im Interesse der Gattungserhaltung vollzogen, sondern
nur noch im ausschliesslichen Interesse einer für die Gesamtheit zweck- und wertlosen individuellen Vergnügung." *)

Ich habe früher als meine Ansicht dargelegt, dass die
Präventivmittel gegen Schwangerschaft unsicher, unzuverlässig seien, dass man, um sich gegen zu grosses Familien-
wachstum zu schützen, zu anderen Mitteln greifen müsse,
welche auch die Neumalthusianer als unzulässig erkennen,
zur Fruchtabtreibung, und ich kann als Unterstützung
für meine Behauptung mehrfache, aus Amerika stammende
Beweise beibringen. Ich ziehe es jedoch vor, statt mich
selbst über dieses Thema zu verbreiten, mehreren hierin
erfahrenen Schriftstellern — der eine ein englischer Sozio-
loge, der andere ein amerikanischer Frauenarzt — das
Wort zu erteilen.

---

*) „Die konventionellen Lügen etc.". 14. Aufl. 1889, S. 259

Des ersteren, William H. Dixon's Aussage lautet folgendermassen: „Was ich während meines Aufenthaltes in
diesem Lande (Amerika) selbst gesehen und gehört, leitet
meine Gedanken zu einer Vermutung in derselben Richtung, dass nämlich unter den Frauen der höheren Klassen
eine ebenso merkwürdige, wie weit verbreitete Verschwörung existiert — eine Verschwörung ohne Anstifter und
Führer, ohne Sekretär und Hauptquartier und die auch
keine Zusammenkünfte abhält — — — — aber doch eine
Konspiration unter vielen Königinnen der Mode darstellt,
eine Konspiration, welche, wenn ihr Zweck erreicht werden könnte, zu dem in Wahrheit erschreckenden Resultat
führen würde, dass in jenem Lande in Zukunft keine weiteren Babyausstellungen in Frage kommen könnten." Dixon
erwähnt im Zusammenhange hiermit die Äusserung einer
amerikanischen Dame: „Die erste Pflicht der Frau ist es,
in den Augen der Männer angenehm zu erscheinen, so dass
sie diese an sich ziehen und einen guten Einfluss auf dieselben üben kann, keineswegs um von ihnen nur zur Führung des Haushaltes benutzt, in die Kinderstube, die Küche
und das Schlafgemach geschleppt zu werden. Alles dasjenige,
was ihre Schönheit schädigt und demnach gegen ihr wahres
Interesse streitet, hat sie das Recht von sich abzuweisen,
ganz ebenso wie der Mann gegen eine ungesetzliche Be-
steuerung seines Einkommens Widerspruch erhebt. Die
erste Sorge einer Hausfrau muss ihres Mannes und — als
dessen Lebensgefährtin — ihr eignes Wohlergehen sein.
Nichts darf geduldet werden, was die Gatten voneinander
entfernen könnte, — — — Kinder nehmen die Zeit ihrer
Mutter in Anspruch, schaden ihrer Gesundheit und machen
sie vorzeitig alt. Sie brauchen hier nur durch die Strassen
zu gehen, da werden Sie junge, schöne Mädchen, die kaum

die Jahre der Kindheit hinter sich haben, zu Hunderten finden. Nach Verlauf eines Jahres sind dieselben vermutlich verheiratet; binnen zehn Jahren aber sind sie schon alt und welk geworden. Um ihres Liebreizes willen bekümmert sich dann ein Mann nicht mehr um sie. Ihre eignen Ehemänner finden nicht länger mehr bestechenden Glanz in ihren Augen oder Frische auf ihren Wangen. Sie haben eben schon das Leben für ihre Kinder hingeopfert." Als eigne Beobachtung fügt Dixon noch hinzu, dass „im allgemeinen überall im Westen jede Mutter einen berechtigten Stolz empfindet, eine zahlreiche Familie zu besitzen. — — — — Doch hier in Neuengland, in Newyork ist das Verhältnis ein grundverschiedenes." *)

Die amerikanische Frau versteht sich ebensogut wie ihre französische Schwester auf die Präventivmittel und bedient sich derselben oft in solcher Ausdehnung, dass ihre Gesundheit darunter leidet; sie verlässt sich auf dieselben aber nicht allein, sondern nimmt, wenn sie trotzdem empfangen hat, zu irgend einem der professionellen männlichen oder weiblichen Fruchtabtreiber, von denen es in den amerikanischen Städten ansehnliche Mengen giebt, ihre Zuflucht.

Der amerikanische Frauenarzt Gaillard Thomas bemerkt über diese Sache folgendes: „Eine Statistik, welche für die Verbreitung der strafwürdigen Fruchtabtreibung den Beweis beibrächte, ist noch nicht und wird jedenfalls auch niemals geschrieben, denn dieses Verbrechen entzieht

---

*) Vår tids Amerika. Übers. von Thora Hammarsköld. Stockh. 1868. II. S. 171 u. folgd.

sich der Kontrolle der menschlichen Gesellschaft und aus
sonderbaren Ursachen auch deren direktem gesetzlichen
Eingreifen. Ich bin mir bewusst, ein hartes Wort auszusprechen, wenn ich darauf hinweise, dass das Gesetz mit
unerbittlicher Strenge den verfolgt, der seinen Mitmenschen
ermordet, dem aber volle Freiheit gewährt, der das Kind
im Mutterleibe tötet — und doch verhält es sich so.
Ich will nur einige wenige Umstände anführen, welche
diese Behauptung bekräftigen und ausserdem klar vor
Augen legen, dass jenes Verbrechen bei uns in erschrecken-
der Häufigkeit vorkommt. Auf meinem Tische liegt augenblicklich eines der verbreitetsten, geachtetsten und bestredi-
gierten Tagesblätter Newyorks, das seinen Weg in die
besten Kreise der Gesellschaft, aber auch in die Hände
der Mädchen und Frauen des ganzen Landes findet. In
dessen Spalten zähle ich fünfzehn Annoncen, welche ganz
zweifellos von gewerbmässigen Fruchtabtreibern herrühren
— von Männern und Frauen, die den Kindesmord zum
Geschäft entwickelt haben.

„Möglich ist es wohl, dass dieser Umstand den Ver-
legern, welche unter uns als ehrenwerte Männer bekannt
sind, entgangen, dass er auch der Polizei unbekannt geblieben wäre, doch ist das kaum glaublich, da viele der
Annoncierenden unverblümt auf gewisse Vorteile hinweisen:
dass sie Einzelzimmer haben, in denen Patienten verpflegt
werden können; dass es nur einer einzigen Konsultation
bedarf, um den gewünschten Zweck zu erreichen, und zwar
ohne Anwendung lebensgefährlicher oder gesundheitschä-
digender Mittel. Der amerikanische medizinische Kongress
schrieb bei seinem letzten Zusammentreten in Newyork
einen Preis aus für „eine kurze leichtfassliche Abhandlung,
welche sich zur Verbreitung unter dem weiblichen Ge-

schlecht eignete und die Strafbarkeit und physische Schädlichkeit der Fruchtabtreibung darlegen sollte." Diesen Preis
erhielt Prof. H. B. Storer in Boston für eine vortreffliche
Abhandlung unter dem Titel „Why not."*) (Nichts seltenes
sind in amerikanischen Blättern Anzeigen wie folgende:
Lady silver pills zur Regulierung der Periode. Frauen
in anderen Umständen werden gewarnt, dieselben
zu gebrauchen, da sonst unfehlbar Abortus erfolgen müsste. D. Übers.) Th. A. Emmet bemerkt über
diesen Gegenstand folgendes: („Infolge gebührender Rücksicht auf das Passende) . . . . können wir nur auf die
verschiedenen Präventivmittel sowie auf die furchtbare
Häufigkeit der verbrecherischen Fruchtabtreibung hinweisen. Kann wohl irgend jemand, der sich mit Behandlung der Frauenkrankheiten befasst, in Wahrheit sagen,
dass wir übertreiben, wenn wir behaupten. dass wir an
jedem Tage mehr Unglück und Elend aus dem Missbrauch
des ehelichen Verhältnisses herfliessen sehen, als wir während eines Monats infolge der ohne künstliche Eingriffe
verlaufenden Geburten beobachten?"**) Dr. H. S. Pomerey
berichtet hierzu weiter: „Ich glaube, dass das Verhindern
und Zerstören ungebornen Lebens die amerikanische Sünde
par excellence ist, und wenn dieser nicht Einhalt gethan
wird, muss sie früher oder später unser Unglück werden."
— „Ich appelliere an die Mittelstände, weil aus diesen die
allgemeinen Anschauungen erwachsen und weil diese die
meisten Übelthäter zählen." — „Es möchte schwierig sein,
ein Gut auf dem Lande oder die Strasse in einer Stadt

---

*) Lehrbuch der Frauenkrankheiten von T. Gaillard Thomas,
übersetzt von Max Jacquet. Berlin 1873, S. 28.
**) The principles and practice of Gynaecology. III. Ed.
Lond. 1885. S. 24.

Ribbing, die sexuelle Hygiene.   8

aufzufinden, wo nicht ungeborne Kinder von denjenigen
vernichtet worden sind, die nach göttlichem und mensch-
lichem Gesetz zu deren Aufzucht und Pflege verpflichtet
waren. Bleibt das Gesetz freilich ein toter Buchstabe,
steht der schlechtere Teil der Ärzte auf der Seite der
Sünder, während selbst der bessere oft mindestens schweigt,
folgen Presse und Kirche dem Beispiele des Leviten und
gehen mit geschlossenen Augen vorbei .... was ist dann zu
thun?" — „Fände die Fortpflanzung die hohe, freiwillige und
ehrende Anerkennung, welche ihr zukommt, so würde sich
auch wirkliche Tugend und Keuschheit entwickeln, würde
die Gesellschaft von den vielen gefährlichen und verheerenden, aus Unkenntnis begangenen Sünden befreit und
müsste eine unbedingte Besserung in den geistigen, sittlichen und physischen Befinden der Menschen die Folge
sein. Der Schöpfer hat jedem Mitgliede des Menschengeschlechts für bestimmte Zwecke gewisse Instinkte und
Leidenschaften eingepflanzt — — — diese sind sehr
schätzenswerte Diener, aber sehr schlechte Herren. Sie
müssen sorgsam geleitet und überwacht werden, sonst
bringen sie sicherlich Schaden und Nachteil. Und dennoch
verlangen unsere gesellschaftlichen Gewohnheiten, dass
diese Instinkte und Begierden während ihrer Entwickelungs-
periode fast und gänzlich ignoriert werden sollen." — — —
„Wir begegnen bei unserer Thätigkeit Frauen, welche
zögern würden eine Fliege zu töten, die aber ohne Scheu
zugeben, ein halbes Dutzend und mehr ihrer ungebornen
Kinder getötet zu haben, und welche davon etwa ebenso
sprechen, als ob es sich um das Ertränken überflüssiger
junger Katzen handelte." *)

---

*) Loc. cit. p. p. V. 39, 49, 60.

Ich überlasse den Nationalökonomen die Erörterung
der Frage der Übervölkerung und der vermeintlichen Gefahren einer solchen, und beschränke mich auf den Hinweis einiger Mittel, wodurch die Natur schon eine zu
starke Zunahme des Menschengeschlechts verhindert. Als
in voller Wirksamkeit mitten unter uns habe ich die
eigentümliche Begrenzung des Fortpflanzungs- √
vermögens der Frau zu erwähnen. Diese Fortpflanzungs-
fähigkeit währt nämlich nicht ebenso lange, wie das Leben,
die Gesundheit und Kraft, sondern findet ihren Abschluss mit
der Periode, welche man die klimakterische nennt und √
die zwischen dem 45. und 50. Lebensjahre der Frau einzutreten pflegt. Ihre Zeugungsfähigkeit beschränkt sich
damit also auf etwa 30 Jahre, und obwohl sie nach dieser
Zeit sich noch verschiedene Jahrzehnte guter Gesundheit
erfreuen kann, giebt sie doch, trotz noch fortgesetzten
geschlechtlichen Verkehrs, keinem Kinde mehr das Leben.
Durch diese in der Tierwelt ganz unbekannte, dem Menschen- √
geschlecht eigentümliche Anordnung hat die Natur gleichsam von vornherein der allzustarken Vermehrung der
Menschen eine Grenze ziehen und daneben dem aufwachsenden Kinde die Pflege und Erziehung seitens seiner Mutter
bis zum Alter der Selbständigkeit und Selbstversorgung
sichern wollen. Diese Eigentümlichkeit der Frau kann
auf natürlichem Wege bei späteren Generationen, und
bei drohender Übervölkerung sich recht wohl weiter entwickeln und auf successive frühere Altersperioden verschoben werden.

Ein anderes Mittel der Natur ist vorläufig mehr ge-
ahnt als wirklich erkannt worden. Es besteht darin,
dass in einer Bevölkerung, welche im Verhältnis zu ihren
Hilfsquellen eine zu hohe Zahl erreicht, eine gewisse

8*

Neigung im Geburtsorte zu bleiben hervortritt, **wobei**
Eheschliessungen meist unter solchen Nachbarn stattfinden,
deren ökonomische Verhältnisse als gute bekannt sind u. s. w.
Bei solchen Völkergruppen aber zeigt sich die Fruchtbarkeit sogleich gegen diejenige anderer vermindert. Die
grösste Volksvermehrung beobachtet man im allgemeinen
nach Auswanderungen, Rassenvermischungen, Völkerwan-
derungen u. dergl. So ist z. B. die französische Kana-
dierin ausnehmend fruchtbar, und zwar weit mehr als ihre
irische oder englische Landsmännin.

Bezüglich der ehelichen Fruchtbarkeit sind die Kennt-
nisse auch bei Leuten, welche Bücher über die sozialen
Fragen schreiben, meist nur recht geringe. So veranschlagt
z. B. die im früheren angezogene Schrift „Grundzüge der
Gesellschaftslehre“ die Zahl der Kinder (einschliesslich der
Missfälle und Totgeburten) auf 10—12 für ein Ehepaar.*)
Das ist ein grosser Irrtum. Auf ungefähr diese Zahl, im
Mittel auf 10, kann man höchstens die Fruchtbarkeits-
Möglichkeit für ein Elternpaar schätzen, wenn die Frau
bei Eingehung der Ehe zwanzig Jahr alt war und die
Ehe selbst fünfundzwanzig Jahre dauerte.**) — Eine
solche Durchschnittszahl findet sich, soweit die Nachrichten
reichen, in keinem Lande und ist wohl auch nirgends ge-
funden worden. Teils bleiben 18—20$^0/_0$ aller Ehen über-
haupt ohne Nachkommenschaft, teils werden sie durch
Krankheit, Tod u. s. w. eher unterbrochen und gelöst, so
dass die eheliche Fruchtbarkeitszahl für die verschiedenen
Länder folgendes Aussehen zeigt:

Niederlande für jedes Paar 4,88
Norwegen „ „ „ 4,70

*) Loc. cit. S. 433.
**) Real-Encyklopädie d. med. Wiss. IV. S. 329.

Preussen	für jedes Paar	4,60
Bayern	" " "	4,55
Schweden	" " "	4,52
Sachsen	" " "	4,35
England	" " "	4,33
Belgien	" " "	4,23
Dänemark	" " "	4,18
Frankreich	" " "	3,46.*)

Alle diese Angaben sind einer und derselben Arbeit entnommen und ohne Zweifel durch gleichartige Berechnungsweise aus gleichzeitigen Primärbeobachtungen gewonnen. Nimmt man wieder andere, vorzüglich neuere und kürzere Beobachtungszeiten als Unterlage, so erhält man Zahlen, welche sich von den vorstehenden unterscheiden, doch meist niedriger sind. So giebt man für Preussen und die letztere Zeit die eheliche Fruchtbarkeitszahl auf 4,114 an, davon 3,957 lebend und 0,157 tote Früchte**), für England während der letzten 25 Jahre auf 4,10***), für Belgien zu 4,12, für Frankreich zu 2,9, für die meisten östlichen Staaten Nordamerikas wechselnd zwischen 2,5 und 3,0 an.†)

Von gewissen Seiten††) wird auch als wahrscheinlich hingestellt, dass in gebildeteren Familien die Fruchtbarkeit infolge präventiver Massregeln eine geringere sei. Durch die von mir vorgeschlagenen Nachforschungen könnte man hierüber eine passendere Antwort erhalten, als ich

---

*) Hellstenius, loc. cit. S. 98.
**) Real-Encykl. d. med. Wiss. Bd. V, S. 553 u. flgd.
***) Mulhall, Fifty years of nat. progress. Lond. 1887, S. 113.
†) J. V. Tallqvist. Rech. stat. sur la tendance à une moindre fécondité. Helsingfors 1886, S. 12, 13.
††) Drysdale, Westm. Review, Mai 1889 u. a. a. O.

durch meine eigene Bemühung erreichen konnte, doch gebe
ich hier die von mir berechneten Zahlen, nämlich für den
geistlichen Stand im Stifte Lund 4,17 Kinder auf jede
Ehe; für die Gesamtheit der schwedischen Ärzte 3,5*).
Zu diesen Zahlen ist jedoch zu bemerken, dass sie nur
nach den lebend gebornen Kindern berechnet sind, mit
Hinzunahme der totgebornen würden dieselben höher an-
steigen.

Sadler hat mittels Berechnung des Verhältnisses bei
den englischen Pairsfamilien dargelegt, dass da, wo die
Schliessung der Ehe zur rechten Zeit erfolgte, die Fruchtbarkeit nicht hinter der Mittelzahl des Volkes im allgemeinen zurückblieb. War die Mutter noch unter 26 Jahre
alt, so betrug die durchschnittliche Kinderzahl 5,13; bei
einem Alter von 26—36 Jahre sank dieselbe auf 3,50; über
36 Jahre auf 2,89. Männer, welche sich vor dem 26. Jahre
verheirateten, zeugten im Mittel 5,11; zwischen 26 und
86 Jahre 4,43 und über 36 Jahre alt nur 2,84 Kinder.**)

In seiner im vorhergehenden angeführten Arbeit behauptet Drysdale, dass die vermögenden Klassen ihre Kinderzahl mit Absicht einschränken, während sie bei den
Armen gern eine zahlreiche Kinderschar sehen, weil sie
dadurch billige Arbeitskräfte erhalten. Der erstere dieser
Sätze wird von der Statistik der meisten Länder unbarm-
herzig widerlegt; der letztere dagegen hat an vielen Orten,
darunter in unserem Lande, keine Giltigkeit. Hier ver-
spürt man bei den Wohlhabenderen vielmehr eine Tendenz, der frühzeitigen Eheschliessung unter der arbeitenden

---

*) Diese niedrigere Zahl für die Ärzte findet ihre Erklärung
wahrscheinlich in der kürzeren Dauer der Ehen durch das zeitigere
Absterben der Männer.
**) Svensén, loc. cit. S. 56.

Klasse entgengenzuwirken, weil jene eine Erhöhung der Ausgaben für das Armenwesen notwendig mache. Derselbe Verfasser spricht die Hoffnung aus, dass in aufgeklärterer Zukunft jede Familie, welche mehr als eine gewisse Anzahl (beispielsweise 4) Kinder erzeugt, von ihren Mitbürgern getadelt, ja, dass so etwas geradezu gesetzlich verpönt werde! Der Verfasser schweigt darüber, wie es gehalten werden soll, wenn im vierten Kindsbette etwa Zwillinge oder gar Drillinge geboren würden. Doch abgesehen von letzterer Einwendung erlaube ich mir, auf das Ungereimte in der Feststellung einer unveränderlichen Zahlennorm hinzuweisen. Hiernach sollte eine vermögende Familie, welche die Gesellschaft mit vielen gesunden, sittlichen, wohlerzogenen und arbeitsamen Nachkommen bereichert, Bemerkungen erdulden müssen, welche nicht erhoben würden gegen ein Ehepaar, das nur einer geringeren Zahl kränklicher, an Leib und Seele verdorbener Individuen das Leben gegeben hat. Vorgefassten Meinungen und Gesetzen selbst auf so zarte Privatinteressen einen Einfluss einzuräumen, wird stets ein missliches Ding bleiben, das schwerlich Aussicht auf irgend welchen Erfolg haben dürfte.

Ein Blick auf die oben wiedergegebene Tabelle könnte Veranlassung zu verschiedenen Betrachtungen geben. Wir finden darin den Unterschied zwischen den Niederlanden und Dänemark ebenso gross wie zwischen diesem Lande und Frankreich, und doch habe ich gegen die dänischen Hausfrauen niemals eine Beschuldigung bez. der Anwendung von Präventivmitteln aussprechen hören. Es muss also wohl auch noch andere Ursachen geben, welche auf die Fruchtbarkeit der Ehe von Einfluss sind.

Hinsichtlich der Frage der Volksvermehrung muss man sich erinnern, dass bei dieser verschiedene Verhältnisse mitwirken, nämlich die Anzahl der Ehen selbst, deren Fruchtbarkeit, die grössere oder geringere Kindersterblichkeit, die allgemeine Lebensdauer und die Ein- und Auswanderung.

Die Bewohnerschaft Frankreichs kann infolge ihrer geringen Fruchtbarkeit und der grossen Kindersterblichkeit sich ohne Einwanderung nicht auf der gleichen Bevölkerungsziffer erhalten*), eine Erscheinung, welche — nebenbei gesagt — die meisten Moralisten, Politiker und Ärzte des Landes mit ernsten Befürchtungen — und zwar ganz anderer Art als die Revanchegelüste — erfüllt.

Ich habe Sie, m. H., auf einige Thatsachen aus der Naturlehre der Ehe hingewiesen. Gestatten Sie mir hierzu noch wenige Worte. Wie in aller Welt kann man sich vorstellen, dass das Leben, welches nach so vielen Seiten hin unsere Hoffnungen zerstört, den Geschlechtsgenuss unberührt lassen sollte? Wenn, oder richtiger, weil die Ehe ein Ersatz sein soll für alle und in allen verfehlten Bestrebungen, welche der Kampf ums Dasein notwendigerweise mit sich bringt, so erfüllt dieselbe diese Mission nur dadurch, dass sie etwas Besseres und Höheres bietet, als was der Sklave blosser Sinnlichkeit von ihr erwartet. — Zum Schluss noch eine Anekdote.

---

*) Bei der Volkszahl Frankreichs sind 1,525000 im Ausland Geborene mit eingerechnet, d. h. 4 % der Volkszahl des ganzen Landes. Die entsprechende Zahl ist für England 0,4 %; für Deutschland 0,6 %.

Ungefähr ein Vierteljahrhundert mag es her sein, als eine Schar junger Studenten sich in lebhaftem Gespräch — wie das ja häufig vorkommt — über die Ehe befand.

„In dieser Angelegenheit haben wir viel zu sagen,“ meinte ein Theologe (heute Inhaber eines Bischofsstuhls). Keiner widersprach ihm. — „Wenigstens eine Seite derselben geht indes auch uns an,“ erklärte dann ein Jurist (jetzt Mitglied eines schwedischen Reichsgerichts). Dieselbe allgemeine Zustimmung. — „Doch auch wir haben dabei eine Aufgabe zu erfüllen,“ setzte ich, der einzige anwesende Mediziner, hinzu. — „Ja, doch das ist die geringfügigste von allen!“ rief man im Chor. Ich widersprach dem damals ebensowenig, wie ich es heute thue. — Rangstreitigkeiten sind niemals meine Sache gewesen — doch das sage ich, wurde das Glück einer Ehe durch Nichtbeobachtung der physiologischen und psychologischen Seite derselben — d. i. unseres Dominiums — einmal gestört, so wird dasselbe kaum durch die Einmischung der Kirche und ebensowenig durch die Familienrechte oder die Gütergemeinschaft wieder hergestellt werden.

Dritte Vorlesung.

Geschlechtliche Krankheiten. — Onanie. — Deren Schädlichkeit. — Pollutionen. — Päderastie. — Römische Kaisergeschichte. — Die Ansichten moderner Schriftsteller. —
Medizinische Ehen. — Prostitution. — Die Föderation. —
Kritik der Bestrebungen gegen Reglementierung der Prostitution. — Venerische Krankheiten. — Massregeln gegen
deren Verbreitung. — Ärztliche Anffassung der Krankheiten
und deren Zusammenhang mit Sittlichkeitsverbrechen. —
Notwendige gesellschaftliche Reformen. — Schlusswort.

M. H.! Bis hierher schilderte ich Ihnen die anatomischen und physiologischen Grundgesetze des Sexuallebens, sowie die Bedingungen für dessen normale Funktionierung in der Ehe. Heute stehe ich vor der Aufgabe,
Ihnen eine Darstellung der Störungen des Geschlechtslebens,
der Krankheiten der Geschlechtsorgane zu geben. Derartige Krankheiten sind seit Jahrtausenden bekannt und
von Ärzten ebenso wie von Satyrikern und Moralisten beschrieben worden.

Während man in unseren Tagen von der Gefahr der
Unthätigkeit der Generationsorgane hört, beachtete man
in früheren Zeiten weit mehr die schädlichen Folgen der
Überanstrengung derselben. Schon bei Hippokrates findet
man eine Beschreibung dieser Leiden; spätere Arbeiten
liefern unaufhörlich neue Beiträge dazu. Die Krankheits-
symptome, welche dabei auftreten, sind allerdings, je nach
individuellen Verhältnissen, sehr wechselnder Natur, einige
gemeinsame Züge finden sich aber stets wieder. Dahin
gehört unter anderem allgemeine Schwäche, bleiche Ge-

sichtsfarbe, niedergeschlagene ruhelose Gemütsstimmung, allgemeines Zittern, Schwäche und schmerzhafte Empfindungen in den unteren Extremitäten, Schwäche der Harnausführungsorgane, beschränkte, oft schnell eintretende Schweissabsonderung und sexuelle Schwäche oder Impotenz. Diese Symptome folgen dem Missbrauche der Genitalorgane, sowohl auf natürliche wie auf unnatürliche Weise. Veranlassung sowohl der einen wie der anderen Art können eine der in neuerer Zeit sehr gewöhnlichen Erscheinungen, die sogenannte sexuelle Neurasthenie hervorrufen, ein Leiden, welches der gewissenhafte Arzt nur sehr ungern bei seinen Klienten auftreten sieht, das dagegen für den Quacksalber eine hochwillkommene Erscheinung ist, weil dieser weiss, dass er die daran leidenden Patienten meist tüchtig ausplündern kann.

Ein Vortrag wie dieser verlangt vor allem die Darstellung der Ursachen der Krankheiten, weniger der speziellen Symptome und der Behandlung derselben, und ich fange also unmittelbar an mit der Schilderung eines der ursächlichen Momente zu sexuellen Störungen, und das um so mehr, als demselben eine allgemeine hygienische Bedeutung zukommt, die allgemein, nicht von den Ärzten allein gekannt zu sein verdient.

Ich meine hier die Onanie. Über dieselbe sind so viele Aufsätze und Abhandlungen geschrieben worden, dass es an litterarischen Quellen, um sich über alles einschlagend zu unterrichten, keineswegs fehlt. Viele dieser Schriften sind aber in einer oder der anderen Hinsicht so fehlerhaft, dass sie weit mehr dazu dienen, ihren Leserkreis zu verwirren, statt ihn aufzuklären. Unter Onanie versteht man das Verfahren, dass eine Person durch geeignete Manipulationen, durch mechanische Massregeln oder einzig durch

die Phantasie seine Geschlechtsteile so aufregt, dass der
nervöse Spasmus, welcher mit dem geschlechtlichen Umgang verknüpft ist, dadurch ausgelöst wird. Diese Definition passt für beide Geschlechter und für jedes Lebensalter; bei geschlechtsreifen Jünglingen und bei Männern
schliesst jener Spasmus natürlich mit einer Samenergiessung.
Viel ist gesprochen und geschrieben worden über die
Häufigkeit dieser schlimmen Gewohnheit; ich will nicht
erst versuchen, dafür statistische Beweise heranzuziehen,
sondern gebe zu, dass dieselbe in Kulturländern sehr allgemein, wenn auch nicht so verbreitet ist, wie es ein Teil
lasciver Schriftsteller zu behaupten liebt.

Beginnt dieses Laster oder diese üble Gewohnheit bei
jungen Individuen, so bieten die Veranlassung dazu gewöhnlich schlechte Beispiele, die Verführung durch Kameraden, durch gewissenlose Dienstboten oder auch andere
ältere Personen. Dagegen kann sie möglicherweise auch
geweckt werden durch eigentümliche, zufällige Gedanken-
und Gefühlskombinationen, sie kann zuweilen erzeugt werden durch gewisse Körperübungen, z. B. durch Klettern,
Reiten, Fahren auf einem schüttelnden Fuhrwerk u. dergl. m.
Bei Kindern, welche die Gefahr dieser Sache nicht kennen,
bei denen, welche zu charakterschwach sind, der Verlockung
zum Genusse zu widerstehen, entwickelt sich aus der zufälligen und oft moralisch unschuldigen Veranlassung eine
schuldige Gewohnheit.

Die Folgen davon stellen sich auch früher oder später
ein. Obgleich es keineswegs feststeht, dass selbst das ge-
übte Auge den Onanisten sofort an dessen Aussehen erkennen könnte, ist doch nicht zu verkennen, dass der
Leidende oft einen deutlichen Stempel davon in seinen
Gesichtszügen und seinem Benehmen zeigt. Eingesunkene

Augen, niedergeschlagener Blick, leichenblasse Gesichts-
farbe, kalte feuchte Hände, geschwächtes Gedächtnis, reiz- ✓
bare Laune, Trägheit und Träumerei am hellen Tage gehören oft genug zu dem Symptomenbilde.

Tritt keine angepasste Pflege und Behandlung dazwischen, so können ernstere Störungen des Organismus
auftreten, wie sexuelle Neurasthenie, Impotenz, allgemeine ✓
Erschöpfung, Lungen- und Herzkrankheiten u. s. w. Bezüglich der Entstehung von Geistesstörungen durch Onanie
sind die Ansichten unter den Fachmännern ziemlich ge-
teilt, indem die einen einen solchen Ausgang als sehr gewöhnlich, die andern ihn als sehr selten betrachten.

So schreibt z. B. Esquirol: „Die Masturbation, diese
Geisel des Menschengeschlechts, ist häufiger als man glaubt ✓
die Ursache des Wahnsinnes, vorzüglich bei den Reichen." *)
Ein anderer Psychiater, Guislain, äussert darüber: „Die
Frage der Onanie in ihren Beziehungen zu Geistesstörungen
ist schwer zu lösen. — — — — Wir haben diese Ursache unter den bei uns im Laufe eines Jahres eingetre-
tenen Kranken nur dreimal vermuten zu können geglaubt.
— — — Und doch ist dieses Laster unter den Geistes-
kranken höchst verbreitet; nur muss hierzu bemerkt werden,
dass viele unter ihnen demselben nur fröhnen, während
und seit sie geistesgestört sind." *)

In der letzten Bemerkung haben wir wirklich einen
leitenden Faden für die rechte Auffassung dieser ganzen ✓
Sache. Bei der grossen Menge begegnet man oft dem
Glauben, dass viele Fälle von Geisteskrankheiten und
Idiotismus durch Onanie verursacht seien, während

---

*) Citat bei Acton, loc. cit. S. 72.
**) Nouv. Diction. de méd. et de chir. XXIV., S. 494.

sowohl die erstere wie die zweite Störung ihre Entstehung aus irgend einem erblichen oder erworbenen Hirndefekt herleitet.

Die Aussichten, einen Onanisten der Gesundheit und dem normalen Leben wieder zuzuführen, sind im ganzen keineswegs ungünstig.*) Die Allgemeinheit und vorzüglich die Leidenden selbst sind nur durch schlechte, oder mindestens durch inkompetente, wenn auch wohlmeinende Schriften meist so erschreckt, dass die schwerste Aufgabe des Arztes oft nicht die ist, die Störung selbst zu bekämpfen, sondern die, alles das zu widerlegen, was der Patient früher darüber gelesen hatte.

Ich halte es für angezeigt, das durch ein Citat von einem kompetenten Beurteiler zu bekräftigen. Prof. W. Erb in Heidelberg schreibt: „Gewöhnlich wird die Onanie für viel gefährlicher gehalten, als der natürliche Koitus. Es erscheint uns das nicht recht glaublich. Der Effekt auf das Nervensystem muss doch für den Mann im wesentlichen derselbe sein, ob die Friktion der Glans in der weiblichen Vagina oder irgendwie sonst ausgeübt wird; die nervöse Erschütterung bei der Ejakulation bleibt dieselbe; eher dürfte wohl anzunehmen sein, dass beim Gebrauche eines Weibes die nervöse Aufregung noch grösser sei. — Wohl aber bedingt die in frühem Lebensalter dadurch verursachte und häufig wiederholte Reizung ganz gewiss eine grosse Gefahr, und weiterhin unterliegt es keinem Zweifel, dass das bei Onanisten vorherrschende und so berechtigte Gefühl, dass sie eine Gemeinheit begehen, dass der beständige Kampf zwischen dem übermächtigen Triebe und der sittlichen Pflicht angreifend und erschöpfend

---

*) Vergl. Acton, loc. cit. S. 40.

auf das Nervensystem wirken müsse; dadurch mögen
die schlimmen Wirkungen der Onanie noch gesteigert
werden. — — — — — — — — — — — — — —

— — — — — — — — — — — — — — — —

Die moralischen Wirkungen dieses Lasters haben wir hier
natürlich nicht zu untersuchen.“ *)

Ich habe stets davor gewarnt und muss mich hier
mit grösstem Nachdruck dagegen verwahren, dass etwa
angenommen wird, dass ich die Onanie entschuldige oder
gar verteidige, und wenn ein Kritiker behaupten wollte,
dass ich diese Form sexueller Verirrung zu „mild und
nachsichtig“ behandelte, so kann das jedenfalls nur daher
kommen, dass derselbe andere Arbeiten gelesen hat, welche
die Folgen der Onanie aus einem oder dem anderen Grunde
mit den schrecklichsten Farben ausmalen. Sind andere
achtungswerte Schriftsteller zu ungünstigeren Urteilen über
diese Sache gelangt, so werde ich deren Zeugnis keineswegs verneinen, ich setze an deren Seite aber meine eigne,
in dieser Hinsicht umfassende Erfahrung, nach welcher
die Mehrzahl der Onanisten, durch hygienische, moralische
oder religiöse Gründe veranlasst, wirklich ihr trauriges
Leiden überwindet, ohne dafür im lüderlichen Leben oder
in der Ehe Heilung zu suchen. Als weiteren Beweis dafür, dass die Onanie selten die in populären Büchern so
oft ausgemalten Geisteskrankheiten hervorruft, erlaube ich
mir nach offiziellen statistischen Berichten aus Schweden
und England die folgenden Zahlen anzuführen. In sämt-
liche Hospitäler Schwedens wurden aufgenommen:

---

*) Handb. d. spez. Pathol. u. Ther., herausg. v. H. v. Ziemssen
XI., II, Krankh. d. Rückenmarks, von W. Erb. 2. Aufl. Leipzig 1878.
S 163. u. flg.

1883 eine Anzahl von 643 Geistesgestörten, davon 25

1884	„	„	704	„	19
1885	„	„	744	„	22
1886	„	„	741	„	35
1887	„	„	791	„	35

}be-
ruhend
auf
Onanie.

Summa: 3623 „ „ 136

was einer Prozentzahl von 3,7 entspricht. In diese Berechnung sind alle diejenigen Fälle mit aufgenommen, in
welchen die Onanie auch nur eine mitwirkende, also nicht
die einzige Ursache der Geisteskrankheit gewesen war.

Die drei zuletzt veröffentlichen Jahresziffern für England sind:

Aufgenommen in Hospitäler

1885 . . . 13 158, davon 160] beruhend
1886 . . . 13 624, „ 163 } auf
1887 . . . 14 336, „ 203] Onanie.

und hier beträgt die Prozentzahl für das Jahr 1885 . . . .
1,2% (2,2% für Männer, 0,3% für Frauen); für das Jahr
1886 . . . . 1,1% (2% für Männer und 0,3% für Frauen);
für das Jahr 1887 . . . . 1,4% der ganzen Anzahl (2,6%
für Männer und 0,2% für Frauen).

Da ich aber weiss, dass es eine grosse Menge medizinisch meist ungebildeter Männer giebt*), welche mit
aller Kraft die Lasterhaftigkeit, Unnatürlichkeit und Schädlichkeit der Onanie hervorheben und dieselbe vor allem

---

*) Merkwürdig genug hat ein Arzt, P. Mantegazza (Kärlekens
Fysiologi — die Physiologie der Liebe — Stockh. 1888, S. 200.)
sich in deren Reihen eingeordnet und erklärt, der Onanie wäre
„hundertmal die völlige Keuschheit mit ihren sublimen Qualen, ja
hundertmal selbst die Prostitution mit ihrem — Schmutz vorzuziehen." (Die Zusammenstellung von Keuschheit und Prostitution
erscheint hier eigentümlich!)

anderen durch illegitimen Geschlechtsverkehr kurieren
wollen, muss ich mich im Interesse der Wahrheit einer
solchen schiefen Darstellung widersetzen.

Derartige Ansichten finden einen bestimmten Ausdruck in G. af Geijerstams polemischer Schrift gegen Lektor Personne. Der erstere erklärt, dass der Umstand, dass jemand der Onanie verfallen sei, „es zu einer Notwendigkeit für ihn mache, zur Wirklichkeit zu greifen, um den Hallucinationen der Phantasie zu entgehen." *) Er wendet sich dann mit grösster Schärfe gegen Personne und schreibt: „Mir erscheint die Selbstbefleckung als die abscheulichste Gepflogenheit von allen, und wenn man ihren Einfluss auf den Charakter und die Seelenthätigkeiten kennt, kann man nicht dazu geneigt sein, eine Rangordnung aufzustellen, wie das der grosse Sittlichkeitseiferer Personne thut. Im Gegenteil, die Ausrottung der Onanie ist es, worauf Erzieher und Psychologen ihre ganze Aufmerksamkeit und alle ihre Anstrengungen zu richten haben. Dann erst, wenn diese aufgehört wie jetzt die Regel statt der Ausnahme zu sein, ist es denkbar, dass die männliche Natur Stärke genug finden wird, um unregelmässige Triebe zu zügeln.

„Will man in meinem Buche eine „Tendenz" suchen, während dieses doch nur darauf abzielt, eine Schilderung des gewöhnlichen Lebens zu bieten, so mag man jenes Verlangen dafür nehmen. Eine andere Tendenz enthält dasselbe nicht." **)

Mit Sätzen, wie der obenstehende, wird unter der Jugend alljährlich grosser Schaden gestiftet. Man ver-

*) Loc. cit. S. 24.
**) Loc. cit. S. 24.

leitet diese, nicht bloss gegen die Onanie, sondern überhaupt gegen jede kleine Gesundheitsstörung, von der ein
beratender Libertin sich einbildet, dass sie auf jener beruhe,
nach illegitimem Geschlechtsverkehr zu greifen.

Ich füge noch weiter hinzu, dass es meiner Anführung
gemäss nur sehr selten vorkommt, dass ein Onanist, nachdem er sich dem Verkehr mit feilen Dirnen hingegeben,
wieder zu sittlicher Lebensweise zurückkehrt. Ist er einmal thöricht genug gewesen, genanntes „Heilmittel" zu
ergreifen, so lebt er meistenteils in der Einbildung, dass
sein Zustand fortwährend dessen weitere Benutzung verlange.

Im vorhergehenden hab' ich wörtlich ein nach derselben Richtung gehendes, halb wirklich abgelegtes Zu-
geständnis eines französischen Arztes angeführt, ich bin
jedoch verpflichtet hinzuzufügen, dass sich sonst in der
medizinischen Litteratur der Gegenwart kein weiteres vorfindet. Dagegen aber kann ich ein Citat von Sir James
Paget hinstellen: „Viele von Ihren Patienten werden Sie
wegen des geschlechtlichen Verkehrs um Rat fragen und
erwarten geradezu, dass Sie ihnen die Unzucht empfehlen
sollen.

— — — — — — — — — — — — — —

„Keuschheit schadet weder der Seele noch dem Körper.
Ihre Disziplin ist eine vorzügliche; mit der Verehelichung
kann man getrost warten, und unter den zahlreichen nervösen und hypochondrischen Patienten, welche mit mir
über unzüchtigen Verkehr sprechen, hab' ich nicht einen
einzigen sagen hören, dass er davon gesunder und glück-
licher geworden wäre." *) Meine eigne Erfahrung stimmt

---

*) Citat bei Beale. Loc. cit. S. 99.

mit der Pagetschen ganz überein. So wenig wie ich einem
Don Juan raten würde, sich der Onanie zu ergeben, ebensowenig würde ich versuchen, die Onanie durch Unzucht
zu kurieren. Geijerstam ist nach dieser Seite viel zu wenig
unterrichtet, um Lehrern und Erziehern mit Ratschlägen
an die Hand gehen zu können. Er verfällt selbst in den
nämlichen Fehler, den er Personne zum Vorwurf macht,
nämlich den, eine Rangordnung der Laster aufzustellen,
obwohl er das in entgegengesetzter Richtung thut. Vergleicht man nun im grossen den sozialen, nationalökonomischen und persönlichen Schaden, der auf der einen
Seite durch die Onanie, auf der anderen durch die Unzucht und die ihr entstammenden Krankheiten hervorgebracht wird, so sinkt die Wagschale der letzteren unendlich viel tiefer.

Dass Erzieher hier eine sehr wichtige Aufgabe zu
erfüllen haben, begreift Personne weit besser als Geijerstam,
denn der erstere arbeitet gemäss den Grundsätzen der modernen Ethik und mit der Forderung nach Selbstbeherrschung; der letztere vermag nur mit dem Utilismus der
natürlichen Genüsse in's Feld zu ziehen.

In diesem Zusammenhang erscheint es natürlich, wenn
ich den Wunsch ausdrücke. dass alle Laster und Verirrungen in obigen Dingen dem Thätigkeitsgebiete des
Arztes und des Erziehers überlassen würden. Ich unter-
schätze gewiss nicht den schönen Beruf des Seelsorgers;
ich weiss, dass es kaum stärkere Triebfedern giebt, als
die religiösen, ich meine, dass ein religiös-ethisches Bestreben, sich um der Gebote des Herrn willen rein zu
halten, dass das aufrichtige Gebet um Kraft dazu u. s. w.
die unvergleichlich besten Hebel zur Sittlichkeit sind;
mit diesen Andeutungen aber möchte ich auch die Mit-

wirkung der Geistlichkeit in vorliegender Frage begrenzt haben. Bei der Unterweisung und Erziehung, welche diese gegenwärtig erhält, und welche nicht die geringste Anleitung in praktischer Psychologie bietet, in der Lehre, wie eine Menge abnormer Seelenzustände aufzufassen und zu beurteilen sind, vorzüglich wenn die Ursache solcher Störungen in dem physisch-psychischen Grenzgebiete liegt, muss es für die Mitglieder des geistlichen Standes ganz unmöglich sein, eine Frage wie die unsrige nach allen Seiten zu beurteilen. Es wird deshalb leicht vorkommen, dass ein um Rat gefragter Seelsorger bei einem Geständnis der angedeuteten Art als schwere Sünde schon eine Störung auffasst, welche bei dem Kranken ganz ohne dessen Willen zu stande gekommen ist. Könnte die Geistlichkeit im allgemeinen, wie es mit einzelnen Mitgliedern derselben der Fall ist, zu der Ansicht gelangen, dass hier der Arzt das erste Wort wenigstens mitzusprechen hat, und wollte sie daneben für ihren Teil auf den Ratflehenden mit geistigen Mitteln einwirken, ihm den Weg zeigen und seine Kräfte stählen für den Kampf mit dem gefährlichen Feind, so würde durch eine solche gemeinsame Arbeit gewiss das Wohlergehen der Jugend am besten gefördert werden.

Es liegt hier die Versuchung sehr nahe, eine ausführliche Darstellung aller der Mittel und Massregeln zu geben, durch welche man die Jugend vor dem Verderb der Selbstbefleckung zu bewahren strebt, doch würde das viel zu weitläufig werden, und ich kann mich deshalb darauf beschränken, den Hinweis zu geben, dass zu diesem Endziel alles beiträgt, was die körperliche und geistige Gesundheit der Jugend im allgemeinen befördert. Ein frisches, gesundheitsmässiges Leben mit ausreichender Körperanstrengung*), nicht zu vieles Stillsitzen, eine nahrhafte, aber nicht reizende Diät, Sparsamkeit in der Anwendung erregender Genussmittel, ziemlich hartes Bett (keine Polster!), kühle Bettdecken, zeitiges Aufstehen, kalte Übergiessungen und ähnliche Mittel bilden das Hauptrüstzeug sowohl in der vorbeugenden wie in der heilenden Behandlung. Von psychischer Seite ist das Wichtigste das Vertrauen zu den Eltern, und von deren Seite eine verständige, gradweise fortschreitende Aufklärung über die Geschlechtsorgane, deren Zweck und Pflege.

Der mannbare Jüngling und der vollreife Mann, der nicht regelmässigen ehelichen Umgang hat, wird nur selten von nächtlichen unfreiwilligen Samenergiessungen (Pollutionen) verschont bleiben. Wenn diese nicht zu oft eintreten, können sie nicht als schlimm oder schädlich angesehen, sondern müssen vielmehr als ein natürliches Auskunftsmittel betrachtet werden, durch welches die betreffenden Organe von einer unbequemen, zu grossen Plethora befreit werden. Wie oft solche Entleerungen ohne Schaden für den Organismus stattfinden können, lässt sich mit allgemein gültigen Zahlen nicht feststellen. Kommen sie nicht öfter als jeden 10.—14. Tag, so braucht man sich deswegen nicht zu beunruhigen. Selbst wenn man einen halben oder ganzen Tag danach etwas schlaff, minder lebhaft und kräftig als sonst wäre, hat das noch nichts zu bedeuten. Die Natur weiss schon nach einem solchen Säfte-

---

*) Ein amerikanischer Arzt berichtet, dass Indianerkinder so gut wie niemals onanieren (Beard & Rockwell, sexuelle Neurasthenie. Wien 1885, S. 65) und Dr. H. Weber bemerkt in einem Vortrage über das Schulwesen in England, dass hier dieses Laster weit seltener vorkomme als auf dem Festlande, was er den dort mit Vorliebe getriebenen körperlichen Übungen zuschreibt.

verlust das Gleichgewicht bald wieder herzustellen. Diese
Entleerungen können vollkommen unfreiwillig eintreten;
die ganze, dazu erforderliche Nerventhätigkeit kann von
und zu dem Rückenmark ausgehen als ein reiner Reflexakt ohne Teilnahme der Vorstellungs- und Willenscentren
des Gehirns, insoweit also können sie vollkommen unabhängig sein von dem Willen der betreffenden Personen,
ja sie können sich sogar gegen den Willen derselben einstellen. Gleichwohl hat man sich zu erinnern, dass nur
derjenige, welcher in sexueller Hinsicht seinen Willen sozusagen zu erziehen bemüht gewesen ist, in diesen Fällen
als ganz unschuldig anzusehen ist. Schwelgt man schon
am Tage in sexuell-erotischen Phantasien, erfüllt man
seine Seele mit allen den sinnlichen Bildern, welche eine
schlüpfrige Litteratur bietet, so hat man zum grossen Teil
sich selbst anzuklagen, wenn diese Ergiessungen so oft
eintreten, dass Gesundheit und Kräfte dadurch in Gefahr
kommen. Die studierende Jugend ist in dieser Hinsicht
schlimmer daran, als die körperlich arbeitende. Bei der
ersteren kann man im allgemeinen trotz bester Hygiene
und moralischer Selbstaufopferung die Pollutionen nicht zu
einer so geringen Häufigkeit herabdrücken wie bei der
letzteren. Die physischen und psychischen Gesundheits-
massregeln, welche notwendig erscheinen, um genanntes
Naturverhältnis zu regeln, gehen klar aus dem schon
früher Gesagten hervor. Besondere Störungen fallen natürlicherweise unter die spezielle Gerichtsbarkeit des Arztes.

Ich kann dieses Kapitel nicht schliessen, ohne auch der
Verirrungen des Geschlechtstriebes zu erwähnen, obwohl
deren Aufzählung und Beschreibung für das Gefühl höchst

widerwärtig ist. Ich meine diejenigen Störungen des
Körper- und Seelenlebens, welche man perversen, konträren
Geschlechtsbetrieb genannt und der sich meist, in besonders grossem Masse in vergangenen Zeiten, als „Püde-
rastie" geäussert hat. Die letztgenannte Äusserung un-
natürlicher Begierde bildet die für die Gesetzgebung wie
für die Irrenärzte wichtigste Form unter einer Menge verschiedener Verirrungen; sie wird in die „aktive" und die
„passive" eingeteilt; bei der ersteren sucht der lasterhafte
Mann an Stelle eines Weibes einen Mann oder Jüngling
zu benutzen, der ihm als Ersatz für die weibliche Scheide
den Mastdarm überlässt. Es ist historisch nachgewiesen,
dass die Griechen, ja sogar die meisten ihrer grossen
Männer, sich diesem abscheulichen Laster ergeben hatten;
durch die satyrischen Dichter Roms hat man ferner erfahren, dass die Sache auch unter dem römischen Volk
in der Zeit seines Verfalls verbreitet war. Es kann für
Sie recht lehrreich sein, einen Teil der Weltgeschichte
von der Fackel der medizinischen Forschung erhellt zu
sehen, und ich wähle dazu die römische Kaiserzeit. Ich
will aber keine römischen Kaiser vor Ihnen als Marmor-
standbilder schildern, wie etwa von grossen Künstlern ge-
meiselt, welche mit talentvoller Geschmeidigkeit der Nach-
welt deren Bilder überlieferten, Bilder, die sich ebenso
durch naturwahren Realismus wie durch idealisierende Aus-
schmückung auszeichnen; es sind Menschen von Fleisch
und Blut, die ich Ihnen zeichnen will.

„Hier findet man die kompliziertesten, unter günstig-
sten Bedingungen entstandenen Formen geschlechtlicher
Abnormität. Angeborene Prädisposition, lasterhafte Erziehung, Demoralisation der Umgebung, mit einem Wort
alles begünstigte das Auftreten der äussersten, am meisten

vermischten Abweichungsformen der Geschlechtsthätigkeit. Doch trotz alledem kann man bei aufmerksamer Betrachtung der von talentvollen Zeitgenossen geschilderten hervorragenden Persönlichkeiten in allgemeinen Zügen die charakteristischen Eigentümlichkeiten der von uns aufgestellten Haupttypen geschlechtlicher Perversität leicht wiedererkennen.

„Von Julius Cäsar bis mit Diocletian haben wir eine Reihe pathologischer Subjekte vor uns, welche hinsichtlich der Geschlechtsthätigkeit äusserst interessant und lehrreich sind."*) Julius Cäsar war verwandt mit Marius, dem Besieger der Kimbern und Teutonen, der an den Folgen der Trunksucht zu Grunde ging. Cäsar litt wie bekannt an Epilepsie und besass einen stark entwickelten Geschlechtstrieb, wofür seine vielen Liebesabenteuer Zeugnis ablegen.**)

In dieser Hinsicht war er so bekannt, dass seine Soldaten Spottlieder auf ihn sangen und Cicero Epigramme auf ihn erfand, welche überall verbreitet wurden. Als er in älteren Tagen seine Potenz verloren, wurde er passiver Päderast. Weshalb „Curio pater quadam eum oratione omnium mulierum virum et omnium virorum mulierem appellat." Augustus hatte vielfach regellosen geschlechtlichen Verkehr und beging lange Zeit Ehebruch, was von seinen Freunden in der Weise entschuldigt wurde, dass er sich dessen nicht aus Leidenschaftlichkeit schuldig mache,

---

*) Tarnowsky, Die krankhaften Erscheinungen des Geschlechtssinns. Berlin 1886. S. 93.

**) Quellen für diese und die folgenden Angaben aus der römischen Geschichte sind C. Suetonii Tranquilli quae supersunt omnia rec. C. H. Both, Lips. 1862. Petronii Arbitri satirarum reliquiae ex recens. Francisci Buecheleri. Berolini 1862; die Annalen des Tacitus, die Schriften Juvenal's Martial's, u. s. w.

sondern weil er gerade von Frauen die Pläne seiner Gegner am leichtesten herauslocken könne. Nichtsdestoweniger hatte er die Stirn, auf dem Sterbebette liegend von seiner Gemahlin mit den Worten: „Gedenke immer unsrer glücklichen Ehe!" Abschied zu nehmen.

Tiberius war Trinker; daher sein Spitzname Biberius; sein Leben veranschaulicht den richtigen Typus einer moralisch tiefgesunkenen Person, die ihr Leben in geistigem Schwachsinn endigt. Während seines Verweilens auf Capri traten deutlich die Züge von Grausamkeit zu Tage, welche in so vielen Fällen als die Folge sexueller Perversität erscheinen. Haufenweise wurden die Leichen zu Tode gequälter Mädchen und Knaben aus der Wohnung des wahnsinnigen Tyrannen weg- und so weit als möglich beiseite geschafft.

Caligula war von verwandter Art; mit zerstörten Nerven verfällt er in sexuelle Ausschweifungen; neue Eheschliessungen und Scheidungen folgen einander auf dem Fusse und zuletzt sinkt er herab bis zum Päderasten. Claudius war Säufer und konnte für seine sexuellen Extravaganzen als mildernden Umstand seine unglückliche Ehe anführen; gleichwohl erkennt man aus den grausamen Strafen, die er für Verbrecher eigens erfand, und aus den Tötungsversuchen, welche er durch Gladiatoren vornehmen liess, einen pathologischen Zug, der an sein Geschlecht und seine Vorgänger erinnert.

Nero litt an erblicher, nervöser Disposition; er vereinigte in sich angeborene geschlechtliche Leidenschaftlichkeit mit einer lasterhaften Entwickelung und einem gewissen Grade von Bildung. Dadurch erweitert er den Kreis seiner krankhaften Ausschweifungen. Erst schändet er eine Vestalin, dann lässt er Sporus entmannen, vermählt sich feierlich mit

demselben, ruft dadurch aber die bekannte Äusserung hervor: „bene agi potuisse cum rebus humanis si Domitius pater talem habuisset uxorem." Seine Geliebten misshandelt er
mit der raffiniertesten Grausamkeit, und gleichzeitig überlässt er sich als passiver Päderast einem Freigelassenen —
unzählige andere Ausschweifungen zu verschweigen. Galba
und Vitellius waren gleichfalls Päderasten, Vespasian
Trinker und Wollüstling, Titus mit den Charakterfehlern
der Üppigkeit und Grausamkeit behaftet. Um uns nicht
mit weiteren Einzelheiten bezüglich der ganzen nachfol-
genden Reihe von Kaisern aufzuhalten, will ich hier nur
andeuten, dass Hadrian's Neigung zu Antinous keineswegs
platonischer Natur war. Die gewöhnliche Launenhaftigkeit des aktiven Päderasten zeigte sich auch bei diesem
Kaiser wieder; so wird er auch von einem Zeitgenossen
in folgender Weise geschildert: „Das Gute wechselt bei
ihm mit dem Schlechten; zeitweilig ist er weichmütig, zeitweilig wieder unerklärlich grausam, mildherzig, aber reiz-
bar und rachsüchtig; Lasterhaftigkeit wechselt bei ihm mit
Reue; Wohlwollen gegen andere mit krankhafter Eigen-
liebe, Gerechtigkeit mit Bestialität."

„Derartige Widersprüche des Charakters, welche so
stark ausgeprägt waren, dass sie den damaligen Ge-
schichtsschreibern auffielen, entsprechen vollkommen den
pathologischen Produkten psychischer Degeneration."

„In diesem Abgrund aller möglichen sinnlichen Ausschweifungen bewahren die pathologischen Typen ihre
Reinheit und fallen durch die Einförmigkeit ihrer Äusser-
ungsweise auf. Der allmächtige römische Imperator weist
in seiner Geschlechtsthätigkeit die nämlichen Abweichungen
auf, wie in unserer Zeit ein Subjekt, das niemals von den

Römern noch von geschlechtlicher Perversität etwas gehört hat.**)

Bei Behandlung von Fragen, wie die vorliegende,
müssen die im 19. Jahrhundert Lebenden sich erinnern,
dass jene unheimlichen Erscheinungen als Symptome schon
ausgebildeter oder in Entwickelung begriffener Geistesstö-
rung aufzufassen sind; ich will mich hier nicht in Details
verlieren, welche das grösste Interesse für den Psychiater
und den Rechtsgelehrten haben, sondern nur andeuten,
dass Päderastie und andere geschlechtliche Verirrungen
zuweilen auf angebornen Psychosen, auf Epilepsie, seniler
Dementia u. dergl. beruhen können. Für die grosse Allgemeinheit, welche sich mehr mit Hygiene und Moral als
mit medizinischen Spezialitäten beschäftigt, haben wieder
die erworbene Päderastie und damit verwandte Formen
die grösste Bedeutung. Schöngeistige Autoren wie Aug.
Strindberg**) suchen ja ihren Zeitgenossen einzureden, dass
solche Formen als Folgen der Verhinderung natürlichen
Geschlechtsverkehrs auftreten. Ein solcher Entwicklungs-
gang gehört in der freien Gesellschaft zu den grössten
Seltenheiten. Dagegen trifft man weit öfter andere ursäch-
liche Momente, zu deren Darstellung ich mich der Worte
anderer Fachmänner bediene. „Bei sinnlichen Personen
bildet nicht selten die Geschlechtsfunktion, im Laufe einer
gewissen Lebensperiode, die Hauptaufgabe der Existenz.
— — — — — Wenn aber ein solches Subjekt, welches
den grössten Teil seines Lebens in beständigem geschlechtlichen Verkehr mit Weibern verbracht und an nichts ausser
der Geschlechtsfunktion Interesse hat, infolge lang fortge-

---

*) Tarnowsky, loc. cit. S. 95, 96.
**) Giftas I. Die Erzählung: Dygdens lön.

setzter Exzesse, übermässig häufiger Genüsse und andrer
Ursachen bemerkt, dass seine Geschlechtskraft zu sinken
beginnt, obgleich die Begierde in früherer Stärke fortbe-
steht — so greift es zuweilen zur passiven Päderastie als
einem neuen Reizmittel." *)

Ein anderer wissenschaftlicher Autor schreibt darüber
folgendes: „Eine andere Kategorie von Päderasten stellen
alte Wollüstlinge dar, die in normalem Geschlechtsgenuss
übersättigt, darin ein Mittel finden, ihre Wollust auf-
zukitzeln. Damit helfen sie temporär ihrer psychischen
und somatischen, tief gesunkenen Potenz auf." — —
„Diese Sorte von Päderasten ist die gemeingefährlichste,
da sie zunächst und zumeist Knaben nachstellt und sie
an Leib und Seele verdirbt." **)

Zu derselben Auffassung kommt im Verlauf seiner
amtlichen Erfahrungen auch ein höherer Polizeibeamter
von Paris.***)

Es scheint doch, dass jeder naturgesunde Mensch sich
mit Abscheu und Schmerz von diesen Nachtseiten des
Lebens, wo die verlotterten Wüstlinge in Nacht und
Dunkelheit schwelgen, abwenden müsste. Und doch ist
das leider nicht der Fall. Der Philosoph Schopenhauer, der
früher als seine spekulierenden Genossen den Zusammenhang der Päderastie mit Alter und Gebrechlichkeit erkannt
hatte, kann sich nicht drein finden, eine krankhafte Störung und eine Sittenverderbnis das sein zu lassen, was sie
sind. Er versucht diese Beobachtung mit Gewalt in sein
System zu zwängen. Deshalb meint er, dass die Natur,

---

*) Tarnowsky, loc. cit. S. 67 u. 68.
**) Krafft-Ebing, Psychopath. sexual. 1868. S. 106.
***) Carliers, Les deux prostitutions. Paris 1887, S. 467.

da sie weit mehr für Erhaltung der Art als für die des Individuums besorgt sei, selbst die Päderastie als Ausweg gewählt habe. um die Schwächung der Art durch den Einfluss zu alter Väter auf die Propagation zu hindern.*) Die Schädlichkeit dieses Lasters ist seiner Ansicht nach nur gering gegen das Übel, welches dadurch ausgerottet wird. Die Wirklichkeit widerlegt freilich die Auffassung des exzentrischen Philosophen. Zunächst hat er nur die eine Seite der Sache oder die senile Form beobachtet, und dann noch übersehen, dass sowohl die eine wie die andere Form dem menschlichen Geschlechte dadurch, dass sie Knaben und Jünglinge bezüglich ihrer Gesundheit und ihrer Zeugungskraft geradezu vernichtet, grossen Schaden bringt. Unsere Schriftsteller der neuesten Schule haben sich dieses Kapitel natürlich nicht entgehen lassen. Strindberg's Schilderung der Sache in der Erzählung „Dygdens lön“ wurde schon erwähnt. Derselbe Autor giebt ferner eine Darstellung der Päderastie in der modernen Gesellschaft, und obwohl er sich in dunkle Ausdrucksweisen und Phrasen verliert, scheint daraus doch hervorzugehen, dass er eine gesunde Anschauung von den physischen und moralischen Seiten dieser Verirrung nicht besitzt.**)

Ola Hanson versucht sich auch in demselben Genre. Er erhebt sich wohl zu dem Geständnisse, „dass eine derartige Verbindung in all ihrer sinnlichen Plumpheit und zwischen Personen desselben Geschlechts etwas Gemeines und eine Schweinerei sei; dann aber folgt eine Schilderung, dahinzielend, „dass ein Mann mit einem anderen Manne

---

*) Die Welt als Wille und Vorstellung. II. Aufl. Neue Ausgabe Leipzig 1888, S. 343 u. folg.
**) Giftas II. Erzählung „Den brottsliga naturen“,

intim durch ein Gefühl verwachsen könne, welches nicht
der groben Sinnlichkeit entspricht, sondern etwas ganz
anderes und noch weit tieferes als etwa die Freundschaft
ist."*) Wenn man dann gleichzeitig hört, wie der Gegenstand des warmen Gefühls ein junger Kellnerbursche ist,
so wird der Sachkundige um so misstrauischer und möchte
Ola Hanson's Helden auf das ernsteste raten, diesem Gefühl nicht als einer „psychologischen Thatsache" zu huldigen, sondern demselben als den Anfang einer psycho-
pathischen Störung nach Kräften entgegen zu arbeiten.

Mehrere Autoren sind trotz sonst sehr abweichender
Anschauungen mit Recht empört über die zunehmenden
Roheiten und Attentate gegen junge Mädchen. Es ist
eine eigentümliche Wahrnehmung, dass die meisten derartigen Verbrechen an und gegen Minderjährige begangen
werden. Tardieu konnte in Frankreich 4360 Attentaten
auf weibliche Individuen über 14 Jahr nicht weniger als
17557 begangen gegen Kinder unter diesem Alter gegen-
überstellen, und die gerichtlich medizinischen Schriftsteller
Caspar und Liman in Berlin hatten für Preussen gefunden,
dass die jüngere dieser Altersklassen 84 % der ganzen Anzahl bildete**). Bei Beurteilung dieser empörenden Thatsache muss man sich erinnern, dass die Ursachen derselben
oft in einer Art krankhaften Zustandes zu suchen sind.
Idioten, Schwachsinnige und durch höheres Alter zurück-
gekommene Personen unternehmen oft derartige Handlungen, ferner verlebte Wollüstlinge, welche ihre Sinne

---

*) Loc. cit. S. 85, 86.
**) Real-Encyklop. d. med. Wiss. II. S. 98 u. flg.

durch ungewöhnliche und minder natürliche Mittel zu
reizen suchen; bei uns in Schweden kommen solche gewalt-
thätige Anfälle nicht selten vor, weil der Verbrecher in
dem durch Überlieferung erhaltenen Aberglauben lebt, dass
er von einer hartnäckigen venerischen Erkrankung genesen
könne, wenn er dieselbe auf eine noch unberührte Jungfrau übertrage, und der Sicherheit halber wählt er dann
ein Kind. Selbst der masslose aber natürliche Geschlechtstrieb vergreift sich weit seltener an minderjährigen Personen.

Für die richtige Auffassung aller dieser Erscheinungen
dürften folgende Worte Krafft-Ebing's massgebend sein.

„Die Kriminalstatistik weist die traurige Thatsache
auf, dass die sexuellen Verbrechen in unserm modernen
Kulturleben fortschreitend zunehmen. — — Der Moralist
erkennt in diesen traurigen Thatsachen weiter nichts als
einen Verfall der allgemeinen Sittlichkeit und kommt nach
Umständen zur Anschauung, dass die im Vergleich zu vergangenen Jahrhunderten übergrosse Milde des Gesetzgebers
in der Abstrafung sexueller Verbrechen daran teilweise die
Schuld sei.

„Dem ärztlichen Forscher drängt sich der Gedanke
auf, dass diese Erscheinung im modernen sozialen Kulturleben mit der überhandnehmenden Nervosität der letzten
Generation in Zusammenhang stehe, insofern sie neuropa-
thisch belastete Individuen züchtet, die sexuelle Sphäre
erregt, zu sexuellem Missbrauch antreibt und bei fortbe-
stehender Lüsternheit, aber herabgeminderter Potenz zu
perversen sexuellen Akten führt. — —

„Von diesen Thatsachen psycho-pathologischer For-

die Jurisprudenz als Gesetzgebung und Recht-
...isher sehr wenig Notiz genommen. — —
...schieht deshalb der Justiz gar leicht, dass sie
...cher, der gemeingefährlicher ist als ein Mör-
der oder ein wildes Tier, nach festem Strafmass abstraft
und ihn nach ausgestandener Strafe der Gesellschaft wieder ausliefert, während die wissenschaftliche Forschung
nachweisen kann, dass ein ursprünglich psychisch und
sexuell entarteter Mensch der Thäter war, der zeitlebens
unschädlich gemacht werden müsste, aber nicht bestraft
werden sollte."**)

Die Geschichte beweist wiederholt, wie ein perverses
Geschlechtsleben zum Untergang eines Volksstammes führt.
Die so hochbegabte griechische Rasse verlor Macht und
Ansehen schon nach wenigen Generationen, nachdem sie
die Sitteneinfalt, einstmals ihre Stärke, abgelegt hatte.
Will Paulus für seine Glaubensgenossen einen Beweis erbringen, dass das Heidentum seine Lebensbahn beendet,
dass etwas Neueres jenes ablösen müsse, so wählt er mit
Recht die Entartung des Geschlechtslebens, „denn ihre
Weiber haben verwandelt den natürlichen Gebrauch in den
unnatürlichen. Desselbengleichen auch die Männer haben
verlassen den natürlichen Gebrauch des Weibes und sind
aneinander erhitzt in ihren Lüsten und haben Mann mit
Mann Schande getrieben und den Lohn ihres Irrtums (wie
es denn sein sollte) an ihnen selbst empfangen." *)

*) Psychopath. sex. 1868. S. 94, 95.
**) Röm. I. 26, 27.

Im Vorhergehenden hab' ich wiederholt der sexuellen
Nervosität erwähnt. Ehe ich dieses Kapitel ganz verlasse,
sehe ich mich gezwungen, daran zu erinnern, dass die
Allgemeinheit ebenso wie einige Ärzte dieselbe dadurch
bekämpfen zu müssen glauben, dass sie zur Eingehung
einer Ehe raten. Das ist ein Fehlgriff, ein gefährlicher
Fehlgriff. Ich weiss ja gar wohl, dass verschiedene nervöse Personen durch naturgemässes eheliches Zusammenleben die früher erschütterte Gesundheit wieder gewonnen
haben, aber ich weiss auch, dass eine noch grössere Zahl
durch dieselbe Massregel ihren Zustand nur verschlimmert
hat. Ausser der physisch-hygienischen Seite hat man
jedoch auch die psychische zu beachten. Diese erfordert,
dass eine Ehe nur unter vollständiger Sympathie und
einer solchen Übereinstimmung der Charaktere eingegangen
werde, welche auch das zukünftige Glück verbürgt. Erhält nun ein nervöser Mann von ärztlicher Seite den Rat
sich zu verheiraten, so lässt er es sich sehr angelegen
sein und hat es meist sehr eilig, dieser Verordnung nach-
zukommen, und geht, um sich keinen Korb zu holen und
zu lange hingehalten zu werden, oft in der gesellschaftlichen Skala so tief herab, dass er keine Furcht wegen
einer abschlägigen Antwort von dem weiblichen Teil zu
haben braucht. Ich könnte Beispiele von Männern anführen, welche geraden Weges nach Hause liefen, ihrer
Haushälterin Herz und Hand anboten, diese heirateten,
vielleicht ein Jahr und das andere von Nervosität befreit
blieben, früher oder später aber derselben wieder verfielen,
teils aus Mangel an Sympathie seitens ihrer Gattin, teils aus
Unruhe und Sorge über zerrissene Familienverbindungen,
wegen ökonomischer Lasten und dergleichen mehr. Ich
für meinen Teil verordne niemals eine Heirat, sondern

suche bei solchen Patienten nur die Hoffnung aufrecht
zu erhalten, dass sie schon noch einmal im stande sein
würden, sich ehelichen Glücks zu erfreuen, während ich
ihnen gleichzeitig vorstelle, dass das von viel schwereren
Bedingungen, als man gewöhnlich annimmt, abhänge.

Ich komme nun zur Behandlung eines anderen Kapitels, nämlich zu dem der venerischen Krankheiten.
Hierbei erinnere ich mich zunächst, wie ich einmal mit
zwei jüngeren akademischen Mitbürgern im Lundagård
spazieren ging, wobei wir auf diesen Gegenstand zu
sprechen kamen. — „Sollte man," meinte der eine meiner
Begleiter, „die Folgen dieser Krankheit nicht in einem so
erschreckenden Lichte darstellen können, dass die Jugend
davon abgehalten würde, sich ihnen auszusetzen?" —
„Das wäre vielleicht möglich," erwiderte ich, „doch ist
es nicht sicher, dass es von Nutzen wäre; denn wir Ärzte
haben ebenso gegen die Verzweiflung anzukämpfen, welcher
junge Leute verfallen, die an solchen Krankheiten leiden
oder nicht leiden, und da ist es von Vorteil, deren Folgen
nicht mit allzu düstern Farben gemalt zu haben."

Ich erwähne diese Episode mit dem Zusatze, dass ich
in der folgenden Darstellung letztgenanntem Grundsatze
in allem nachgehe.

Von den venerischen Krankheiten schildere ich zuerst
den Tripper (die Gonorrhoe). Es ist das eine auf Bak-
terien beruhende Entzündung der Harnröhre (und beim
Weibe der Scheide, welche sich durch Eiterausfluss,
Schmerzen, Reissen beim Harnlassen u. s. w. äussert,
Obwohl richtige Libertins dieselbe als eine Bagatelle betrachten, kann sie doch recht schlimme Folgen nach sich

ziehen. Erstens kann die Krankheit selbst recht hartnäckig werden und trotz der besten Behandlung sehr lange Zeit fortbestehen. Weiter kann der Tripper die Ursache zu Entzündungen in den Nebenhoden werden, ferner zum Tripperrheumatismus mit recht schweren, oft jahrelangen Leiden, er kann gefährliche Harnröhrenverengerungen erzeugen, kann durch Überführung des Ansteckungsstoffes in das Auge dessen vollständige Zerstörung bewirken, er kann, nach Eingehung einer Ehe und nachdem die Krankheit beim Manne schon längst erloschen scheint, bei der Frau den Grund zu einem schweren, vielleicht lebenslänglichen Unterleibsleiden (Entzündung in den Eileitern, Salpingitis) legen; er kann sich auch noch in späterem Alter in Form von Störungen der Harnwege verraten, kann durch andauernde Entzündungsprozesse die männlichen Geschlechtsorgane schwächen, so dass sie geeignete Angriffspunkte für Tuberkelbacillen werden u. s. w. So mancher Jüngling ist in der Blüte seiner Jugend der Urogenitaltuberkulose zum Opfer gefallen, welche ihn nie befallen haben würde, wenn ihr nicht durch eine Entzündung der Harnröhre und der Nebenhoden Thür und Thor geöffnet gewesen wäre.

Nächstdem haben wir unsere Aufmerksamkeit dem einfachen Schanker (Ulcus venereum simplex) zuzuwenden. Derselbe ist an und für sich nicht eben schwer zu heilen, hat aber nicht selten ernsthaftere Komplikationen, welche in hartnäckigen Leistendrüsengeschwülsten (suppurative und strumöse Bubonen) sowie zuweilen in einer Art sehr schwer heilbarer Geschwüre (serpiniöse Ulcerationen) bestehen, durch welche eine langwierige Störung bewirkt und schmerzhafte Operationen veranlasst werden können.

Im Gegensatz zu allen bisher angeführten Krank-

heitsformen steht die Syphilis. Diese ist niemals nur
lokal, sondern stets konstitutionell, und obwohl sich
die Symptome derselben in dem oder jenem Organ des
Körpers zeigen, hat sie doch gleichzeitig den gesamten
Organismus mit allen Geweben und Flüssigkeiten sozusagen
durchdrungen. Man hält es für wahrscheinlich, dass auch
die Syphilis auf einem Bacillus, einer Mikrobe beruht,
weiss das aber noch nicht sicher; in diesem Falle hätte
man es mit einem Bacillus von ausserordentlicher Zähig-
keit zu thun, mit einem Organismus, der das ganze Leben
lang in dem einmal ergriffenen Menschenkörper verweilt,
und der wohl geschwächt und gelähmt, niemals aber
getötet werden könnte durch die Mittel, welche die Heil-
kunst bis jetzt angewendet hat. Trotzdem es ohne
Zweifel eine Menge leichter Syphilisfälle giebt, muss als
Regel doch das Wort des englischen Arztes, „syphilis
once, syphilis ever" gelten, denn auch diejenige Person,
welche wähend mehrerer Jahrzehnte gesund und frei von
jedem Symptom erschien, kann in älteren Tagen in einer
oder der anderen Form noch eine Mahnung daran erhalten, dass der Ansteckungsstoff in ihr nicht vollständig
ertötet ist.

Wünschen Sie zu erfahren, wie die Syphilis sich
äussert, so kann ich hier nur eine kurze Skizze derselben
geben, denn auch nur einige Ausführlichkeit würde zu
viel Zeit beanspruchen. Sie zeigt zuerst eine ursprüngliche Verletzung mit verhärtetem Grund (Sclerosis primaria),
gleichsam die Eingangspforte der Krankheit, ferner Haut-
ausschläge von wechselnder Form und Erscheinung, Erup-
tionen auf den Schleimhäuten, Ausfallen des Haares, Kno-
chenverschwärungen in mannigfacher Form, Geschwülste
in der Leber, Geschwülste und andere Veränderungen im

Gehirn und Rückenmark, Anschwellung der Hoden u. s. w.
In dieser Aufzählung gebe ich nur die gewöhnlichsten
Folgeerscheinungen der Krankheit, man kann dem aber hinzufügen, dass fast jedes Organ des Körpers auf eine oder
die andere Weise durch die Syphilis in Mitleidenschaft gezogen werden kann. Doch das sind immer nur die eigensten
Äusserungen der Krankheit, deren unmittelbare Folgen.
Die Syphilis zeigt dagegen noch eine ganze Reihe mittel-
barer Folgen, d. h. sie kann in mehr oder weniger hohem
Grade den Organismus für andere schwere Störungen dis-
ponieren, und unter diesen sind besonders Rückenmarks-
leiden (Tabes dorsalis), allgemein fortschreitende Lähmung
(Paralysis progressiva) zu nennen.

Das Sündenregister der Syphilis hinsichtlich der sekundären, daraus hervorgehenden Krankheiten ist noch immer
nicht abgeschlossen. Je weiter die medizinische Forschung
fortschreitet, desto mehr wird jenes vervollständigt. Dass
die Syphilis also gefährlich werden könne, sehen Sie gewiss leicht ein, doch den Grad, die Tragweite dieser Gefahr werden Sie gern auf irgend eine Weise, am liebsten
durch Zahlen ausgedrückt sehen. Letzterem Verlangen
vermag ich leider nicht zu entsprechen. Die Sterblich-
keitsziffer der Krankenhausstatistik bleibt stets hinter der
Wahrheit zurück, da die Patienten in jenen Anstalten gewöhnlich Besserung finden und diese mit einer Art Latenz-
stadium der Seuche verlassen; die allgemeine Sterblichkeits-
statistik taugt hierzu aber auch nicht, weil der Tod oft
durch eine der angedeuteten sekundären Störungen herbei-
geführt wird, welche doch auch von anderen Ursachen
herrühren können. Ich beschränke mich also darauf, Ihnen
einige Erfahrungen der schwedischen Lebensversicherungsgesellschaften mitzuteilen. Diese alle haben Verluste er-

-- 150 --

litten durch die die Lebensdauer verkürzende Einwirkung
der Syphilis und deshalb beschlossen, jedem sich Anmel-
denden, der Syphilis gehabt hat, eine Alterszulage von
drei Jahren anzurechnen, vorausgesetzt, dass sich seine
Krankheit während der Dauer von zehn Jahren als eine
solche von milderer Natur erwiesen hatte, dass sie konsequent vernünftig behandelt worden war, sich einige Jahre
gar nicht gezeigt hatte und das Antragsteller sich zu
verständiger Lebensweise verpflichtet. Personen mit schwereren, recidivierenden Formen und solche, welche obige
Bedingungen sonst nicht erfüllen, werden entweder gar
nicht oder nur mit hohen Alterszulagen aufgenommen.
Die Lebensversicherungsgesellschaften, welche die Sache
nur vom geschäftlichen Standpunkt aus betrachten, hegen
also die Anschauung, dass die mildesten Formen der Syphilis um drei Jahre, die schwereren aber noch um weit
mehr das menschliche Leben verkürzen.

Die Syphilis hat noch eine andere Eigentümlichheit;
sie bleibt nicht auf den einmal Verseuchten beschränkt,
sondern geht unter gewissen Umständen auch
durch Vererbung auf die Nachkommen des Ergriffenen über. Es giebt also eine erbliche Syphilis,
welche ebenso vom Vater wie von der Mutter ihren Ausgang nehmen kann. Die Erscheinungsweise der ererbten
Syphilis unterscheidet sich nicht besonders von der erworbenen; doch ausser dass syphilitische Eltern diese Krankheit selbst auf ihre Kinder erblich übertragen, belasten
sie dieselben auch noch mit anderen Leiden und Gebrechen,
z. B. Skrofeln, Rhachitis, Augen- und Ohrenleiden u. s. w.
Die Schwäche und Gebrechlichkeit, welche durch die Syphilis in eine Familie eingeschleppt wird, verschwindet
oft nicht vor der dritten oder vierten Generation. Es kann

ja wohl von Interesse sein, eine Aufstellung über die Verbreitung der Syphilis in unserem Lande, verglichen mit anderen Ländern, zu betrachten. Bei dieser Berechnung kann man natürlich nur die offiziellen Angaben verwerten, d. h. sich an die Zahl der in Krankenhäusern behandelten syphilitischen Patienten halten. Daraus aber ergiebt sich, dass während der letzten Jahre verpflegt wurden:

in Schweden . . . . . . 0,48$^0/_{00}$
„ Norwegen . . . . . . 1,27$^0/_{00}$
„ Finnland . . . . 1,43$^0/_{00}$
„ Dänemark 1886—87 . . . 0,60$^0/_{00}$

der Bevölkerung.*)

Die niedrige Ziffer für Schweden hat die Vermutung erweckt, dass sich bei uns viele Kranke ärztlicher Behandlung im Hause bedienen.**) Ich glaube nicht, dass dies der Fall ist. Das Krankenhauswesen in Schweden ist während der letzten zwei Jahrzehnte so vorwärts gegangen und überall so volkstümlich geworden, dass ich vielmehr der Ansicht bin, es werden bei uns im Verhältnis zu anderen Ländern vielleicht die meisten derartigen Kranken in öffentlichen Anstalten behandelt.

Es giebt noch eine andere Zahl, aus der diese vor-

---

*) Nach Angaben des Dr. J. Carlsen in der dänischen Übersetzung dieser Arbeit.

**) H. Wicksell berichtet in seiner Schrift „Om prostitutionen" S. 21 nach einer anderen Quelle, dass unter einer Gruppe von Personen, welche ihr Leben versichern wollten, $^9/_{10}$ von allen mit Lues behaftet gewesen seien. W. hofft, dass diese Angabe übertrieben sei, und das kann ich als Versicherungsgesellschaftsarzt nur voll und ganz bestätigen. Hätte der ursprüngliche Berichterstatter $^1/_{10}$ gesagt, so möchte er der Wahrheit näher gekommen sein.

teilhafte Überlegenheit Schwedens hervorgeht. An Syphilis
wurden alljährlich behandelt:

in der schwedischen Armee . $13,8^0/_{00}$

" " finnischen " . $31,4^0/_{00}$

" . englischen " . $81,0^0/_{00}$*)

" " dänischen " . $2,2^0/_{00}$

der Truppenstärke.**)

Da es auch von Interesse sein kann, die Variation
der Syphilis in verschiedenen Jahren und noch mehr die
verschiedenen Ursachen für ihre Verbreitung kennen zu
lernen, füge ich hier noch folgende Tabelle bei.

Jahres-zahl:	Erbliche Syphilis:	Bei der Säugung übertragen:	Auf anderen Wegen:	Durch Beischlaf:
1867	191	70	331	1,693
1868	135	65	306	2,087
1869	131	70	432	2,955
1870	153	96	502	2,626
1871	127	87	426	2,265
1872	149	84	432	1,850
1873	116	69	371	1,417
1874	113	30	337	1,312
1875	98	67	229	1,342
1876	89	45	276	1,310
1877	97	40	252	1,116
1878	83	40	259	1,447
1879	90	28	234	1,829
Latus	1572	791	4387	23,349

*) Eira 1888. N. 12.

**) Die auffallend niedrige Ziffer für Dänemark (nach der An-
gabe G. Carlsen's) rührt daher, dass sie nach der Anzahl der überhaupt Wehrpflichtigen, nicht wie in anderen Ländern nach dem
Mannschaftsbestande berechnet ist.

Jahres- zahl:	Erbliche Syphilis:	Bei der Säugung übertragen:	Auf anderen Wegen:	Durch Beischlaf:
Transport 1572		791	4387	23,349
1880	85	38	193	1,903
1881	103	65	177	1,903
1882	195	31	170	1,980
1883	90	29	196	2,015
1884	92	43	218	2,016
1885	86	71	182	1,533
1886	63	24	185	1,430*)
Summa	2286	1092	5698	36,029.

Ein Blick auf die Tabelle giebt mehrere lehrreiche
Aufschlüsse. Zunächst erkennt man, dass die Syphilis im
ganzen genommen eine Tendenz zeigt, trotz zufälliger
Steigerungen, langsam abzunehmen. Diese Annahme findet
sich ganz regelmässig ausgesprochen in den drei ersten
Gruppen der Tabelle, d. h. den Krankheitsfällen, welche als
ererbt anzusehen sind; diejenigen, welche bei dem Säugungs-
geschäfte von der Amme auf das Kind oder vom Kind
auf die Amme übertragen wurden, kommen im Verlaufe einiger zwanzig Jahre immer weniger vor. Alle
diese Formen, welche von der ganzen Anzahl gleichwohl
nur wenig mehr als $1/_5$ oder $20^0/_0$ darstellen, können als
sogenannte „unverschuldete Syphilis" betrachtet werden,
d. h. als eine solche, welche nicht durch illegitimen Verkehr erworben wurde, sondern die schuldlosen Opfer auf
anderem Wege traf. Unter den anderen durch Beischlaf
erworbenen Fällen finden sich gewiss nicht wenige, in
denen der eine Gatte die Krankheit durch den ehelichen

---

*) Aus der officiellen Statistik Schwedens. Gesundheits- und
Krankenpflege. 1867—1886.

Umgang mit dem anderen bekam. Aus vorstehender Quelle ergiebt sich ferner, dass alljährlich im Mittel 464 Patienten mit unverschuldeter Syphilis in öffentlichen Krankenhäusern verpflegt werden, und wenn irgend eine Gruppe von Syphilispatienten in der offiziellen Statistik zu gering an Zahl erscheint, so ist es gewiss diese, teils weil diejenigen, welche sich nicht wissentlich der Seuche aussetzen, erst zuletzt dazu kommen, an die eigentliche Art ihrer Krankheit zu denken und dagegen Hilfe zu suchen, und teils weil die Ärzte solche Patienten, von denen sie wissen, dass sie sich mit aller Vorsicht vor Weiterverbreitung der Seuche hüten, lieber in deren eignem Hause behandeln.

Die Syphilis hat eine eigentümliche Geschichte. Woher sie stamme weiss man nicht; dass sie aus älteren Zeiten herrühre, ist mindestens ungewiss, sicher dagegen, dass sie in Europa nach 1493 zu wüten begann. Die Syphilis und die Furcht mit ihr behaftet zu werden, hat die allgemeinen Formen des menschlichen Lebens verändert, doch ehe diese Folge eintreten konnte, musste die Krankheit natürlich ihre zerstörende Wirkung im grossem Massstabe zeigen.

Ohne dass man sich hieran erinnert, kann man die ausnahmsweise Stellung nicht verstehen, welche die prophylaktischen und therapeutischen Massregeln gegen dieselbe in der Gesetzgebung mehrerer Länder einnehmen.

Zog die Seuche in ein Land ein und befiel sie vorzüglich eine minder civilisierte Bevölkerung, so verbreitete sie sich ungeheuer weit; und bei dem Mangel an Behandlung und überhaupt an Einsicht in die Sache, traten natürlich die schwersten Erscheinungsformen derselben hervor. Verschiedenen Ländern war dieselbe unter verschiedenen volkstümlichen Namen bekannt, z. B. Radesyge in Norwegen, Saltfluss in Schweden. Als Beispiel, wie weit sie um sich greifen konnte, gestatte ich mir anzuführen, dass man bei Gelegenheit einer allgemeinen Untersuchung eines gewissen Landesgebietes im südlichen Europa bei einer Bevölkerung von 39 000 Seelen 14 000 Krankheitsfälle, und darunter 6000 schwere fand.*)

Obwohl in Schweden niemals eine derartige Durchseuchung stattgefunden haben mag, häuften sich die Fälle doch so, dass sie die Aufmerksamkeit der Staatsgewalt erregten. Infolgedessen haben wir seit Anfang dieses Jahrhunderts eine ganze Reihe von Massregeln dagegen aufzuweisen. So hat sich das schwedische Volk zur Ausrottung dieser Seuche eine persönliche Steuer, die sogenannte Kurhusafgift (Kurhausabgabe**) auferlegt, welche unter anderem zur kostenlosen Pflege für Syphiliskranke verwendet werden sollte; man errichtete von dem Ertrage Krankenhäuser oder besondere Abteilungen in solchen u. s. w. Vielfache Verordnungen, Bekanntmachungen, Zirkuläre u. s. w. teils von der Regierung, teils von untergeordneten Behörden, sind bezüglich dieser Angelegenheit erschienen; dennoch halte ich es für zweckmässiger, dieselben nicht hier aufzuzählen und wiederzugeben, sondern deren Inhalt im Zusammenhange (nach Rabenius)***) zu schildern.

„Massregeln gegen die venerische Krankheit."

Diese bestehen zunächst aus allgemeinen Besichtigungen, welche der Polizeidirektor (eventuell Orts-

---

*) Nouv. Dict. de méd. et de chir. XXXIV. p. 598 u. flg.

**) Der Name dieser Abgabe ist in der letzten Zeit in „Krankenpflegeabgabe" verändert worden, die Bestimmung selbst ist aber unverändert geblieben.

***) Handbok i Sveriges gällande färvaltningsrätt. II. Upsala 1871. § 56, S. 82.

richter), wenn eine solche Seuche in irgend einem Orte
aufgetreten ist, vom Amtsarzte vornehmen lassen kann.
Nach einer derartigen Besichtigung hat der betreffende Arzt

dem Bürgermeister (eventuell Gemeindevorstand) ein Verzeichnis der davon ergriffenen Personen vorzulegen, um
dieselben durch Fürsorge der Behörden in das nächste
Kurhaus aufnehmen zu lassen. Dem Vorsitzenden, respektive den Mitgliedern der Verwaltung des betreffenden Ortes
ist auch die Pflicht auferlegt, sich, wenn solche Kranke
wieder nach Hause gekommen sind, von Zeit zu Zeit über
deren Gesundheitszustand zu unterrichten, um denselben
bei erneutem Ausbruche der Seuche gehörige Behandlung
und Pflege angedeihen zu lassen. Kommen in der Privat-
praxis Fälle von venerischer Ansteckung vor, so soll der
Arzt zu erforschen suchen, wo die Krankheit herstammen
könnte, und davon den betreffenden Behörden, Kronbeamten
oder Polizeiorganen Mitteilung machen, damit die Person,
von der die Ansteckung ausgegangen war, gebührend veranlasst werde, sich zur Besichtigung einzustellen. Ver-
weigert der Verdächtige eine solche Untersuchung, so
wird die Angelegenheit dem Bürgermeisteramte, respektive
Gemeindevorstand übergeben, der die ihm geeignet er-
scheinenden Massregeln zu ergreifen hat, was — da diesen
Behörden das Recht zur Anordnung ganz allgemeiner Besichtigungen zusteht — darauf hinauszulaufen scheint, dass
dieselben auch das Recht haben, die betreffende Person
zwangsweise zur Untersuchung ihres Gesundheitszustandes
heranzuziehen.

Zu gleichem Zwecke ist weiter verordnet, dass, wenn
sich Truppen zum Marsch sammeln, sowie wenn dieselben
in Feldlager oder Kasernen verlegt werden, eine Unter-

suchung des Gesundheitszustandes derselben in dieser Hinsicht stattzufinden hat. Ferner sollen Landstreicher nicht Erlaubnis erhalten, sich nach Jahrmärkten u. s. w. zu begeben oder überhaupt weiter durchs Land zu ziehen, ausser wenn sie nach vorgenommener Untersuchung einen Gesundheitspass erhalten, eine Verordnung, welcher indes jetzt nach Aufhebung jedes Passzwanges nicht mehr nachgekommen werden kann.

Andere Verordnungen betreffen die Untersuchungen von Ammen, ebenso von Kindern, welche aus Entbindungsanstalten und anderen öffentlichen Einrichtungen zur Pflege und Erziehung in Privathände u. s. w. übergehen; die Verpflichtung von Hafenbehörden, darauf zu achten, dass die Krankheit nicht durch Seeleute eingeführt werde u. s. w. Durch alle diese Massregeln hat unser Volk entschiedene Vorteile errungen. Die syphilitische Seuche wurde sehr bedeutend eingeschränkt, obwohl sie sich noch immer in hinreichendem Umfange vorfindet, um mit neuer Kraft ausbrechen zu können, wenn jene Gegenmassregeln schlaffer gehandhabt würden. Noch immer unternehmen die Landbezirksärzte alljährlich Reisen und besichtigen grössere und kleinere Bevölkerungsgruppen, unter denen die Seuche sich verbreitet hatte, und ich habe niemals gehört, dass die grosse Menge eine solche Massregel als unverträglich mit persönlicher Freiheit oder als verletzend betrachtet hätte. Die Personen, welche ohne ihre Schuld von jener Krankheit bedroht oder befallen werden, sind im Gegenteil dankbar für die Massregeln der amtlichen Organe.

In diesen wie in anderen ähnlichen Dingen kann man freilich eine Art Rechts- oder richtiger Rechthabereifrage aufstellen. So kann man durchscheinen lassen, dass derartige Massregeln nur für die ärmere Bevölkerung ange-

wendet würden, die vermögenden aber davon verschont
blieben u. s. w. Mit einer solchen Behauptung hat man
aber doch nur scheinbar recht. In den Kurhäusern des
Landes werden alljährlich eine ganze Menge junger Männer
— zuweilen auch junger weiblicher Personen — aus wohlhabenden Familien behandelt. Bei diesen Fragen sind derartige Massnahmen der Regierung überhaupt nicht etwa
als eine Strafe für begangene Übertretungen anzusehen,
diese Massregeln werden vielmehr nur bedingt durch die
Verpflichtung des Staates, die Gesellschaft vor unverschul-
detem Unheil zu bewahren. Ein ordentlicher Mann mit
Haus und Herd kann ja auch in seiner Wohnung behandelt und braucht nicht nach einer Kuranstalt geschickt
zu werden, was dagegen notwendig ist z. B. bezüglich des
Gardisten in der Kaserne oder eines Soldaten im Lager;
ein zartes Kind mit ererbter Syphilis muss zuweilen in
eine Pflegeanstalt gegeben werden, zuweilen wieder nicht.
Eine ehrbare Frau kann recht wohl in ihrer Wohnung
verbleiben, ein Freudenmädchen natürlich nicht. Bei erfahrenen Syphilidologen hat sich mit Recht der Grundsatz
ausgebildet, in dem eignen Hause nur solche Kranke zu
behandeln, welche nachweisbar zuverlässigen Charakter,
guten Willen und Fähigkeit genug besitzen, die Krankheit nicht weiter zu verbreiten. In dieser Hinsicht nimmt
die Syphilis gar keine Ausnahmestellung ein. Ein Arzt
kann mit Zustimmung der Behörde Pocken- und Typhus-
kranke in der Wohnung behandeln, doch ein Arzt wird
dafür die Verantwortung ablehnen, einen Pockenkranken
in einer Schneiderwerkstatt oder einen Typhuskranken in
einer Milchhandlung liegen zu lassen. Ich glaube nicht,
dass gegen die Anordnung von Medizinalbehörden, solche
Kranke in einem geeigneten Krankenhause unterzubringen,

irgend welche Rechtsproteste etwas helfen oder dass solche bei der Allgemeinheit Gehör finden könnten.

Verschiedene meiner Kritiker haben die Ansicht ausgesprochen, dass alle Schwierigkeiten in der Behandlung der Syphilis leicht überwunden werden dürften, wenn man nur den Grundsatz aufstellte, diese „wie andere ansteckende Krankheiten zu behandeln". Leider legen aber gewisse natürliche Verhältnisse einem so einfachen Verfahren schwere Hindernisse in den Weg. Andere ansteckende Krankheiten (Pocken, Typhus, Cholera u. s. w.) haben stark in die Augen fallende Symptome, sie treten gleich mit einer gewissen Heftigkeit auf, die davon Ergriffenen sind ausser stande zu arbeiten und mit anderen Menschen zu verkehren — diese werden deshalb auf eignes Verlangen behandelt und nach wieder erlangter Gesundheit in ihre Heimat entlassen, sowie sie soweit sind, eine Ansteckung nicht mehr weiter tragen zu können. Bis zu einem gewissen Grade trifft das auch bei Patienten mit Tripper und Schanker zu. Wenn dieselben das Krankenhaus verlassen, kann der Arzt verlangen, dass sie frei von einem ansteckenden Leiden und für die Allgemeinheit unschädlich sind. Bezüglich der Syphilis liegen die Verhältnisse aber anders. Diese kann in sich wiederholenden Zeitperioden während zwei bis fünf Jahren ansteckend sein, ist es aber keineswegs während dieses ganzen Zeitraums. Es treten hier neben Zeiten mit relativer Gesundheit Unterbrechungen von mehreren Monaten ein, während welcher der Patient für seine ganze Umgebung als gefährlich zu betrachten ist. Diese Verschlimmerungsperioden zeichnen sich aber nicht allemal durch merkbare körperliche Leiden aus, und folglich wird der Arzt wie immer nur erst dann gerufen, wenn man schon weiss oder doch befürchtet, eine solche Krankheit im Blute zu haben.

— 160 —

Der Unschuldige hat keine Ursache das zu ahnen; der Leichtsinnige dagegen verachtet die Krankheit und hält sich mit
Fleiss vom Arzte zurück, weil er weiss, dass dieser ihn für
unbestimmte Zeit in einem Krankenhause unterbringt. Praktisch ist also die Ähnlichkeit zwischen der Syphilis und
anderen ansteckenden Krankheiten eine nur sehr geringe.

In einer früher erwähnten Schrift hat Wicksell gegen
die Ärzte unserer Zeit den Vorwurf erhoben, dass sie sich
für verpflichtet oder berechtigt halten, Personen, welche
an Geschlechtskrankheiten leiden, mit einem in keiner
Weise verhaltenen Widerwillen zu behandeln.*) Bei näherer
Überlegung dürfte Wicksell wohl einsehen, dass dieser
Widerwillen nicht der Krankheit selbst, sondern nur
dem Charakter und der ganzen Natur des Patienten gilt.
Ich habe niemals gehört, dass syphilitische Kinder un-
aufmerksamer behandelt worden wären als andere kranke
Kinder, oder dass unschuldig angesteckte Ehefrauen über
Mangel an Teilnahme seitens ihres Arztes zu klagen gehabt
hätten. Wollte Wicksell aber nur einen Augenblick über
den Cynismus und die Unzuverlässigkeit nachdenken,
welche die Adepten der sogenannten freien Liebe kennzeichnet, und wofür er übrigens an anderem Orte selbst
Beweise genug beibringt**), so würde er sich über das
Verhalten der Ärzte wohl weniger verwundern.

Wünscht man sich noch weitere Bestätigungen meiner
letzten Behauptung zu verschaffen, so braucht man nur
die Frage der Syphilis in deren Verhältnisse zur Ehe eingehender zu studieren.***)

---

*) Om prostitutionen. S. 24.
**) Loc. cit. S. 22, 26.
***) Vergl. Alfr. Fournier, Syfilis och Äktenskap, Übersetzt
von K. Malmsten. Stockh. 1882.

Sollte es mir nun gelungen sein, Sie, m. H. und andere unserer Zeitgenossen, ohne allzugrosse Proteste für meine Auffassung gewonnen zu haben, so wird das leider desto schwieriger werden, wenn ich zur nächsten Spezialfrage, zur Prostitution übergehe. Für den, der in Ruhe und Frieden zu leben wünscht, wäre es am besten, diese Frage, über welche verschiedene Ansichten so scharf auf einander stossen, gar nicht zu berühren; dennoch kann ich dieselbe nicht übergehen in einer Reihe von Vorlesungen, welche die sexuelle Hygiene und ihre ethischen Konsequenzen zum Thema haben. Es würde in der That recht wohlthuend sein, wenn diese Frage einmal mit Gerechtigkeit und Ruhe, ohne jede Leidenschaftlichkeit behandelt werden könnte. Die Prostitution interessiert die Ärzte in erster Linie deshalb, weil die venerischen Krankheiten früher ebenso wie jetzt treue Anhängsel derselben bilden. Das ist natürlich nicht so zu verstehen, als ob der illegitime Geschlechtsverkehr als gezwungene Folge irgend welche Krankheit nach sich ziehen müsste, man muss aber beachten, dass sich bei dem unbehindert leichtsinnigen und sorgenlosen Leben, welches der illegitime Geschlechtsverkehr mit sich bringt, solche Krankheiten sich am leichtesten und tiefsten einzunisten pflegen. Könnte die ganze Welt durch ein Zauberwort zu ordentlichen Familien umgewandelt werden, so würde es auch nicht unmöglich sein, im Verlauf von vier bis fünf Generationen die Syphilis bis zur Wurzel auszurotten; unter den jetzigen Verhältnissen aber hat diese Krankheit in der Prostitution eine Zuflucht, um nicht zu sagen ein Treibhaus gefunden.

Unter weiblicher Prostitution versteht man ein Verhältnis, demzufolge das Weib mit ihrem Körper ein Geschäft macht, indem sie für Geld oder Geldeswert ihre

Gunst jedem schenkt, dem danach verlangt, ohne dass
sie etwa einmal zeitweise einem bestimmten Manne Treue
bewahrt. Die Grisette und ihre ähnlichen Genossinnen
können also streng genommen der prostituierten Klasse
nicht zugerechnet werden. Es bedarf wohl keiner weiteren
Auseinandersetzung, dass es eine Prostitution gegeben hat,
soweit die Geschichte zurückreicht; damit ist jedoch nicht
gesagt, dass die Prostitution bei jedem Volk und in jeder
Gemeinde zu finden gewesen sei. Im Gegenteil hat man
früher kleinere Gemeinden mit einfacherer Lebensweise
gesehen und sieht solche noch heute, in denen diese ver-
heerende Seuche völlig unbekannt geblieben ist.

Wie und als was die Prostitution aufzufassen sei, ist
eine andere Frage. Die Prostitution ist eine Sünde, ist eine
schwere Sünde, sagen die Religionslehrer. Sie ist ein
Krebsschaden der menschlichen Gesellschaft, sagen die Moralisten und die Soziologen. Mit den letzteren stimmt in
der Hauptsache Wicksell überein und unter anderen auch
ein jüngerer Autor, A. Lundegård, in folgender Auslassung:
„— es kann nicht geleugnet werden, dass diese Gesellschaft
mit einer Leiche im Schiffsraum segelt — und diese ist die
Prostitution. Unter den jetzt herrschenden Verhältnissen
kann diese Leiche jedoch nicht über Bord geworfen werden.
Das beweist deutlich genug, dass diese Verhältnisse unnatürliche sind." *) In ganz naher Übereinstimmung steht
eine Anschauung, welche von V. Augagneur in folgen-
dem Satze ausgesprochen wird: „Sie (sc. die Prostitution)
ist der dauernde Beweis, dass unsere Gesetze und die
Forderungen der Natur nicht übereinstimmen".**)

---

*) 1886, Revy etc. S. 96.
**) Archives de l'Anthropologie criminelle. III. No. 15.

Das Werk „Samhällslärans grundlag", das in so
vielem eine Urkunde für unsere Libertins wie für unreife
Reformeiferer geworden ist, enthält über die Prostitution
folgendes: „Sie muss als zeitweiliger wertvoller Ersatz bis
zu einem besseren Zustand der Dinge betrachtet werden.
Sie ist der völligen Entbehrung geschlechtlichen Umganges
bei weitem vorzuziehen, denn ohne dieselbe müsste, wie
ich gezeigt habe, jeder Mann und jedes Weib ein höchst
unnatürliches Leben führen."*)

Suche ich nach einer noch milderen Auffassung derselben, so findet sich eine solche bei dem englischen
Historiker Lecky in folgenden Worten: „Der höchste Typus
des Lasters, die Prostitution, ist gleichzeitig der christliche
Schutz der Tugend. Ohne dieselbe würde die von Versuchung verschont bleibende Reinheit unzähliger Familien
befleckt werden. — — — — Es ist dieses gesunkene
und entartete Geschöpf, welches die Leidenschaften befriedigt, die sonst die Welt mit Schande und Elend erfüllen würden.

„Während Glaubenslehren und Kultur aufkommen, einander folgen und wieder verschwinden, bleibt diese ewige,
für die Sünden des Volkes befleckte Priesterin bestehen."**)

Eine Schriftstellerin der Gegenwart äussert sich in
folgender Weise: „Das jetzige Zwillingssystem von Ehe
und Prostitution muss von verschiedenen Standpunkten aus
bestürmt werden; die Angreifer sollten sich unaufhörlich
folgen, die Schläge hageldicht und hart sein. Die Prostitution ist von unseren dermaligen Eheformen eben so
untrennbar wie der Schatten vom Körper. Es sind das

*) Loc. cit. S. 236.
**) Citat aus dem Sedlighetsvännen.

11*

zwei Seiten desselben Schildes, doch nicht der tiefste Abgrund, der jemals menschliche Wesen von einander schied, kann die glutheissen Dämpfe aus der weiblichen Hölle, die unter unseren Füssen brodelt, hindern vor dem Empordringen in die höheren Kreise, wo noch Ehrbarkeit wohnt, und sie abhalten die ganze Atmosphäre zu vergiften. Praktische Leute halten diesen Höllenpfuhl für notwendig und sagen, höhere und glücklichere Ehen seien Träume, welche doch niemals verwirklicht würden. Sie glauben, jenes Zwillingssystem müsse fortbestehen in alle Ewigkeit, diese Teilung der weiblichen Wesen in zwei grosse Klassen, welche beide der Gesellschaft unentbehrlich wären, die eine freilich absichtlich und für alle Zeit beraubt jeder Hoffnung und Hilfe, soweit die feine Welt (the society) bei dieser Frage etwas mitzusprechen hat."*)

Bevor ich es unternehme, obige höchst divergierende Urteile kritisch zu beleuchten, sei es mir gestattet, daran zu erinnern, dass unsere Tage Zeugen einer besonders lebhaften Agitation gegen die Prostitution und die damit verknüpften entsetzlichen und unwürdigen Verhältnisse geworden sind. Diese Bestrebungen fanden ihren Ausdruck in der Gründung „der britischen und europäischen Gesellschaft für Aufhebung der gesetzlichen und geduldeten Prostitution," am 19. März 1875.**) Diese Gesellschaft hat nach mehreren Richtungen hin eine recht lebhafte Thätigkeit entfaltet, Schriften herausgegeben, Versammlungen

---

*) Mona Caird, Westminster Review. Nov. 1888.

**) Der ursprüngliche Name dieser Gesellschaft deutet darauf hin, dass sie sich als Ziel den Kampf gegen die Prostitution — „envisagée principalement comme légitime et tolerée — gesetzt habe. Die schwedische Bundesabteilung hat bei ihrer Übersetzung des Namens diese etwas gemässigtere Auffassung verschoben.

abgehalten u. s. w. Innerhalb dieses Verbandes begegnen sich zu gemeinsamem Wirken Männer und Frauen von sehr verschiedener Weltanschauung, ebenso streng christlich Gesinnte, wie Freidenker. Wicksell behauptet, dass es gerade das christliche Element sei, dem die bisherige Schwäche und Erfolglosigkeit der ganzen Bewegung zugeschrieben werden müsse*), und dass der einzige Sieg, den man in England gewann, „unter kräftigem Beistand gerade von Seiten der Freidenker gewonnen worden sei."**) .

Meiner Ansicht nach dürfte die religiöse Majorität in dieser Vereinigung sich in gewissem Grade unangenehm berührt fühlen durch den von solcher Seite erhaltenen Zuzug, von einer Seite, auf der man deutlich genug eine unnatürliche und ungesunde Auffassung vom geschlechtlichen Leben gezeigt hat. Ein Anschluss der Herren Wicksell, Lundegård, Garborg, Krohg, Hans Jäger und dergl., ein Anschluss von Personen, welche mit den Hintergedanken dieser Herren kommen, verleiht freilich noch keine Macht.

Der Verein hat auch einen Missgriff begangen. Statt auf eine Ausrottung der Prostitution im allgemeinen hinzuarbeiten, hat derselbe ein zu grosses Gewicht auf die Worte „gesetzliche oder geduldete" gelegt und hat in seinen Bestrebungen infolgedessen willige Hilfe seitens solcher, wie der vorgenannten Herren gefunden, Hilfe von Personen, welche Ach und Weh schrieen über die Prostitution, während sie solche Dinge wie Notzucht, Verführung, Kindermord, Konkubinat, Ehebruch, unnatürliche Laster u. s. w. gar nicht berühren.

*) Loc. cit. S. 6.
**) Loc. cit. S. 7.

Richten wir unsere Aufmerksamkeit den Worten „gesetzlich oder geduldet" zu und sehen wir einmal, was das eigentlich bedeutet. Um nicht zu weitläufig zu werden, halte ich mich in der Hauptsache an die schwedische Gesetzgebung.

Mit Sittlichkeitsvergehen von der Art, welcher auch die Prostitution angehört, beschäftigen sich nur zwei Paragraphen unseres Gesetzbuches, einmal teils Kapitel 18 § 11: „Fördert jemand unzüchtiges Leben durch Kuppelei, oder hält er ein Haus, in dem Unzucht getrieben wird, so wird er zur Strafarbeit von 6 Monaten bis 4 Jahren verurteilt. Das Weib, das sich in solchem Hause gebrauchen lässt, wird mit Gefängnis bis zu zwei Jahren bestraft"; teils auch Kapitel 18 § 13: „Verbreitet jemand Schriften, Malereien, Zeichnungen oder Bilder, welche Zucht und Sitte verletzen, so wird er mit Geld oder mit Gefängnis von höchstens sechs Monaten bestraft. Dasselbe soll gelten, wenn jemand durch eine andere Handlung Zucht und Sitte in der Weise verletzt, dass daraus allgemeines Ärgernis oder Gefahr der Verführung anderer entsteht."

Vergleicht man mit diesen §§ den 9. § desselben Kapitels, so findet man, dass im allgemeinen der unzüchtige Verkehr eines unverheirateten Mannes mit einer ledigen Frauensperson mit Geldstrafe geahndet wird, doch nur in den Fällen, „wo der Mann infolge eingereichter Klage des Weibes oder des gesetzlichen Vertreters desselben verurteilt wird, Kindern, die sie von ihm hatte, Unterhalt zu gewähren."

Man erkennt also deutlich, dass mancherlei moralische Vergehen auf geschlechtlichem Gebiete vorkommen können, ohne dass der Staat mit seiner Rechtsprechung eingreift. Das stimmt mit dem allgemeinen juristischen Grundsatz überein, dass das Gesetz nur Kränkungen des Rechts, nicht aber Sünden zu bestrafen habe. Auf sexuellem Gebiete ist es doch zuweilen ausserordentlich schwierig, diese Kategorien von einander zu unterscheiden, und daraus erklären sich auch die Abweichungen, welche sich in dieser Beziehung in den Gesetzen mehrerer moderner Staaten finden. Wie eben dargelegt, sind verschiedene sittliche Vergehen in Schweden straflos. Wenn ein prostituiertes Weib ihr Geschäft zum Beispiel in ihrer Wohnung treibt, wenn sie sich vor öffentlichem Ärgernis hütet, wenn sie in der Gemeinde, in der sie sich aufhält, vorschriftsmässig in die Steuerrolle eingetragen ist und in derselben (sc. in der Gemeinde) eine anerkannte Stellung als Familienmitglied oder als scheinbar ordentliche Arbeiterin in irgend welchem Fache einnimmt, so wüsste ich nicht, was man gegen sie mit dem allgemeinen schwedischen Gesetz in der Hand thun könnte. Man hat gesagt, dass das Landstreichergesetz eine Waffe gegen die Prostitution bieten solle; doch das ist nur in Ausnahmefällen richtig. Eine Gesetzgebung, deren Grundbegriffe so unbestimmt sind, kann der Erfahrung gemäss nur wenig nützen bezüglich ihres ursprünglichen Zweckes, aber noch weniger bezüglich anderer Zwecke.

Dass ein Teil der Sittlichkeitsfreunde unseres Landes einsieht, dass die vorhandenen Gesetzesparagraphen ihnen nicht hinreichenden Schutz gegen die Unsittlichkeit bieten, scheint mir auch daraus hervorzugehen, dass von jener Seite eine Petition an den König ausging, dahin zielend, dass gewerbsmässige Unzucht als Verbrechen bestraft werden solle. Was aus diesem Vorschlag geworden ist, weiss ich nicht.

Nach dänischen und norwegischen Gesetzen kann ein Weib, welches Unzucht gegen Bezahlung treibt, mit oder

ohne vorhergehende Verwarnung mit Gefängnis (Strafarbeit) auf gewisse Zeit bestraft werden. Nach schwedischer Bestimmung kann eine solche Strafe nur dasjenige
Weib treffen, das sich in einem Bordell zu unsittlichen
Zwecken gebrauchen lässt. Die für sich wohnenden Dirnen
können nur zu einer gelinden Bestrafung wegen Verursachung
öffentlichen Ärgernisses herangezogen werden, oder wenn
sie, ohne Mittel für ihren Unterhalt zu besitzen,
eine solche Lebensweise führen, dass daraus Nachteile für
die allgemeine Sicherheit, Ordnung und Sittlichkeit erwachsen. Die italienischen Verordnungen vom 22. März
1888, welche von Mitgliedern obengenannten Vereins als
humaner Fortschritt gepriesen werden, können für die
dortigen Verhältnisse vielleicht ein solcher sein, keineswegs aber vermögen sie einen schwedischen Gesetzgeber
oder den Menschenfreund zu befriedigen. In denselben wird
z. B. den Civilbehörden auferlegt, die Bordelle zu über-
wachen, welche zwar nicht öffentlich durch äussere Zeichen
ihre Zwecke erkenntlich machen, auch nicht in die Nähe
von Schulen, Kasernen u. s. w. verlegt werden dürfen,
denen aber trotzdem eine behördliche Bestätigung nicht
vorenthalten wird. Gesuche um Berechtigung ein Bordell
zu halten sind daselbst bei der betreffenden Polizeibehörde
einzureichen, gleichzeitig mit einer Beschreibung des Hauses,
der Erlaubnis des Hausbesitzers, einem Verzeichnis der
darin untergebrachten weiblichen Personen u. s. w. Der
Polizeibehörde steht jederzeit das Recht zu, Eintritt in
diese Häuser zu verlangen, und sie hat auch die Befugnis,
Gesundheitsinspektionen daselbst anzuordnen und diese
Militärärzten zu übertragen.*) Ich kann mit Giersing**)

*) Revue de morale progressive. Dez. 1888.
**) Flyveblad til Sädligheds Fremme Nr. 8. S. 18.

nicht darin einer Meinung sein, dass dieses Gesetz unbedingt die Einschreibung geduldeter Freudenmädchen verwirft, sie überweist nur die primäre Einschreibung an die Bordellwirte.

Die Frage, wie weit die Prostitution (= gewerbsmässige Unzucht) als Verbrechen oder nicht zu betrachten sei, hat kompetente Autoritäten in fremden Ländern vielfach beschäftigt. Die französische medizinische Akademie, welche diese Frage behandelt und darüber einen Rapport an die Regierung erstattet hat, geht davon aus, dass die Prostitution eine Gefahr sei und dass die öffentliche Aufforderung, die Verführung (la provocation publique), welche die einzige Art und Weise bildet, in der die Prostitution öffentlich hervortritt und vom Gesetz erreicht werden kann, in ihren verschiedenen Formen bekämpft und unterdrückt werden müsse.*) Augagneur bemerkt hierüber: „Um die Prostitution stets zum Verbrechen (dépit) stempeln zu können, ist es erforderlich, durch Gesetz unzweideutig zu verkünden, dass jeder Geschlechtsverkehr ausser dem legitimen ehelichen ebenfalls ein Verbrechen sei. Nun, wir wiederholen es, nur als Ausfluss einer auf religiösen Anschauungen gestützten Gesetzgebung vermögen wir uns eine solche Bestimmung zu denken. Wer möchte es aber unter den jetzigen gesellschaftlichen Verhältnissen wagen, eine solche in Vorschlag zu bringen?"**)

Vielleicht — das möchte ich hier einflechten — wird das in der Zukunft weniger unmöglich. Es kann ja eine Zeit kommen, wo man die Soziologie besser als heute

---

*) Prophylaxie publique de la syphilis, par Alfred Fournier. Rapport fait au nom d'une commission etc. Paris 1887, Seite 10 und 11.

**) Arch. de l'Anthrop. crimin. III., Nr. 15.

kennt und ihre Lehren besser zu würdigen versteht. Dann
kann man wohl, auf moralisch-anthropologischem Grunde
fussend, mit Gesetzen hervorzutreten wagen, welche der
Gegenwart sonderbar erscheinen würden, und dann wird
man sicherlich das Geschlechtsleben, die Ursprungsquelle
der Gesellschaft, mit besseren Verordnungen hegen und
schützen, als mit den knappen Strafparagraphen der jetzigen
Zeit. Dann endlich wird auch die Gesetzgebung sich allseitiger den Forderungen der Gerechtigkeit anpassen.

Nach dieser Abschweifung kehre ich zu meinem
Thema zurück. Wir erinnern uns der bekannten Ausdrücke der Föderation, „gesetzlich" und „geduldet". Soll
der erstere einen seinem Sinne entsprechenden Ausdruck
darstellen, so ist es nötig, dass die Prostitution eine durch
irgend welchen Gesetzesparagraphen anerkannte Beschäftigung wäre, was in Schweden nicht der Fall ist; das Wort
„geduldet" (toleriert) ist ziemlich vieldeutig; bedeutet es,
— und so wird es von vielen aufgefasst — dass das Gesetz
die Prostitution hindern und bestrafen könne, ihr aber sozusagen durch die Finger sieht, sie toleriert, so passt (für
uns) dieser Begriff wiederum nicht, denn das schwedische
Gesetz kennt keinen Paragraphen, der einen unerlaubten
geschlechtlichen Verkehr im allgemeinen mit Strafe bedroht. Es erscheint also weit exakter, wenn man für diese
beiden Adjektive das Wort „reglementiert" einsetzt und
eine Lanze bricht gegen das, was darin liegt, denn damit
kämpft man wenigstens gegen etwas wirklich Bestehendes
und nicht gegen einfache Phantasiegebilde. Dass es ein
Prostitutionsreglement giebt, ist unbestreitbar. Ich kann
aber nicht umhin, die Ansicht auszusprechen, dass es ein
solches auch geben müsse, so lange es überhaupt eine Prostitution giebt. Ich möchte es keineswegs auf mich nehmen,

ein solches Reglement so zu entwerfen, dass es die Forderungen der Moral, der Hygiene, der öffentlichen Ordnung
und der menschlichen Teilnahme gleichmässig befriedigt;
ebensowenig möchte ich alle die Massregeln verteidigen,
welche in den hierhergehörigen Verordnungen in Stockholm, Kopenhagen und Paris vorgeschrieben und gehandhabt werden — ich will nur an ein gewisses Verhältnis
erinnern. Sowie grosse Menschenmengen an einer Stelle
zusammenströmen und ein städtisches Leben sich entwickelt,
erkennt man allemal, dass Gesetz und Ordnung nicht
allein durch Gericht und Staatsanwalt aufrecht zu erhalten
ist, sondern man schafft auch eine Polizeibehörde.
Dieser fällt dann eine Reihe von Aufgaben zu, vorzüglich
solche, welche die Ordnung auf Strassen und Plätzen angeht, und zu diesen Aufaben gehört es natürlich auch,
ein Auge darauf zu haben, dass nicht feile Dirnen daselbst
in ordnungsstörender Weise auftreten. In und zu dieser
Absicht müssen die Oberbeamten der Polizei ihren Unter-
gebenen gewisse Vorschriften erteilen, dass heisst ein
Reglement mit der Anleitung z. B., was als Ärgernis er-
weckende Unordnung zu betrachten sei; welche Folgen
solche nach sich ziehen u. s. w., und ich glaube kaum,
dass gegen ein solches Reglement von irgend einer Seite
Einspruch erhoben werden kann. Nun kommt aber ein
Zusatz: Die Allgemeinheit ist der Ansicht, dass die gewerbsmässige Unzucht eine öffentliche Gefahr darstelle
durch die Krankheiten, welche von derselben unzertrennbar
sind, und aus diesem Grunde verordnete die Kommune,
gestützt anf § 24 der Bestimmung bezüglich des Gesund-
heitswesens, dass Frauen, welche bekannt dafür sind, eine
solche Lebensweise zu führen, sich auf Veranlassung der
Polizei zu gewissen Zeiten einem Arzte vorzustellen haben,

der sie bezüglich ihres Gesundheitszustandes untersucht.
Hierin liegt offenbar der Schwerpunkt der Reglementierung
und hiergegen richtet auch die Föderation ihre Haupt-
angriffe. In dieser Hinsicht haben die Freunde des Verbandes auch einen Sieg im englischen Parlament errungen,
einen Sieg, über den Wicksell sich freut, einen Sieg, infolgedessen die armen gefallnen Frauen und Mädchen mit
niemand anderem als mit ihren Hauswirten und zufälligen
Gästen in Berührung kommen dürfen, einen Sieg, der sie
in die Mauern des betreffenden Hauses mit immer festeren
Ketten und Fesseln einschliesst, einen Sieg, der zur Folge
hat, dass deren Erkrankungen so spät wie möglich erkannt
und in vernünftige Behandlung genommen werden. Für
denjenigen, welcher glaubt, dass die Aufhebung der Besichtigung in England ein Sieg der Humanität gewesen
sei, empfiehlt es sich, an die bekannten Artikel der Pall-
Mall-Gazette erinnert zu werden, welche eine solche Anschauung am besten kommentieren, da London von jeher
frei war von jedem Eingriffe in die Freiheit der Prostitution, welche eine Zeit lang in den Garnisonstädten eingeführt, später aber abgeschafft worden war. Mir erscheint es sonnenklar, dass, wenn Ärzte und Polizei im
Namen der Gemeinde fordern, dass alle Winkel und Ecken
der Bordelle vor ihnen geöffnet und alle Insassen derselben
ihnen vorgeführt werden, mindestens die eine Folge zu
erwarten ist, dass ein weibliches Wesen, welches mit Gewalt oder List in einem solchen Hause festgehalten wird,
befreit und gerettet werden könnte. Die Gesamtheit der
Ärzte, auch diejenigen, welche die Prostitution mit ganz
anderen Augen betrachten als ich selbst, würden in dieser
Beziehung gern auch die Vertreter einer philanthropischen
Gesellschaft an ihrer Seite sehen, welche durch Ratschläge

Anweisungen und Ermahnungen den Unglücklichen Gelegenheit böten, zu einem ehrbaren Leben zurückzukehren.

Ganz ebenso warmherzige, ebenso philanthropische und ebenso freisinnige, auf der anderen Seite aber auch mehr erfahrene Personen als die Mitglieder jenes Verbandes haben sich gegen alle Bestrebungen, das Laster sich einfach selbst zu überlassen, ausgesprochen. Lionel S. Beale schreibt z. B.: „Das Gesetz, betreffend ansteckende Krankheiten, erleichterte und beschleunigte nicht allein die Behandlung der Kranken, es sicherte den unglücklichen Patienten nicht nur geeignete Pflege und humane Behandlung während ihrer Krankheit, sondern wirkte auch indirekt viel für Verbesserung der Sitten. Durch dessen wohlthuendes Eingreifen sind nicht wenige von gänzlicher Erniedrigung, Verderbnis und Tod bewahrt worden; Hoffnung und Arbeit nahmen schneller die Stelle ein, wo vorher nur Verzweiflung und die Aussicht auf immer schlimmeres Elend geherrscht hatten." *)

So kann nicht geleugnet werden, dass die zwangsweise Behandlung venerischer Kranken, folglich auch öffentlicher Lustdirnen, eine humane Massregel für dieselben darstellt. Dass sie zu unkundig und sorglos sind, um selbst diese Hilfe aufzusuchen, ändert nichts an der Sache. Weiss man nur, welche Zerstörungen diese Krankheiten anrichten können, wenn sie vernachlässigt werden, sieht man ein, dass sie vorzeitigen Tod, Invalidität, Unvermögen zu ehrlicher Arbeit, abschreckende Entstellung u. s. w. verursachen können, so scheint es mir unmöglich, die humanitäre Bedeutung einer solchen Massregel verringern zu wollen.

---

*) Loc. cit. S. 79.

Auf diesem Gebiete stehen Föderationsanhänger und Ärzte in einem wie es scheint unversöhnlichen Gegensatz zu einander. Der Grundsatz der ersteren lautet; „Es ist unzulässig etwas Schlimmes zu thun, damit etwas Gutes daraus folge", (d. h. Frauen einer Besichtigung zu unterziehen, um Krankheiten auszurotten); die letzteren dagegen stimmen zahlreich mit der Lancet (20. März 1886) überein, dass es „zulässig sei, etwas Gutes zu thun (d. h. durch Untersuchung und Behandlung die Wohlthaten der ärztlichen Kunst auch denjenigen zu teil werden zu lassen, die vielleicht das geringste Anrecht darauf haben) selbst wenn etwas Schlimmes daraus erfolgen sollte (d. h., dass leichtsinnige Männer sich, eben wegen der stattfindenden Behandlung aller erkrankten Frauen, sich bei ihrem liederlichen Lebenswandel sicherer fühlen könnten).

Eine ähnliche Ansicht zeigt unter anderen auch Parkes. Er meint, dass das erwähnte englische Gesetz nach mehreren anderen Richtungen als der rein medizinischen hier Gutes gewirkt habe. Es habe die Möglichkeit geboten, entwichene Frauen ihrer Heimat wieder zuzuführen, die unheimliche Kinderprostitution fast ganz zu unterdrücken und die in Krankenanstalten aufgenommenen Frauen nicht selten zu einer gewissen Anständigkeit zu erziehen.*)

Jenes öfter angezogene englische Gesetz (Contagious diseases Acts) wurde zuerst 1864 erlassen, in den Jahren 1866, 1869 und 1872 aber gänzlich oder teilweise revidiert. Es kann dasselbe also entschieden nicht durch einen Kunstgriff oder eine Überraschung zustande gekommen sein. Bei den Verhandlungen, welche demselben vorangingen, ver-

---

*) A manual of practical hygiene. 5. Aufl. Lond. 1878, S. 506.

anschlagte Lord Holland die jährliche Anzahl der mit
Syphilis Behafteten im Königreich Grossbritannien auf
1 652 500! Obwohl diese Zahl möglicherweise übertrieben ist, zeigt sich doch aus den daraufhin getroffenen
Massregeln, dass das Parlament jene Krankheit als eine
grosse gesellschaftliche Gefahr betrachtete. Die „bindenden"
Paragraphen (compulsory clauses) dieses Gesetzes wurden
im Mai 1883 im Parlament durch eine Abstimmung mit
182—110 abgeschafft, Zahlen, welche beweisen, dass die
grössere Hälfte der Parlamentsmitglieder sich für die Sache
nicht interessierte. Im Jahre 1886 wurde dann das Gesetz
gänzlich aufgehoben. Man hat in verschiedenen Rezen-
sionen gegen mich angeführt, ich habe grosse Fehlgriffe
bei der Angabe der Syphilisprozente in der englischen
Armee begangen, da ich alle venerischen Fälle als Syphilis
aufgeführt hätte. Dem ist aber nicht so. Im Gegenteil
sind es die Rezensenten, welche die englischen Angaben
missverstanden haben, was ja bei dem, der ärztliche Bildung
nicht besitzt, leicht verzeihlich ist. Unter „primary venereal
sore" verstehen die englischen Ärzte in überwiegender
Anzahl dasselbe wie primäre Syphilis und in letzter Zeit
bedienen sie sich dafür auch dieses Krankheitsnamens. In
der oben citierten Arbeit giebt Parkes die Anzahl der
Syphilitiker in den kontrollierten Stationen zu 62,8 $^0/_{00}$ und
in den nicht kontrollierten zu 103 $^0/_{00}$ der Truppenstärke
an. Von Gonorrhoe kamen ausserdem in den erstgenannten
Stationen 115 $^0/_{00}$ in den letzteren 111 $^0/_{00}$ vor. Hierzu muss
bemerkt werden, dass an Gonorrhoe leidende Frauen aus
Mangel an Platz in keinem Krankenhause Aufnahme finden.
Ich will mich keineswegs auf die heikle Sache einlassen,
die Statistiker für oder gegen das Besichtigungswesen aus-
beuten, sondern will nur die letzten Zahlen aus dem eng-

lischen Armeedepartement anführen. Nach offiziellen Pa-
richten, denen doch nicht wohl zu widersprechen ist,
wurden im Jahre 1888 in Militärlazaretten behandelt von
je 1000 Mann des Bestandes:

An primärer Syphilis 93,2

. sekundärer „ 40,2

„ Gonorrhoe 91,1

Summa: 224,5

Von dem englischen Truppenbestand liegen als dienst-
untauglich beständig im Lazarett mehr als $18^0/_{00}$!*) Man
hat ferner gegen mich die Behauptung ins Feld geführt,
die venerischen Krankheiten würden in England ganz in
derselben Weise wie andere ansteckende Krankheiten behandelt. Im vorhergehenden hab' ich schon gesagt, wie
schwierig, um nicht zu sagen unmöglich das bezüglich
der Syphilis ist. Ich muss auch hinzufügen, dass die Gesetzgebung betreffs administrativer Behandlung ansteckende
der Krankheiten in England noch lange nicht abgeschlossen
ist. Eben jetzt liegen dem Parlamente sehr wichtige und
vielfach bestrittene Gesetzvorschläge vor. Eine Art Iso-
lierung ansteckender fieberhafter Krankheiten (Typhus,
Pocken und dergl.) ist schon durchgeführt, bezüglich der
Syphilis ist aber meines Wissens etwas ähnliches nicht
Brauch. Ich habe selbst Patienten, welche sogar in höchst
ansteckender Form an der Syphilis litten, poliklinisch behandeln sehen, ohne dass der betreffende Arzt sich im
geringsten über deren Familienverhältnisse, über die Möglichkeit die Verbreitung der Seuche zu verhindern, unter-
richtete, ja, ohne dass er jene mit einem einzigen Worte
über die Art ihrer Krankheit aufklärte. Endlich muss
ich hinzufügen, dass sich Krankenhäuser oder Kranken-

---

*) Lancet 1889, Juli 6. S. 76.

abteilungen für Venerische in London nur in höchst un-
zureichender Zahl vorfinden.

Ich schätze die engliche Nation gewiss sehr hoch;
ich bin kein Bewunderer der Sitten von Paris und Brüssel;
ich lasse mich nicht auf die Frage ein, ob London mehr
oder weniger moralisch als jene Städte sei; ich bitte nur
daran erinnern zu dürfen, dass englische Patrioten laut
und oft genug erklärt haben, es gäbe keine Stadt des
Festlandes, in der die jungen Leute so intensiv der Versuchung zum Falle ausgesetzt seien wie London. Weiter
will ich diejenigen, welche London selbst besucht haben,
erinnern an die unzählige Schar offenbar gefallener Frauen,
welche des Abends durch die Strassen der Stadt schwärmen
und mit mehr oder weniger groben Mitteln des Wegs
gehende Männer anzulocken suchen. In der englischen
Hauptstadt giebt es auch einen Überfluss an Bordellen;
1864 wurden dieselben in einem offiziellen Berichte zu
1332 berechnet. Zwar hat die Gesetzgebung in letzterer
Zeit das Halten eines Bordells mit Strafe belegt, da die
Unverletzlichkeit des Hauses aber gerade im englischen
Staats- und Gesellschaftsleben eine so hervorragend wichtige Rolle spielt, sieht man leicht ein, dass ganz besonders
starke Veranlassungen vorliegen müssen, ehe die Polizei
an solchen Orten zu einer Haussuchung verschreitet. Im
übrigen thut man so gut wie nichts, um dem Unwesen
der Prostitution zu steuern, mit der einzigen Ausnahme,
dass ein Weib, das in offenbar unsittlicher Absicht einen
Mann auf der Strasse anfällt, auf dessen Anzeige hin ver-
haftet und nach Beibringung unwiderleglicher Beweise zu
einer Polizeistrafe verurteilt werden kann.

Nun seien meinen Zuhörern aber auch die Aussagen von gegnerischer Seite nicht vorenthalten: Im Sedlighets-vän (Sittlichkeitsfreund, Titel einer Zeitschrift) kann man z. B. lesen: „es sei bewiesen, dass die Reglementierung der Prostitution ein grosses Hindernis des Erfolges jedes Rettungsversuches bilde, indem die Einschreibung bei der Polizei und die ärztliche Besichtigung mit dem Gefühle weiblicher Schamhaftigkeit in grellem Widerspruche stehe, mit einem Gefühl, welches bei keinem weiblichen Wesen vollständig erloschen sei, und dass jene Massregeln die sittliche Wiederaufrichtung erschweren, welche man bei jedem Weibe, wie es auch gesunken sein mag, erhoffen darf und kann.“

Mrs. J. Butler, eine der leitenden Persönlichkeiten in der Föderation hat einen so ausgeprägten Widerwillen gegen jede Art der Untersuchung des weiblichen Gesund-heitszustandes, dass sie eine solche für eine tierische, un-zulässige und schädliche Behandlung erklärt. Mrs. Butler ist übrigens so konsequent, dass sie in dieser Beziehung keinen Unterschied der Geschlechter anerkennt. „Jedes Gesetz, jede Verordnung“, sagt sie, „welche die Polizei-behörden und den Arzt zu einem unanständigen Angriff auf Mann oder Weib, die sich gegen die Keuschheit ver-gangen haben, berechtigt, muss deshalb als verwerflich erachtet werden, und derjenige Mann, wäre es auch ein vom Staate dazu bevollmächtigter Beamter, der auf diese Art irgend ein weibliches Wesen, wer dieses auch sei, kränkt und schändet, kränkt und schändet damit seine eigene Mutter.“ *)

Ich muss gestehen, dass ich nicht recht einsehe, was

---

*) Flyveblad til Sädligheds Fremme. No. 6, S. 6.

Mrs. Butler eigentlich meint. Versteht sie unter jeder gezwungenen Untersuchung einen unanständigen Angriff auf ein Weib, so hat sie damit eine Absurdität ausgesprochen, die sich durch ihre Übertreibung selbst richtet. Wohl kann ich den Gedankengang der Sittlichkeitsfreunde, welche die präventive Besichtigung leichtsinniger Frauenspersonen verabscheuen, einsehen und ihm folgen, diesen Widerwillen aber auch auf jede obligatorische Untersuchung des Gesundheitszustandes bezüglich geschlechtlicher Krankheiten auszudehnen, erscheint mir ebenso unberechtigt, wie in jeder bürgerlichen Gemeinschaft undurchführbar. Wenn eine notorisch unsittliche männliche oder weibliche Person auf Grund der Landesgesetzgebung zu Gefängnisstrafe verurteilt wird, so liegt es wohl klar auf der Hand, dass der betreffende Anstaltsarzt sich von ihrer Gesundheitszustand zu unterrichten hat, schon um zu entscheiden, ob der Gefangene in der Krankenabteilung des Gefängnisses aufzunehmen, oder in den gewöhnlichen Arbeits- oder Schlafräumen zu belassen sei. Im übrigen will ich hinzufügen, dass ich in der Heimat wie im Auslande Untersuchungen von Frauenspersonen habe vornehmen sehen; zuweilen wohl schienen diese damit unzufrieden, niemals aber hat eine derselben erklärt, dass diese Untersuchungen ihnen ein Hindernis zur Rückkehr auf den Weg der Tugend gewesen seien, was auch in der That nicht der Fall ist.

Ich biete Ihnen hier verschiedene Anschauungen, unter denen sie selbst wählen können. Meinen eignen Standpunkt hab' ich schon bekannt. Ich möchte nur bemerken, dass jeder Herr und jede Dame, welche dafür arbeiten, die Prostitution von der behördlichen Besichtigung zu befreien, sich sagen müssten, dass sie sehr unrecht handelten, wenn sie von der in ihre Dienste tretenden Amme ein ärztliches Zeugnis darüber verlangten, dass sie sich ganz derselben Untersuchung unterzogen habe, die sie für ein Freudenmädchen als erniedrigend erklären. Man dürfte aber doch schwerlich leugnen wollen, dass auch die unverheiratete Amme im allgemeinen noch bedeutend über dem moralischen Niveau der Lustdirne steht.

Bei der leidenschaftlichen und doch sehr wenig Sachkenntnis verratenden Diskussion, welche über diesen Gegenstand gepflogen wird, ist es eine wirkliche Freude wahrzunehmen, dass mehrere philanthropische Autoren die augenblickliche Notwendigkeit, leichtsinnige Frauen der ärztlichen Besichtigung zu unterziehen, einfach zugeben.*)

Sollte das Gesetz in dieser Beziehung in Schweden geändert werden, so dass eine regelmässige Untersuchung jener Frauen verboten würde, so stände man damit vor folgender Eigentümlichkeit: Das Gesetz vertritt die Ansicht, dass eine Menge junger und unverheirateter Männer, von denen die Mehrzahl als unbescholten bekannt ist, bezüglich geschlechtlicher Störungen eine Gefahr für die Allgemeinheit bildet, und es befiehlt, dass sie regelmässig untersucht werden sollen; damit hat die Allgemeinheit nur das Beste in gesundheitlicher Beziehung im Auge; dagegen werden diese Musterungen keineswegs deshalb vorgenommen, damit die vielen weiblichen Personen in Garnisonsorten, welche Liebhaber unter den Soldaten haben, solche Verbindungen mit dem mindest möglichen Risiko eingehen können, obgleich nicht geleugnet werden kann,

---

*) Styrbjörn Starke, loc. cit. S. 19. — Personne, Svar till Federationen. Stockh. 1888. S. 12 u. s. w. — H. Westergaard, Ugeskrift för Läger. 4. Serie. Band XXI. S. 454.

dass das in vielen Fällen eine Folge davon ist. Die präventive Untersuchung wird jetzt nicht mehr in so weiter Ausdehnung ausgeführt wie früher, gleichwohl sind Militärpersonen, Ammen, Anstaltskinder, Landstreicher und Dirnen derselben unterworfen. Sollte es der Föderation nun gelingen, ihren Wunsch durchzusetzen, so bliebe die letztgenannte Klasse wohl davon befreit, nimmermehr aber kann es in der Absicht der Föderation liegen, dass das Freudenmädchen ein Privilegium vor allen Bewohnern des Landes geniessen solle und sich unter allen Verhältnissen der Untersuchung entziehen könne. Wird der zuständigen Behörde Bericht erstattet, dass jemand, wer das auch sei, begründeter Weise verdächtig sei, venerische Krankheiten auf eine oder die andere Weise zu verbreiten, so kann der- oder diejenige nach geltendem Gesetz gezwungen werden, sich untersuchen und behandeln zu lassen, und dieses Gesetz muss wohl in seiner Allgemeingiltigkeit bestehen bleiben.

In seiner im vorhergehenden citierten Schrift hat der Professor der Nationalökonomie H. Westergaard, den niemand als befangen in ärztlichen Doktrinen verdächtigen wird, einige Sätze aufgestellt, von welchen ich glaube, dass der überwiegende Teil des ärztlichen Standes denselben beipflichten kann. Er betont darin, dass die Notwendigkeit der Untersuchungen vom hygienischen Standpunkt entschieden werden müsse, dass eine solche für Frauen im Prinzip nicht erniedrigender sei als für Soldaten und andere; dass deren Beibehaltung oder Abschaffung nicht notwendig verbunden sei mit der Stellung, welche der Staat und die Gemeinde gegenüber der Prostitution im übrigen einnehmen. Man kann die gewerbsmässige Unzucht bestrafen und die Freudenmädchen untersuchen, man kann dieselben zulassen oder privilegieren mit der Bedingung der Visitation.

Das Ideal in einem sittlichen Staate scheint ihm zu sein, dass Unzucht gegen Bezahlung bestraft werde, und dass die Aufsicht der Polizei über lüderliche Frauenspersonen die gleiche sei wie gegen verdächtige Individuen überhaupt. Diese Ansicht steht sehr derjenigen entgegen, welche von dem Ausschuss der französischen Akademie der Medizin ausgesprochen wurde, dahin lautend, dass die öffentliche Verlockung bestraft und die Bestrafte der Zwangsuntersuchung unterworfen werden sollte.

Mit der Besichtigung ist gewöhnlich verknüpft, dass der Untersuchten ein Zeugnis ausgestellt wird, dahin lautend, dass sie zu betreffender Zeit gesund sei. Diese Zeugnisse wurden von manchen Sittlichkeitsfreunden als unmoralisch, als eine Einladung und für Männer als die Zusicherung angesehen, ohne Gefahr sündigen zu können. Etwas derartiges enthält dieses Papier freilich nicht und kann dasselbe auch gar nicht versprechen. Es ist nur ein Fingerzeig für die Privatbehörde, dass die Untersuchte augenblicklich der Unterbringung in eine Heilanstalt nicht bedürfe, eine Mitteilung, welche allerdings auf andere Weise nicht erfolgen könnte. Bei der Diskussion über diesen Gegenstand hört man von gewissen Seiten wohl anführen, dass ja der Ausschweifende getrost grössere Gefahr laufen könne, als es thatsächlich der Fall ist, und dass er die Krankheit verdient habe, die ihn zuweilen befällt. Man vergisst hierbei die Übertragung der Krankheit auf völlig Unschuldige. Gegen eine solche Auffassung will ich dem Komitee der französischen medizinischen Akademie das Wort geben:

„Sind sie verdient, z. B. die so zahlreichen Syphilisfälle, denen ehrbare, verheiratete Frauen durch Ansteckung seitens ihrer Männer unterliegen?

Sind sie ferner verdient, die ebenso häufigen Krankheitsfälle, welche bei Ammen durch Übertragung seitens
ihrer Brustkinder vorkommen und nachher auf ihre eignen
Kinder, Ehemänner und andere Säuglinge übertragen
werden?

Sind sie weiter verdient, die Fälle von Syphilis,
welche, wenn auch in geringer Anzahl, durch die Ammen
bei deren Brustkindern erzeugt werden?

Sind sie verdient, die unzähligen Fälle von Syphilis,
welche Kinder schon mit auf die Welt bringen und denen
sie so häufig unterliegen?

Sind sie schliesslich verdient, alle jene Syphilisfälle
aus anderen Ursachen als geschlechtlichem Umgang, die
z. B. infolge der Impfung entstehen oder welche Ärzte,
Studierende oder Hebammen bei Ausübung ihres Berufes
treffen; solche, welche aus rein zufälliger Berührung entstehen?" u. s. w. u. s. w.*)

Derselbe Bericht erwähnt, dass die Syphilis von den
Städten aus so entsetzlich über das Land verbreitet werde,
dass in manchen Departements der dritte Teil der Stellungs-
pflichtigen vor der Einschreibung (als Soldaten) damit behaftet war.

Ich weiss es wohl, und habe im vorhergehenden
darauf hingewiesen, dass Männer sich zuweilen aus Furcht
vor venerischen Krankheiten vom illegitimen Geschlechtsverkehr abhalten lassen; ich glaube aber nicht, dass das
Bewusstsein, die davon drohende Gefahr sei grösser als es
wirklich der Fall ist, gar viele, vor allem nicht die jungen
Leute und ganz Trunkene, davon zurückhalten würde.

---

*) Prophyl. publ. de la Syphilis S. 7 u. 8.

Eine besonders wichtige Aufgabe besteht darin, die Veranlassungen zur Prostitution und die Ursachen zur Verbreitung derselben auszurotten. In der That wäre hierüber sehr vieles zu sagen, doch will ich mich nicht allzulange damit aufhalten. Dass jene in gewissem Grade durch unsre Kultur, durch deren Gesetze und Sitten bedingt und unterhalten wird, ist ganz unbestreitbar. Wir haben uns eben weit von der Natur entfernt und jetzt noch keinen modus vivendi gefunden, der sich der Kultur und ihren Forderungen anpassen liesse. Der „Kampf um's Dasein" ist zum Teil schwerer und komplizierter, die Ermöglichung von mancherlei Genüssen ausgedehnter geworden, die Jugend hat es zu eilig damit, sich die Privilegien des reiferen Alters anzueignen, beifallslüsterne Verführer reden dieser auf jede Weise ein, sie habe es nicht nötig zu warten und eine Stellung im Leben erst zu erringen, sondern brauche nur zuzulangen nach dem, was sie gelüstet; krankhafte Nervosität tritt in allen Gesellschaftsklassen zu Tage — da haben wir einige jener Ursachen, welche nicht so leicht an den tiefeingesenkten Wurzeln zu packen sind.

Immerhin halte ich mich für berechtigt, mit Bestimmtheit dagegen Widerspruch zu erheben, dass die Frage der Prostitution zu einer sozialpolitischen Klassenfrage gestempelt werde, wie Wicksell das thun will. Es ist nämlich keineswegs wahr, dass die Prostitution einen Übergriff von einer Klasse in eine andere darstellt.*) Wicksell berichtet, die Pariser Kommune habe die Prostitution abgeschafft, und erst mit dem Siege der bürgerlichen Gesellschaft habe diese wieder ihren Einzug gehalten. Daneben

---

*) Loc. cit. S. 37.

— 185 —

giebt er zwar zu, dass in politisch erregten Zeiten auch
die Leidenschaften freieren Spielraum gewinnen*), doch
vertritt er die Ansicht, die Schilderung der Ausschweifungen unter der Kommune sei eine von parteiischen Federn
sehr übertriebene gewesen. Infolge seiner gegen mich
gerichteten Bemerkung sehe ich mich gezwungen zu erklären, dass ich aus Quellen von verschiedener Färbung
und Herkunft geschöpft, dass ich Paris kurz nach dem
Sturze der Kommune persönlich besucht und dort Gelegenheit zur Benutzung einer ganz besonderen Informa-
tionsquelle, nämlich der Kranken und der Krankenge-
schichten der Pariser Hospitäler, gehabt habe, und auf
Grund dieser Erfahrungen wage ich noch heute die ge-
rühmten sexuellen Tugenden der Kommunisten anzuzweifeln.

Doch abgesehen von der Pariser Kommune hab' ich
seitens Wicksells wegen meiner Auffassung der Prostitution in deren Verhältnis zu den Einzelklassen der Gesellschaft Widerspruch erfahren. Er behauptet, dass dieselbe von einer merkwürdigen und bei einem Professor der
Medizin auffallenden Unkenntnis der Statistik über alle einschlägigen Verhältnisse zeuge, der Statistik, welche ganz
besonders die Frucht von Parent-Duchâtelets umfassenden
Untersuchungen sei, die auch durch spätere Forschungen,
soweit bekannt, nicht widerlegt worden wäre.**)

Nun sind ja solche Epitheta, wie die obenerwähnten,
keine Dinge, welche man gern auf sich sitzen lassen und
vor seinen Mitbürgern zur Schau tragen möchte; deshalb
muss ich wenigstens den Versuch machen, die „auf-

*) Die Prostitution und die Verheerungen der Lustseuche
nahmen ebenso zu während der ersten Revolution, wie bei der
Invasion 1815 und während der Aufstände von 1830 und 1848.
**) Loc. cit. S. 40.

fallende Unkenntnis" von mir abzuschütteln. Zuerst
will ich mitteilen, dass ich Parent-Duchâtelet bereits vor
20 Jahren gelesen habe und in der Lage bin, hier zur
allgemeinen Aufklärung seine Tabelle über die Ursachen
der Prostitution in der folgenden Anzahl von Fällen wiederzugeben.

Äusserste Armut infolge von Leichtsinn und andern Ursachen	1441
Verlassene Mätressen	1425
Verlust der Eltern; Verweisung aus dem Elternhause; gänzlich verlassener Zustand .	1255
Nach Paris verlockt und daselbst von Liebhabern verlassen	404
Von den Dienstherren verführte und verabschiedete Dienstpersonen	289
Aus den Provinzen eingetroffen, um sich in Paris zu verbergen oder dort Rettung zu suchen	280
Um arme und erkrankte Eltern zu unterhalten (alle in Paris selbst geboren)	37
Die Älteste der Familie, um Geschwister und entferntere Verwandte zu unterhalten (alle aus Paris)	29
Witwen, um ihre Familien zu unterhalten (alle aus Paris)	23
Summa	5183.*)

Bezüglich der Beschäftigung resp. des Berufs der
Prostituierten zur Zeit der Einschreibung als solche giebt
derselbe Autor folgende Aufschlüsse:

---

*) La prostit. etc. III. Ed., T. II. p. 170 etc.

Näherinnen in Modewarenhandlungen und ähn-
lichen Geschäften 1559
Obst- und Blumenverkäuferinnen 849
Weberinnen 285
Putzmacherinnen 283
Galanteriewaren-Verkäuferinnen 98
Artistinnen, resp. Künstlerinnen 23
In Kramläden Angestellte 7
Hebammen 3
Weibliche Personen, die von ihren Renten lebten 3

„Aus dieser Tabelle," sagt Parent-Duchâtelet, „scheint
sich zu ergeben, dass die grösste Zahl der Prostituierten
hervorgeht aus Werk- und Arbeitsstätten, diesen Herden
der Sittenverderbnis, deren schädliche Einflüsse man ebenso
beklagen muss, wie man ihre übrigen Erzeugnisse bewundert."

Man hat weiter gesucht, durch Konstatierung des
Bildungsgrades der Prostituierten eine Vorstellung von
deren früherer Bildung und Erziehung zu gewinnen, und
dabei gefunden, dass von 4470 in Paris geborenen und
aufgewachsenen Frauenzimmern, die sich der Prostitution
ergeben hatten, 2332 gar nicht, 1780 nur ganz mangel-
haft und 110 genügend oder gut schreiben konnten.

Vor Heranziehung weiterer thatsächlicher Unterlagen
bitte ich, mir eine Beleuchtung der eben angeführten
Zahlen zu gestatten. Das Untersuchungsmaterial Parent-
Duchâtelets entstammt dem ersten Drittel dieses Jahrhunderts. Die weibliche Bildung in Frankreich stand damals auf sehr schwachen Füssen, so dass man sich nach
der Schreibkunst der Prostituierten keinerlei Urteil über
die ökonomischen Verhältnisse der Heimstätten, in denen jene
aufwuchsen, zu bilden vermag. Übrigens deutet der genannte

Forscher selbst darauf hin, dass die Furcht vor der Polizeibehörde bei vielen so stark eingewirkt haben möge, dass
sie kenntnisärmer und ungebildeter erschienen, als sie es
in Wirklichkeit waren.

Auch die Berufszusammenstellung beweist nicht sonder-
lich viel; sie bezeichnet nur die Beschäftigungsart zur Zeit
der Einschreibung, welche gewiss sehr oft nicht mit dem
Berufe zusammenfällt, zu dem die Prostituierten eigentlich
erzogen waren und den sie wohl auch beibehalten hätten,
wenn sie nicht der Verführung erlegen wären. Parent-
Duchâtelet macht selbst die Bemerkung, dass das moralische Verderben von den Arbeitsstätten ausgehe, und in
diesen Fällen sind es gewöhnlich die Kameraden der Arbeiterinnen, welche die Schuld daran tragen. Aus obiger
Tabelle der Ursachen könnte man mehrere Rubriken ent-
nehmen, z. B. die aus Leichtsinn Verarmten, die verlassenen
Mätressen, die aus dem Elternhaus Vertriebenen, die nach
Paris Verlockten und dort ihrem Schicksale Überlassenen,
die aus den Provinzen Eingetroffenen u. a. m.; wo steht
es nun geschrieben, dass diese Frauen alle aus niedrigen,
ihre Verführer aber aus höheren Klassen abstammten, oder
dass sie von den letztgenannten Klassen in dem Elend der
Prostitution zurückgehalten würden? Die Statistik kann
auch noch auf andre Weise missdeutet werden. Ein junges
Mädchen aus gutsituierter Familie flüchtet mit einem Liebhaber, der ihr die Ehe versprochen; er verlässt sie später;
sie sucht und findet mit grossen Schwierigkeiten Arbeit,
die ihr den dürftigsten Lebensunterhalt gewährt; da nähert
sich ihr vielleicht ein anderer Bewerber, der ebensowenig
redliche Absichten hat wie der erste, sie wandelt — jetzt
schon durch Gewohnheit gedrängt — auf abschüssiger
Bahn weiter und lässt sich schliesslich ... bei der Polizei

einschreiben. Nach ihrer Lebensstellung befragt, giebt sie eine Beschäftigung an, die sie zuletzt versucht hat, und als Veranlassung zu ihrer beantragten Einschreibung die äusserste Notlage; ist nun ein solcher, übrigens sehr häufig vorkommender Fall etwa auf einen Antagonismus zwischen hoher und niedriger Gesellschaftsklasse zurückzuführen? — Ein andrer Autor lässt sich in dieser Frage wie folgt vernehmen: „Schliesslich muss man erwähnen, dass sich unter den eingeschriebenen Frauen eine gewisse Anzahl Unglücklicher befindet, welchen ihre Erziehung, Bildung und gesellschaftliche Stellung eine Schutzwehr gegen ein derartiges Ende hätte bieten müssen. Diese rekrutieren sich aus früheren Schul-, Musik- und Zeichenlehrerinnen, deren Lebensgeschichte leicht zu vervollständigen und deren traurige Verirrungen unschwer zu verstehen sind; aus ehemaligen Schauspielerinnen und Statistinnen der Pariser wie der Provinzialtheater, welche durch Verlust der Stimme, Fallissement eines Direktors oder durch Gewöhnung an eine kostspieligere Lebensweise, die sie sich nicht selbst zu bereiten vermochten, zu dem Entschlusse kamen, sich der geduldeten Prostitution in die Arme zu werfen. *)

Wir können hier auch die vaterländische Statistik zum Vergleich heranziehen und diese zeigt folgendes Bild: Am 31. Dezember 1871 betrug in Stockholm die Zahl der untersuchungspflichtigen weiblichen Personen 322. Stand und Beruf der Eltern derselben zeigt folgende Tabelle:

Verheiratete Arbeitsleute	64
„ Handwerker	102
„ Bauern und Feldbesitzer . .	23
	Latus 189

*) L. Reuss, La prostitution. Paris 1889, S. 22.

	Transport	189
Verheiratete Käthner (Torpare)		22
„ Fabrikanten		11
„ Kaufleute		15
„ Seeleute		15
„ Dienstleute		4
„ Beamte und Angestellte		5
„ Schullehrer		2
„ Offiziere		1
„ Unteroffiziere		5
„ Soldaten etc.		13
„ Wachtbeamte (Vaktbetjente).		14
Unverheiratete Frauen		4
Stand etc. der Eltern unbekannt		22
	Summa	322.

Eine entsprechende statistische Übersicht für Gothenburg hat folgendes Aussehen:

Verheiratete Arbeitsleute		71
„ Handwerker		38
„ Bauern und Landbesitzer		11
„ Fabrikanten		1
„ Kaufleute		1
„ Hausbesitzer		1
„ Unteroffiziere		3
„ Soldaten etc.		18
„ Seeleute		12
„ Dienstleute		1
„ Wachtbeamte		1
Unverheiratete Frauen		13
Stand etc. der Eltern unbekannt		4
	Summa	175.

Kullberg vertritt die Ansicht, dass wirkliche Not, welche von den Frauen oft als Ursache ihres Falles angegeben wird, nur selten die einzige Veranlassung dazu gewesen sein dürfte. Als Beweis dafür führt er u. a. an, dass in Gothenburg zur Polizei oft junge Mädchen von 13—17 Jahren, welche ein leichtsinniges Leben führten, sistiert werden mussten. Die meisten dieser Mädchen aber hatten ihr Unterkommen im Hause der Eltern, von denen sich manche in wirklich guten ökonomischen Verhältnissen befanden.*)

Ich kann hier auch die Ansichten ausländischer Autoren über die Ursachen der Prostitution anführen. „Eitelkeit, Sinnenrausch, Begierde, Liebe zu feiner Kleidung, Unglück und Hunger machen weibliche Wesen zu Prostituierten"**), oder „es mögen zuweilen auch Not, Bildungsmangel, Hilflosigkeit eine Hauptursache zumal der gewerbsmässigen Unzucht werden und der Sündenlohn mancher Dirne die Stütze ihrer Familie; ungleich wichtigere und allgemeinere Triebfedern sind doch diese oder jene Fehler und Schwächen des Charakters, Leichtsinn, Sinnlichkeit, Mangel an Selbstbeherrschung und sittlicher Kraft — nicht die schlichte, bescheidene, sondern die anspruchsvolle, vergnügungs- und prunktsüchtige, lüsterne Armut."***)

Weiter kann ich Angaben eines Autors beibringen, der während einer langen Reihe von Jahren Gelegenheit gehabt hat, das Wesen der Prostitution ganz in der Nähe zu verfolgen und zu studieren. Dieser Autor erklärt, dass

---

*) A. F. Kullberg, Om prostitutionen etc., Sv. Läk. Sällsk Nya Handl. Ser. II. Delen V. 1.
**) Acton, loc. cit. S. 216.
***) Oesterlen, Hygiene 1876, S. 748.

die Form des illegitimen Geschlechtsverkehrs sich während
der letzten Jahrzehnte in Paris vollkommen umgestaltet
habe. So behauptet er, dass „die Grisette verschwunden
und in dem eingeschriebenen Freudenmädchen aufgegan-
gen" sei.*)

„Das unterhaltene Weib existiert nicht mehr. Die
Unzuchtsspekulation (le proxénétisme) ist zum fast ener-
kannten, öffentlich ausgeübten Berufe geworden." **)

Die Vorgänge bis zum Falle eines Mädchens schildert
derselbe Verfasser in folgender Weise:

„Die Vorstadtbälle und die Bälle in den grossen
inneren Stadtteilen von Paris sind zwar beide gefährlich
für die öffentliche Moral, deren Gefahren erscheinen aber
doch nicht gleich. Immer sind es die Vorstadtbälle, wo
die junge Arbeiterin debütiert. Zuerst durch die Lust zu
tanzen dahin verlockt, besucht sie diese Orte schon vom
15. Lebensjahre an meist ohne Wissen ihrer Familie,
resp. ihrer Arbeitgeber. Hier findet sie ihren ersten
Liebhaber. Wenn sie dann allmählich dahin gelangt ist,
dem Elternhause und der Werkstatt den Rücken zuzu-
kehren, wenn das Zureden und die Ansprüche ihres Lieb-
habers sie dazu vermocht haben, mit häuslicher Sitte und
ehrlicher Arbeit offen zu brechen und aus dem Laster
Gewinn zu ziehen, ist der Tanz für sie nicht länger ein
Vergnügen, sondern eine Sache des Berufs. Sie giebt
nun die Vorstadtbälle auf gegen die moderneren, äusserlich mehr verfeinerten Ballvergnügungen im Innern von

---

*) Loc. cit. S. 23.

**) Carlier, Les deux prostitutions. Paris 1887, S. 21. —
ich kann allen, welche sich mit den die Prostitution berührenden
Fragen beschäftigen, nicht genug empfehlen, von dieser und ähnlichen, auf Erfahrung begründeten Arbeiten Kenntnis zu nehmen.

Paris, Bälle, welche doch nichts anderes sind als Ausstellungen der lebenden Handelswaare, öffentliche Prostitutionsmärkte, wo man um die Preise feilscht wie in Markthallen, und dieser Markt ist um so besser versorgt, weil es üblich ist, dass die „jungen Herren" (les petits Messieurs) aus den höheren Gesellschaftsklassen denselben gewissermassen begünstigen und zahlreich besuchen." *)

„Es herrscht die allgemein verbreitete Ansicht, dass reiche Herren die jugendlichen Arbeiterinnen verführen und dass Gewerbsunzucht nur sozusagen zum Vorteil der besser situierten Klassen getrieben werde, doch diese Ansicht ist eine ganz irrige. — — — — — — — — — —

„Unter Ludwig Philipps Regierung schlug bei einer Versammlung einmal jemand vor, man solle zu Zwecken der Prostitution — wie für das Heer — eine Konskription einrichten als einziges Mittel zur Beseitigung des Umstandes, dass nur die Töchter der Armen zur Befriedigung der Gelüste der Reichen dienten. Ein Zuhörer widersetzte sich diesem Vorschlage und motivierte seine Ansicht folgendermassen: „Les riches n'ont que nos restes, nous le savons tous." **)

„Unter 100 zur gerichtlichen Behandlung gelangenden Fällen von Notzucht sind 80 von Arbeitern oder Handwerkern begangen." ***)

„Von der arbeitenden Klasse werden meist die ersten Anregungen zur Ausschweifung gegeben. Näherinnen, Wäscherinnen und dergl. überlassen oft mit Anwendung

---

*) Loc. cit. S. 23.

**) Dieser Ausspruch ist in der Pariser Arbeiterwelt zum Sprichworte geworden und wird vorzüglich citiert, wenn man den Luxus und Glanz sieht, den die Koketten à la mode entwickeln.

***) Loc. cit. S. 38.

von Gewalt ihre jungen Gehilfinnen den Freunden ihrer Liebhaber oder auch letzteren selbst."*)

Ein anderer französischer Autor schreibt in dieser Angelegenheit folgendes: „Den reichen Herrn, den die Legende für den Fall der jungen Arbeiterstöchter so gern verantwortlich macht, giebt es gar nicht oder mindestens nicht oft, wie Maxime Du Camp mit Recht bemerkt. Die Tochter des Volks wird durch das Volk selbst zu Falle gebracht. Es sind ihresgleichen, Arbeiter, wie sie selbst, welche das Geschenk ihrer Schönheit und Jungfräulichkeit erhalten." **)

Ich kann gleichwohl nicht unterlassen einen Autor anzuführen, der zum Teil gegen mich und für Wicksell spricht. Augagneur meint, dass $95 \,^0/_0$ aller Prostituierten den niederen Volksschichten entstammen, doch macht er die Sache nicht lediglich zu einer sozialen Klassenfrage, sondern zieht dabei auch die moralischen Ursachen mit heran. Seine Worte lauten wie folgt: „In die Prostitution mündet das Elend aus, das moralische ebenso wie das materielle. Die Mehrzahl der Prostituierten ist von und mit dem Alter der Geschlechtsreife gleichsam zur Prostitution geboren. Niemals hat man ihr moralisches Gefühl zu erwecken versucht, — — — — — — — — — — sie verfallen dem Laster ohne Reue und Scham. Ehrbare Frauen konnten sie gar nicht werden aus Mangel an Unterweisung in der Tugend, an Beispielen in ihrer Familie, aus Mangel an wachsamer Fürsorge und äusserlichem Wohlstande der Mütter." ***)

*) Loc. cit. S. 39.
**) Reuss, loc. cit. S. 41.
***) Loc. cit.

Wicksell sucht einen grossen Unterschied zu machen zwischen verführten Frauen und Prostituierten, und bemüht sich, den Glauben zu erwecken, dass es die Armut sei, welche Verführer und Verführte hindern, sich zu heiraten.*)

Wenn das auch für eine geringere Anzahl von Fällen auch gelten mag, bildet es doch nicht das Hauptmoment in der uns beschäftigenden Sache. Ein verführtes und dann verlassenes Weib wird leicht prostituiert und allzu oft will der Verführer gar nicht heiraten, sondern sein Opfer lieber als öffentliche Lustdirne haben, um dann ihre Einkünfte zu plündern. Wicksell hat völlig die Klasse von Leuten übersehen, welche man „Alfonse" (d. i. „Louis") nennt, er hat die von Novellisten, Reiseschriftstellern und Moralisten geschilderte vielgliedrige Klasse von Individuen ausser acht gelassen, welche weit lieber als Parasiten der Prostitution ihr „vie facile" dahinleben, als eine ehrliche Arbeit zu thun. Dass die sog. arbeitende Klasse an der Sittenverderbnis also keineswegs schuldlos ist, dafür dürfte der Beweis schon erbracht sein. Es erübrigt mir nur noch daran zu erinnern, dass auch Töchter der gebildeten wohlhabenden Klassen der Prostitution verfallen können. Ich habe ausser der Statistik, welche sich aus den Annalen der öffentlichen kontrollierten Prostitution ergiebt, auch die Jahresberichte und Verhandlungen von Rettungshäusern, philanthropischen Vereinen u. s. w. durchgesehen. In deren Berichten und Kasuistik findet man nicht selten angegeben, dass ihre Schutzbefohlenen z. B. Töchter von Geistlichen, Offizieren, Ärzten, Kaufleuten und dergl. waren. Der Weg, auf dem die Mädchen dieser Art tiefer und

---

*) Loc. cit. S. 41.

tiefer sinken, gestaltet sich so, dass sie zuerst den Be-
teuerungen eines Anbeters aus Wicksellscher Schule
lauschen, der ihnen von allen Genüssen der Liebe, aber
nicht von der Verantwortlichkeit dafür spricht; hat er sie
dann später verlassen, so sinken sie tiefer und tiefer. Es
ist also falsch, wenn W. meint, dass nur ausnahmsweise
Frauen aus den besseren Ständen sinken, und es ist ebenso
falsch, dies nur von sexueller Perversität und vorheriger
drückendster Armut herleiten zu wollen*); das kann wohl
der Weg sein, doch meist ist es der des Vergessens der
gesetzlichen und sittenentsprechenden Auffassung des Geschlechtslebens.

Ich will übrigens hinzufügen, dass, wenn auch die
bei der Polizei eingeschriebenen Frauen an dem oder jenem
Orte sich als ausschliesslich aus den unteren Klassen her-
stammend erweisen sollten, dasselbe darum noch gar nicht
mit der grossen Schar heimlicher Prostituierter der Fall
zu sein braucht, deren Schicksale man nur teilweise durch
die philanthropischen Versuche, welche unternommen werden,
um Gefallene im allgemeinen zu retten, kennen lernt;
daneben kommt es mir nicht unwahrscheinlich vor, dass
unter den germanischen Nationen, wo die Frau eine
grössere Freiheit geniesst, sich in allen Lebensverhält-
nissen zu bewegen, die Töchter der wohlhabenderen
Klassen mehr Gefahr laufen als z. B. in Frankreich, wo
die Klostererziehung, frühzeitige Eheschliessung auf Betrieb
der Eltern und dergl. zur Tagesordnung für die Bourgeoisie
gehören.**)

*) Loc. cit. S. 40.
**) Dass nachher die eheliche Treue in Frankreich auf nie-
drigerer Stufe steht als im germanischen Europa, lehren uns alle
Sittenschilderer, vorzüglich auch die jenes Landes selbst.

Aus meinen vieljährigen Erfahrungen ergiebt sich, dass Wicksells hier mehrfach erörterte Anschauungen falsche sind. Das Schuldregister der wohlhabenderen Klassen gegenüber den bedürftigeren ist an sich gross genug, man hat gar keine Ursache, dasselbe durch unbefugte Zusätze noch zu erweitern; eines solchen Verfahrens macht man sich nur schuldig, wenn man irgendwelche Agitationszwecke damit verbindet.*)

Wer die derzeitigen Zustände der menschlichen Gesellschaft eingehender ins Auge fasst, wird leicht erkennen, dass die Prostitution in dieser in beklagenswertem Masse Eingang gefunden und Wurzel geschlagen hat. Studiert man gleichzeitig die Geschichte der Volkssitten, das ethnographische Detail der Gestaltung des Geschlechtslebens u. dergl., so wird man, so berechtigt das Verlangen danach auch erscheint, doch, wenn man ein ehrlicher Forscher ist, begreifen lernen, dass ein derartiges gesellschaftliches Übel sich nicht mit einem Zauberschlag, mit der Neuaufstellung oder der Abschaffung einiger Gesetzesparagraphen aus der Welt schaffen lässt. Ich für meinen Teil vermag aber nicht zu fassen, wie in dem Bestreben das Übel abzumindern etwas Unmoralisches liegen, eine Art Kapitulation mit dem Laster zu finden sein soll.

---

*) Es giebt noch viele andre Dinge in W.s mehrerwähnter Schrift, welche eine strengere Prüfung verdienten, z. B. seine Behauptung, dass es wirkliche Monogamie (S. 16) nur unter den Frauen der gebildeteren Klasse gebe, eine offenbare Verunglimpfung der glücklicherweise zahlreichen ehrbaren Frauen und Männer aus dem Arbeiterstande, für welche diese, wie ich glaube, Herrn W. schwerlich dankbar sein dürften.

Der Versuchung und Verführung zuvorzukommen und öffentlichem Ärgernis zu wehren, ist ja als Aufgabe der Gesetzgebung anerkannt worden. Die Behörde, welche sich naturgemäss hiermit zu befassen hat, ist die Polizei, doch nicht die unkontrollierte Polizeiwillkür, sondern diese Behörde unter der Oberaufsicht der ordentlichen Gerichte. Es liegt in der Natur der Sache, dass das Urteil darüber, was als störende Erscheinung auf öffentlichem Platze zu betrachten sei, durch Erfahrung und Gewohnheit geklärt werden muss; dass der Zeitpunkt für das Eingreifen der Ordnungsmacht mit richtigem Takte gewählt werde; doch irgend eine Form „diskretionärer Gewalt", wie sich Bismarck bez. der Anwendung der Maigesetze ausdrückte, muss nach dieser Seite hin zugestanden werden, wenn die Aufrechterhaltung der allgemeinen Ordnung nicht ganz aufs Spiel gesetzt werden soll.

Erfahrene Sachkenner stellen die Forderung, dass es in grösseren Stadtgemeinden unter den jetzt bestehenden Verhältnissen ausser der Ordnungspolizei auch eine Sittenpolizei geben müsse*), welche unabhängig, sowohl von der genannten wie von der Detektivpolizei, ihre Funktionen ausüben kann, Funktionen, welche darin bestehen, dass sie öffentliche Skandale zu verhindern, die Gesundheit

---

*) „Die Jugend unsres Volkes wird in beklagenswerter Weise in Versuchung geführt, denn die Prostitution lauert an jeder Gassenecke. Ein wie kräftiger Widersacher jedes Polizeireglements man auch sein mag, hat man doch das Recht zu fordern, dass das derzeitige System mit seiner Verlockung und Verführung geändert werde. — — — — — — — — — — — Es ist behauptet worden, unsre Polizeiverordnungen seien zu diesem Zwecke ausreichend; das haben sie jedoch niemals bewiesen; in keinem Lande Europas tritt die Prostitution so frech und unverhüllt auf wie in England". Parkes, loc. cit. S. 502.

der grossen Menge zu beschützen, Sicherheit für Leib und
Leben demjenigen zu verbürgen hat, der in einem Augenblick des Rausches oder der Pflichtvergessenheit in ein
übelberüchtigtes Haus geriet; ferner darin, dass sie die
Familien gegen die Erpressungen der Unzuchtsspekulation
zu verteidigen, die Jugend vor der Verlockung durch
eigene Leidenschaft zu bewahren, Kinder, deren frühreife
Neigungen sie dem Elternhause entfremdeten, diesem wieder zuzuführen, unsittliche Bilder zu vernichten, deren
Verkauf und Verteilung zu hintertreiben, Päderastie und
naturwidrige Ausschweifung auszurotten hat u. s. w.*)
Diesen Aufgaben möchte ich noch hinzufügen: auf geeignete Weise für Rettung unheilbarer Kranker, von Idioten
und Geistesgestörten zu sorgen, welche sonst oft genug
von den Klauen des Prostitutionswesens festgehalten werden.

Wollte jemand unsere Anschauungen in der Weise
auf die Probe stellen, dass er fragte, welches System ein
Arzt angewendet zu sehen wünschte, wenn eine seinem
Herzen nahestehende Person der Prostitution verfiele, so
würde letzterer ohne Zweifel antworten, dass er dann besonders dankbar sein würde für eine verlässliche Sittenpolizei, durch deren Hilfe Nachforschungen, Rettungsversuche und mindestens Schutz gegen die schwersten Formen
körperlicher Leiden zu erhalten wären.

Die erst kürzlich in Christiania durchgeführte Mass-
nahme, die Prophylaxis gegen die Syphilis einem städti-
schen Gesundheitsamte zu übertragen, kann vorläufig nur
als ein, bloss in einer nicht zu grossen Stadt ausführbares
Experiment betrachtet werden. Eigentümlich erscheint nur
das Bestreben, das unmittelbare Eingreifen der Polizei und

---

*) Carlier, loc. cit. S. 493.

des Polizeiarztes umgehen zu wollen, wenn man schliesslich doch die Besichtigung verdächtiger Individuen beibehalten muss.

Es scheint mir, dass derartige Aufgaben wirklich die
Zustimmung der Allgemeinheit finden und dass diese im
Falle des Bedarfs einer besonderen Klasse von Beamten
anvertraut werden sollten. Sollte auch eine oder die andere dieser Aufgaben den Anhängern der Föderation widerstreben, so kann das doch bestimmt nicht bezüglich aller
der Fall sein.

Ich kann nicht zugeben, dass das Vorhandensein einer
mit Reglement versehenen Sittenpolizei gleichbedeutend
sei mit der Annahme „einer für den Mann bestehenden
Notwendigkeit, seine sinnlichen Begierden auf jede mögliche Weise zu befriedigen". Man möchte wohl genötigt
sein, das Vorkommen geschlechtlicher Ausschweifungen
anzuerkennen, und doch, ausser Stande dieselben sofort
auszurotten, versuchen, deren Nachteile zu begrenzen und
die Verführung dazu einzuschränken.

Obwohl man sich bewusst sein kann, dass die sogenannte Sittenpolizei bisher vielfach ihre Aufgaben nicht
in zufriedenstellender Weise gelöst hat, scheint es mir
doch gewagt, mit Yves Guyot*) dieselbe für vollkommen
untauglich, für bürgerlich tot zu erklären. Die äusserliche
Ordnung derselben mag ja als technisch-administratives
Detail gelten; deren Prinzip selbst scheint mir dagegen
von Carlier richtig bezeichnet, wenn er es als seine Erfahrung hinstellt, dass eine sittenpolizeiliche Aufsicht nicht
in allen Hinsichten von der gewöhnlichen patrouillierenden

---

*) Ett inläg i sedlighetsfrågan af svenska qvinnor. Stock-
holm 1887, S. 9.

Ordnungs-(Strassen-)polizei, sowie ebensowenig von der
nach groben Verbrechen spähenden Detektivpolizei ausgeübt werden könne. Diesem Gedankengange folgt auch
Westergaard*), der zu obigen Zwecken ein besonderes,
mit grosser Sorgfalt ausgewähltes und gut besoldetes Personal aufgestellt wünscht.

Das erwähnte Komitee der französischen Akademie,
welches das jetzt bestehende System zur Kontrole der Prostitution missbilligt**), hebt hervor, dass die Schlaffheit
in jener Kontrolle — eine Folge der wiederholten Angriffe
gegen die Thätigkeit der Polizeibehörde — es verursacht
habe, dass die Prostitution zu einem vorher unbekannten
Grade angewachsen sei; dasselbe Komitee erhebt, wie bekannt, die Forderung, die Verführung (Verlockung, la
provocation) als Verbrechen anzusehen. Welche Strafe
das letztere treffen solle, wird dem Gesetzgeber anheim-
gestellt; der Arzt aber verlange die Befugnis, die Ver-
führende untersuchen und erforderlichen Falls behandeln
zu dürfen resp. zu müssen***); die Majorität des genannten
Komitees will endlich nichts wissen von einer Art Berechtigung untersuchter Frauenspersonen, ihr Geschäft und
ihre Absichten öffentlich kenntlich zu machen.†)

Bei Autoren, welche die Prostitution für notwendig und
Ausnahmegesetze bezüglich derselben für vollberechtigt
halten, kann man gewisse Humanitätsgedanken doch so
kräftig ausgesprochen finden, dass die Sittlichkeitsfreunde
sich davon besonders angenehm berührt fühlen müssten. So
hat z. B. Augagneur als gesetzliche Bestimmung beantragt,

---

*) Revue de morale progessive. Dez. 1888.
**) Loc., cit. S. 23—27.
***) Loc. cit. S. 19.
†) Loc. cit. S. 31.

dass ein unmündiges Mädchen sich niemals der Prostitution ergeben dürfe*); geschähe das dennoch, so solle sie zwei Jahre lang und beim Rückfalle bis zur Erreichung des Mündigkeitsalters in einer Besserungsanstalt untergebracht werden. Mit dergleichen Anstalten könnten dann wohlthätige Gesellschaften, die sich in geeigneter Weise der Unglücklichen annehmen, in Verbindung treten. Der Verfasser meint, dass ein solches Verfahren die Prostitution in hohem Grade vermindern werde — „quand une femme ne s'est pas prostituée avant 21 ans, elle ne se prostitue pas plus tard" — und das gerade in ihrer widerwärtigsten, schlimmsten Form, der Sichselbstpreisgebung zart-jugendlicher Individuen, welche heutzutage eine erschreckende Höhe erreicht habe.

In der Jetztzeit sind mehrere Autoren aufgetreten, welche unverkennbar mit teilweise philanthropischer Absicht dahin zu wirken suchten, dass die Prostitution auf bestimmt konzessionierte Lokale, die sogenannten Bordelle, beschränkt werden solle.

Ich kann hierfür (nach der Realencyklopädie des medizinischen Wissens, Bd. XI) eine Auslassung in dieser Frage mitteilen, welche dem Sinne nach lautet:

„Sie schädigen im geringsten Masse die öffentliche Sicherheit und Moral, während durch dieselben gleichzeitig die Strassenprostitution, die Vergehen gegen äussern Anstand und die Verführung von Männern und unschuldigen Mädchen verhindert oder doch vermindert wird. Die darin befindlichen Frauen schliessen ihre Laufbahn als Verbrecherinnen, Kupplerinnen und Selbstmörderinnen seltener, als es mit den weit unglücklicher gestellten, für sich

---

*) Loc. cit.

wohnenden Prostituierten der Fall ist, und das infolge ihrer meist gesicherteren Existenz. Die Erfahrung lehrt ausserdem, dass es gerade die Buhldirnen der Bordelle sind, welche zuweilen zu ordentlichem Leben zurückkehren und in der anständigeren Gesellschaft wieder Aufnahme finden.

„Verbrecher, welche unter der geheimen Prostitution den besten Schutz und die sichersten Schlupfwinkel finden, können durch die Bordelle leichter aufgefunden werden. Durch diese Einrichtung erzielt man vor allem die relativ beste Beschränkung der Syphilis, da die ärztliche Untersuchung der Frauen am bequemsten durchzuführen ist, und da die Insassinnen selbst durch die bessere materielle Stellung, wie durch Erfahrung und Unterweisung die Kenntnisse erwerben, um sich gegen Ansteckung sicherer zu schützen. Das ist nicht möglich bezüglich der schlechtergestellten, unwissenderen, für sich allein wohnenden Gassendirnen, welche schon die Not zwingt, sich jedem Beliebigen preiszugeben."

Westergaard hat in seiner obenerwähnten Schrift ausgesprochen, dass es ihm bei der Wahl unter zwei Übeln besser dünke, öffentliche Bordelle, als zwischen der andern Bewohnerschaft der Städte verstreut wohnende Buhlerinnen zu haben, vorzüglich schon deshalb, weil sie unter letzteren Verhältnissen eine gefährlichere Wirkung auf benachbart wohnende Familien ausüben. Von theoretischem Standpunkte ist das nicht ganz unrichtig zu nennen; Prof. Westergaard sieht aber recht gut ein, dass es auch neben den Bordellen stets noch eine Menge heimlicher, für sich wohnender Prostituierten giebt. Da der beabsichtigte Vorteil auf obige Weise also nicht zu erreichen ist, scheint es mir doch unzulässig, der Unzucht eine gewisse gesetzliche Anerkennung zu gewähren, welche von der Einrichtung öffentlicher Bordelle unzertrennlich ist. Während meiner ganzen ärztlichen Wirksamkeit bin ich auf Grund der schwedischen Gesetze ein Gegner aller solcher Anstalten gewesen, auch zu der Zeit, wo sie von der Mehrzahl der Ärzte ernstlicher verteidigt wurden, als es jetzt der Fall ist.

Eine diese Frage betreffende Auslassung der finnischen Ärztegesellschaft scheint mir weitere Verbreitung zu verdienen. Diese hat folgenden Wortlaut: „Man kann doch nicht bezweifeln, dass auch direkte administrative Massnahmen dazu mitwirken können, die Verhältnisse nach dieser (sc. nach einer besseren) Richtung hinzulenken, wie dieselben andererseits, im Falle einer unzweckmässigen Anordnung, dazu beitragen können, den freien Geschlechtsverkehr zu erleichtern, ja, zu befördern und ihn geradezu allgemeiner zu machen. Dieser Gesichtspunkt darf deshalb bei Aufstellung und Beurteilung der Massregeln, welche man zwecks Verhinderung der Ausbreitung der Syphilis treffen will, nicht übersehen, ja, nicht einmal unterschätzt werden. Aus demselben Grunde kann die Errichtung streng überwachter und organisierter Bordelle, welche man ganz allgemein als das wirksamste und zweckmässigte Verfahren zur Einschränkung der hygienischen Nachteile der Prostitution betrachtete, nicht einmal von hygienischem Standpunkte befürwortet werden, auch trotz der nach anderer Hinsicht sich hier geltend machenden Bedenken. Denn man kann sich darauf verlassen, dass derartige Häuser durch ihre leichte Zugänglichkeit und die Verlockungen, welche sie darbieten, eine Steigerung des Verkehrs auf diesem Gebiete, eine allgemeinere Gepflogenheit des freien geschlechtlichen Umganges hervorrufen, und dass dieser Umstand die Vorteile, welche eine

durch eine solche Anordnung ermöglichte strengere Über-
wachung eines Teiles der Prostituierten wohl mit sich
führt, mehr als aufwiegt." *)

Es erscheint auch mir weit ratsamer, auf dem vorhandenen Grunde das schwedische Gesetz weiter auszubauen
und zu vervollkommnen, als dessen Paragraphen, welche
die Einrichtung von Bordellen verbieten, zu streichen.

Für denjenigen, der in der Prostitution nichts anders
als einen durch erkünstelte gesellschaftliche Verhältnisse
gehemmten Naturtrieb erblickt, möcht' ich auf die bekannte Thatsache hinweisen, dass die Prostitution unnatürlichen Ausschweifungen vorarbeitet, zu solchen verlockt
und sie entwickelt **) und dass dieselbe Verbrecher und
jeder Art Feinde der Gesellschaft zu Verbündeten hat.

Wir sind nun bis hierher gelangt, meine Herren. Sollen
wir Leckys, Mona Cairds und anderer Ansichten über
die Prostitution unterschreiben? Sollen wir diese als ein
Sicherheitsventil der Gesellschaft betrachten? Nein, das
ist uns unmöglich. Wenn auch das Vorhandensein feiler
Dirnen in einem oder dem andern vereinzelten Falle die
sexuellen Leidenschaften eines Mannes hindert diesen zu
einer Notzüchtigung ehrbarer Frauen zu treiben, so unterhält und entwickelt dasselbe doch die Laster, vergiftet
und verdirbt gleichzeitig tausendmal tausend Männer, beraubt und schändet weibliche Wesen, verführt Kinder, bedroht und befleckt die Ehe und bildet eine gesellschaftliche

---

*) Betänkande afgifvet till finska läkaresällskapet etc. S. 30.
**) Päderastie und weibliche Prostitution sind im Grunde ge-
nommen dasselbe." Carlier, loc. cit. S. 467.

Gefahr par préférence, welche weit schlimmer ist als So-
zialdemokratie und Kommunismus an sich.

Es ist bei einem Teile gesellschaftlicher Reformatoren
zur Modesache geworden, die Prostitution als ein notwen-
diges Komplement der Ehe hinzustellen (s. z. B. das Citat
aus Mona Caird, S. 163). Eine solche Auffassung ist nur
bei demjenigen möglich, der diese Frage nicht gründlich
studierte, und bei dem, der mit mehr oder minder ehrlichen
Mitteln das Institut der Ehe angreifen will. Ob man nun
die historische Entwickelung der Frage oder deren gegenwärtigen Zustand ins Auge fasst, bleibt eine Behauptung
wie die obige gleich ungereimt. Wenn man in einer Ort-
schaft mit einfacheren Sitten die Prostitution unbekannt
und die Ehe in Ehren gehalten findet, in welchem Verhältnis sollen dann die beiden Institutionen überhaupt zu-
einander stehen? Oder, um ein Beispiel aus dem städti-
schen Leben unserer Tage heranzuziehen, inwiefern kann
man die Prostitution als eine Schutzwand für das Heilig-
tum der Ehe ansehen, wenn man doch weiss, dass der
illegitime Geschlechtsverkehr auf jede erdenkliche Weise
besonders die männlichen Mitglieder der Familien zu ver-
locken und zu verderben weiss? In dieser Hinsicht hat
schon die gewöhnliche Durchschnittsfrau ein klareres Urteil, als z. B. das geniale Weib der Neuzeit. Die erste
sieht ein, dass sie durch die Prostitution Gefahr läuft
einen Gatten zu bekommen, dessen sittliche Reinheit befleckt, dessen Gesundheit untergraben, dessen Sitten ver-
roht, dessen Treue unzuverlässig, dessen Schönheitssinn
verdorben, dessen eheliches Liebesfeuer jeder jugendlichen
Frische beraubt sein kann, dass sie Gefahr läuft, dass ihre
Kinder schon von Geburt an mit Krankheiten belastet sein
und dass sie vom Vater verwerfliche sexuelle Begierden

ererbt haben könnten; sie hat für die aufwachsenden Söhne kaum vermeidliche Gefahren und Versuchungen, für die Töchter die schlimmsten Enttäuschungen und Leiden zu fürchten. In der That, ich kann nicht einsehen, dass sie der Prostitution für irgend etwas dankbar sein könnte. Es ist nur eitles Geschwätz, dass die Prostitution ein Schutz gegen Attentate auf ehrbare Frauen sei. Wird der Geschlechtsgenuss als ein Selbstzweck hingestellt und jedes Zusammenhanges mit persönlicher inniger Zuneigung, mit Familienleben und natürlicher Verantwortlichkeit beraubt, so lässt sich dieser auch nicht mehr mit den natürlichen Mitteln erreichen, da entsteht das Bedürfnis künstlicher Reizung, da verlangen die verlebten, übersättigten Individuen nach Abwechselung und finden Vergnügen an Jungfernraub u. dergl.

Ich kann in dieser Frage völlig der Ansicht Parkes' und seinen bezüglichen Worten beistimmen: „Keinen Augenblick teile ich die Ansichten derjenigen, welche in der Prostitution nicht nur eine Notwendigkeit, sondern etwas Gutes sehen — eine Schutzwehr gegen schlimmere Laster, eine Sicherheit gegen Angriffe auf die eheliche Tugend. — — — — Je mehr die Prostitution sich entwickelt, desto mehr schädigt sie die Ehe, diese Schutzmacht der Menschheit."

Es ist also völlig in der Ordnung, dass die Gegenwart in Gestalt der Association diese auch zu bekämpfen sucht. Gegen gewisse Associationen möcht' ich aber doch eine Bemerkung nicht unterdrücken. „Caveant consules ne quid detrimenti respublica capiat" — mögen des Volkes Führer sich hüten, auf Irrwege zu geraten — von dem unberechtigten Kampfe gegen die Thätigkeit der Ärzte hab' ich schon gesprochen — mögen sie einsehen, dass eine Besserung der Moral der Allgemeinheit eine langsame, geduldprüfende Arbeit verlangt, mit blosser Deklamation aber niemals, und nur selten, äusserst selten mit Agitationen abzumachen ist. Mögen Führer und Mitglieder derselben einsehen, dass die Wege, welche die Gesellschaft emporzuführen vermögen, nicht gewagte Diskussionen und Vorträge, nicht die Privatbesuche einzelner Mitglieder bei Freudenmädchen und Erkundigungen nach deren Lage und Beschäftigung sind, ebensowenig wie physiologische Räsonnements und Aufsätze. Möchte sich ferner auch ihr Blick klären, damit sie erkennen, wer ihre wahren Freunde und Feinde sind. Wollen sie ernstlich etwas von unserer, von ärztlicher Erfahrung lernen, so würden sie in uns weit bessere Freunde finden als in ihren jetzigen neuen Verbündeten — den Lebemännern. Kein Mensch wird deshalb schon ein Freund der Sittlichkeit, weil er, „Fort mit der Sittenpolizei!" ausruft. Ich weiss, dass man im letztgenanntem Lager, unter den Saduzäern der gewaltsamen Umänderung ganz wie unter den Pharisäern der Reaktion, Männer trifft, für welche jedes weibliche Wesen vogelfrei und von deren Seite jedes verheiratete oder unverheiratete Weib gemeinen Beleidigungen ausgesetzt ist, soweit die betreffenden glauben das ohne Gefahr der Züchtigung seitens männlicher Beschützer wagen zu können. Durch die Einmischung so verächtlicher Individuen gewinnt die Sache der Sittlichkeit weder an Kraft noch an Ansehen.

Ein hochgeachteter Rezensent hat gegen mehrere meiner hier ausgesprochenen Anschauungen Einwendungen erhoben, die ich zu beantworten mich verpflichtet fühle. Ich habe keineswegs etwas gegen das Bestehen der Föderation und gegen deren Arbeitsziele, ich meine aber, dass sie durch ihre intensive Opposition gegen die jetzt gebräuchliche Untersuchung auf unpassende Weise Kräfte V verschwendet hat, welche zweckmässiger hätten zu einer positiven Besserungsarbeit verwendet werden können; ich meine, dass sie, wenigstens in Schweden, die Verirrungen des Geschlechtsverkehrs zu einseitig als eine Beleidigung des Mannes gegen die Frau aufgefasst hat; ich meine, dass eine sorgsamere Prüfung und Kritik der Eigenschaften ihrer freiwilligen Mitarbeiter auf diesem Felde der Sache zum Nutzen gewesen wäre. Wenn der geehrte Rezensent der Ansicht ist, dass mein Buch von der weiblichen Jugend unter 25 Jahren fernzuhalten sei, so ist es wohl nicht unbillig, wenn ich verlange, dass Personen dieser Kategorie, ja, sogar viele von höherem Alter, sich nicht als berufen ansehen möchten, zwecks zweifelhafter Rettungsversuche Streifzüge in die Höhlen des Lasters zu unternehmen. Für eine solche Missionsthätigkeit mit allem ihren Ungemach und ihren Gefahren, welche ich keine Lust verspüre hier aufzuzählen, benötigt es einer ganz besonderen Begabung, welche Männern oder Frauen nur selten verliehen ist. Alle falsch geplanten und ausgeführten Versuche in dieser Richtung wirken ebenso schädlich für die Sache, wie für die dabei beteiligten Personen.

Wenn ich, gestützt auf das Zeugnis der Geschichte, erkläre, an eine schnelle und gänzliche Abwendung der Allgemeinheit von sexuellen Sünden nicht glauben zu können, so ist das wohl ehrlicher und hat mehr Wahrscheinlichkeit für sich, als wenn man seine Hoffnung auf Rettung von einigen Reformen auf dem Papier erwartet. Daraus folgt keineswegs, dass ich die Prostitution beibehalten wissen möchte; ich verteidige nicht das V System, mag nichts von Berechtigungsscheinen

— 210 —

hören, ich habe nur das Recht der Gesellschaft betont, sich gegen Krankheiten seitens der Prostitution zu
schützen.*)

Der grossen Allgemeinheit ist es sehr schwierig, die
Stellung des ärztlichen Berufs in dieser Frage wie in anderen zu begreifen. Wir müssen Menschen behandeln und
heilen, müssen Krankheiten auszurotten suchen, ohne bei
dieser Thätigkeit danach zu fragen, ob jene aus Sünden
oder Verbrechen herstammen.**) Zur moralischen Hebung
des Menschengeschlechts tragen wir gern bei, aber nicht
dadurch, dass wir den Krankheiten ungehinderten Lauf
lassen. Ja, könnten wir der Welt nur ein Mittel schenken,
durch das jeder geschlechtliche Umgang, ob legitim oder
nicht, völlig unschädlich würde, so würden wir gar nicht
zögern, das zu thun. Leider giebt es jedoch ein solches
nicht. Befindet sich der Arzt z. B. in der Stellung, dass
er zum Besten des Vaterlandes Gesundheit und Kraft bei
dessen Heer und Marine zu bewahren hat, so mag er versuchen, ob peinliche körperliche Sauberkeit da etwas aus-
zurichten vermag, wo es Reinheit der Sitten einmal nicht
giebt — viel wird es nicht sein.

Es bleibt mir, meine Herren, nur noch übrig, einige
Schlussfolgerungen zu ziehen. Worauf ziele ich eigentlich
hinaus? Will ich arbeiten für eine höhere geschlechtliche
Moral? Die Antwort hierauf wird je nach dem Standpunkte
des Kritikers verschieden lauten. Von dem Sittengericht, das
z. B. von Strindberg, Geijerstam, Lundegård, Levertin, Ola
Hansson, Garborg, Krogh, Hans Jäger, Georg Brandes,
Amalia Skram, Stella Kleve, Erna Juel Hansen und deren

*) Esselde, Om sedlighetens ståndpunkt etc. Norrköping 1889.
**) Vergl. Ev. Joh. 5, 14.

Genossen abgehalten wird, hab ich freilich nur ein vernichtendes Urteil zu erwarten.

Dagegen kann ich vielleicht mit geringerem Widerspruch von anderer Seite aussprechen, dass es meine Absicht war, einzelne Züge aus der Naturlehre der Monogamie darzustellen, hinzuweisen auf die für Leib und Seele, für den einzelnen wie für das Volk gesundheitsfördernde Kraft, welche einer wirklichen und ehrlichen Monogamie innewohnt.

Nun! Nichts weiter als das! dürfte da so mancher rufen; an derartigen Ermahnungen fehlt es uns überhaupt nicht; solche Ratschläge, mit den vorhandenen misslichen Verhältnissen zufrieden zu sein, sind sehr billig zu erteilen; was wir brauchen, sind Reformen! Das will ich niemandem abstreiten, doch nicht reaktionäre Reformen, nicht atavistische Rückfälle, sondern wirkliche Fortschritte thun uns not. Unsere Erziehung muss schon darauf zugeschnitten werden, den Körper gesünder zu machen; wir müssen uns der Kultur anpassen; wir müssen uns mehr Nerv und weniger Nerven anschaffen, müssen uns befleissigen, die kommende Generation in reiner geistiger Atmosphäre aufzuziehen.

Von den Wegen hierzu kann ich nur einige anführen. Wir müssen die Verheerungen des Alkohols verabscheuen lernen. Ich kann zwar nicht verlangen, dass sich jeder einer absolut enthaltsamen Gesellschaft anschliesse, ich kann aber verlangen, dass jeder nüchtern ist und bleibt das bedeutet in meinem Sinne, dass er niemals so viel Alkohol verzehrt, um seelische und körperliche Veränderungen davon zu erfahren. Wir müssen psychischen Reizmitteln aus dem Wege gehen, Litteratur, Bilder, Schauspiele und dergl., wodurch die Sinnlichkeit aufge-

stachelt wird, vermeiden. Wir müssen auf grössere Natür-
lichkeit der allgemeinen Umgangsweise hinwirken,
müssen Mann und Weib Gelegenheit bieten, sich öfter und
unter einfacheren Alltagsverhältnissen zu begegnen, als es
heutzutage der Fall ist, wo man die jungen Leute nur
zu Vergnügungen und Bällen zusammenführt, bei denen
allzuviele Schranken, sogar die einer anständigen Tracht,
zwischen ihnen niedergerissen werden.*)

Für meinen Teil erhoffe ich eine Verbesserung der
Sitten durch gemeinschaftliche Erziehung, wenn diese
richtig geleitet und von Erziehern beiderlei Geschlechts
ausgeführt wird; in dem Unterrichte sollte auch für jedes
Entwickelungsstadium so viel, wie gerade passend erscheint,
vom Geschlechtsleben Platz finden. Alles diesbezügliche
Wissen stiftet mehr Nutzen, wenn es auf dem Wege der
geordneten Unterweisung, als wenn es auf heimlichen
Umwegen erlangt wird. Diesem Unterrichte müsste sich

---

*) Aber so sehr ich auch das moderne Ballwesen missbillige,
so muss ich doch meine Verwunderung darüber ausdrücken, dass
ein Mann wie Leo Tolstoi mit dem Satze hervorzutreten wagt,
dass die Frauen seiner Bekanntschaft, wenn sie ihre Töchter zu
Bällen führten um ihnen Männer zu verschaffen, nach keiner Beziehung besser wären als eine alte Kupplerin, welche mit dem
Körper ihrer 13jährigen Tochter Handel triebe; folglich dürfte kein
Kind von seiner Mutter weggenommen und solchen Frauen zur
Erziehung überwiesen werden. (Hvad vi behöfva. S. 58).

Man kann es doch nicht auf eine Stufe stellen: auf der einen
Seite einen einzelnen Mann zum Ehebunde mit einer heiratsfähigen
Tochter zu ermuntern, und auf der andern Seite ein Kind den
wilden Lüsten zahlloser Männer preiszugeben.

Wer keinen Sinn hat für relative Verbesserungen,
der soll sich auch niemals mit gesellschaftlichen Reformen beschäftigen.

schliesslich ein Kursus an menschlichen Leichen demon-
strierter Anatomie anschliessen, eine Methode, welche
meiner Ansicht nach viel von der Neugier beseitigen
müsste, die jetzt einen so schädlichen Einfluss ausübt.

Weiter müssen wir im täglichen Leben auf grössere
Sparsamkeit bedacht sein, und in dieser Hinsicht kenne
ich kaum eine Klasse, welche sich so schwer versündigt
wie die gebildeten jungen Männer Schwedens. „Ich lasse
mir natürlich nichts abgehen", sagte zu mir kürzlich ein
Student, der von der Arbeit seines Vaters lebte, und er
glaubte dabei völlig in seinem guten Rechte zu sein.
Universitätsschulden, und oft recht sehr beträchliche, sind
ein spezifisch schwedisches (?? der Übers.) Gesellschafts-
unglück, dessen Wirkungen sich von Generation zu Generation hinschleppen. Hierüber liesse sich von verschiedenem
Standpunkte aus gar viel sagen, ich erinnere jedoch nur
daran, dass die Belastung mit Schulden das Eingehen
einer Ehe verzögert, die Verlobungszeit über Gebühr hinaus verlängert, viele Partieen zwischen sonst passenden
Individuen verhindert und das Wohlergehen so manchen
Hauses zerstört.*)

Damit das Weib aus den gebildeten Klassen sich
besser vorbereite, eine passende Gattin und Mutter eines
späteren Geschlechts zu werden, sind vor allem eine
bessere, kräftigere Gesundheit, grösseres Arbeitsvermögen

---

*) In englischen Schriften findet man Warnungen vor Ein-
gehungen von Ehebündnissen unter solchen Verhältnissen, da des
Mannes Kampf ums Dasein immer ein harter wird und sein Vor- ⚡
wärtskommen gänzlich unsicher ist. (Vergl. Acton, Beale u. a.).
In gewissen Fällen kann ein solcher Ratschlag auch bei uns seine
Zweckmässigkeit haben.

und geringere Ansprüche auf die Bequemlichkeiten des Lebens nötig.*)

Ich weiss nicht, ob ich in einem Irrtum befangen bin, für mich aber ist die sexuelle Frage sowohl die Wurzel wie die Blüte der Anfang und das Ende jeder Moral. Arbeitet man auch Tag und Nacht für der Menschheit Wohl, opfert man dafür Gut und Blut, so scheint mir das alles nutzlos zu bleiben, wenn man das Geschlechtsleben, die sich ewig verjüngende Elementarschule für einen wahren Altruismus**) vernachlässigt und herabzieht. Sie kennen alle den alten Spruch: „Vor allen Dingen behüte dein Herz, denn aus ihm spriesst das Leben"; ich möchte von diesem Satze eine Anwendung machen. Da jedes menschliche Leben und Dasein seinen Ursprung in einem geschlechtlichen Verhältnisse findet, kann das letztere als das Herz der Menschheit betrachtet werden. Wird dessen Wirksamkeit erschüttert und zerstört, so leiden davon alle Glieder der Menschheit.

Von Frankreich ist ein Grundgedanke ausgegangen, der mit dem Sprichworte „Où est la femme?" übersetzt wurde: ... Wo ist es, das oft unheimliche, dämonische, sirenenhafte Geschöpf, dieses Wesen, dem keine männliche Kraft und Charakterstärke zu widerstehen vermag, dieses dunkle, unverstandene Naturmedium, welches allgewaltig und masslos jedes männliche Wesen betäubt, verwirrt, herabzieht und vernichtet? Dieses Sprichwort hat seine Ergänzung gefunden, welche ebenfalls in fränkischer Zunge lautet: „Tuez-la!" — töte sie! — ein anderes Argument

---

*) Vergl. die obenerwähnte Schrift von Styrbjörn Starke.
**) Vergl. Hoffding, loc. cit. S. 168 u. flg.

findet sich nicht in Seele und Herz des Mannes, töte sie
oder du vernichtest dich selbst!*)

Doch nein, für jeden Schritt, den wir noch vorwärts
thun, bei jeder Schwierigkeit, die wir überwunden, für
jede Veredlung, die wir gewonnen haben, laute unser
Wahlspruch, weil er wahr, empirisch bekräftigt ist, lieber:

„Das ewig Weibliche zieht uns hinan!"

---

*) Vergl. Alex. Dumas fils, „Jean Richepin", und verschiedene
moderne Schriftsteller.

Wen darf ich heiraten?

Eine Frage
aus dem Gebiete der sozialen Hygiene

beantwortet

von

Dr. med. Sev. Ribbing,

Professor an der Universität Lund (Schweden).

Aus dem Schwedischen von Dr. med. Oskar Reyher.

Drittes und viertes Tausend.

STUTTGART
Hobbing & Büchle
1896.

Inhaltsübersicht.

Ansichten vom Ursprung der Ehe und der Familie. — Das Matriarchat. — Die Evolutionslehre. — Vorbedingungen einer glücklichen Ehe. — Altersreife beider Geschlechter. — Nachteile frühzeitiger Ehen. — „Monströse" Ehen. — Verwandtschaftsehen. — Körperliche und geistige Beschaffenheit Eheschliessender. — Vererbliche Krankheiten: Schwindsucht, Geschlechtskrankheiten, Bluterkrankheit, Nervenleiden u. a. m. - Winke für eine gesunde Ehe und Lebensführung. — Schlussbemerkungen.

Hofbuchdruckerei C. Liebich, Stuttgart.

Hochgeehrte Anwesende!

Vor nicht langer Zeit hat von diesem Katheder aus
eine kompetente Persönlichkeit auf die Frage: „Mit wem
soll, das heisst, darf man sich nach schwedischem Gesetz verheiraten", eine Antwort erteilt. Ich gebe der
Frage eine andere Fassung und demzufolge fällt auch
die Antwort, wenigstens in mehreren Hinsichten, etwas
anders aus. Gesetzgeber und Arzt interessieren sich
für die Ehe und deren Bedingungen ebenso sehr, wie
der Religions- und Sittenlehrer. Uns allen sind die
Worte und der Sinn des schwedischen Trauungsformulars
bekannt, wonach „die Ehe gestiftet ist zur Erhaltung
der Gesellschaft, zur gegenseitigen Unterstützung der
vereinten Gatten in allen Mühen und Beschwerden des
Lebens, zur Milderung vorkommenden Ungemachs und
zur Sicherung des Wohlseins und Gedeihens der Nachkommen durch eine sorgfältige Erziehung."

Ich dürfte wohl nicht fehlgehen mit der Voraussetzung, dass alle Kenntnis und Erfahrung, die wir
bezüglich der Zeiten und Sitten der menschlichen
Kultur gesammelt haben, die Ehe als die Institution
par préférence anerkannt haben. Die innige Verbindung, die zum Zwecke der Bestandes der Mensch-

heit und der Gesellschaft erforderlich war, ist niemals
dem Zufall und der Laune überlassen worden; sie
wurde im Gegenteil gehegt und geregelt durch religiöse
und bürgerliche Gesetze, durch vererbte Sitten und Gebräuche, welch' letztere nicht minder bindend gewesen
sind, als geschriebene Gesetze. Die neuere Wissenschaft
will sich in dieser Beziehung nicht mit der Tradition
allein begnügen; sie will nicht bloss philosophisch, sondern
auch historisch zum Ursprung aller Dinge hinabdringen,
und hat sich deshalb voller Eifer auf das Studium der
historischen Entwicklung der Ehe geworfen. Man kann
zwar nicht sagen, dass alle Forscher auf diesem Gebiete
ohne vorgefasste Meinung an ihre Arbeit gegangen wären.
Hierbei wie in so vielen andern Fällen haben die Grundsätze der Evolutionslehre auf unsere modernen Forscher
einen so mächtigen Einfluss geübt, dass ihre Untersuchungen von dem Geiste jener Lehre beeinflusst, ihre
Schlussfolgerungen mehr oder weniger unbewusst in Übereinstimmung mit jener naturphilosophischen Anschauung
gebracht worden sind. Die Evolutions- oder Descendenzlehre ist im allgemeinen wohl am besten unter dem
Namen des Darwinismus bekannt, und wenn man den
Inhalt dieser Lehre recht schlagend charakterisieren
will, so sagt man, es ist die Theorie, die da lehrt, dass
der Mensch vom Affen abstamme. Es gehört weder zu
meiner Aufgabe noch überhaupt hierher, in eine wissenschaftliche Kritik dieser Lehre einzutreten; deshalb beschränke ich mich darauf, anzuführen, dass dieselbe einen
besonders belebenden Einfluss auf das Studium der Zoo-
logie und der Botanik, auf die Sprachwissenschaft und die
Ethnographie, ja sogar auf die moralischen Wissen-

schaften ausgeübt hat. Ein aufmerksamer Beobachter
der Zeichen der Zeit wird indes erkennen, dass die
Vorkämpfer der Evolutionslehre in ihren Behauptungen
jetzt nicht mehr so zuversichtlich sind, wie noch vor
etwa zehn Jahren. Der jugendliche Eifer, mit dem man
damals verkündete, dass das Rätsel des Daseins auf
diesem Wege seine Lösung gefunden habe, hat inzwischen
erfolgreichem, besonnenem Nachdenken und einer er-
zwungenen Resignation Platz gemacht, derzufolge man
anerkennt, dass gar vieles noch in Dunkel gehüllt und
vieles noch zu erforschen übrig sei.

Von dem genannten Standpunkte aus ist nun auch
die Lehre von der Ehe und der Familie behandelt
worden, doch auch hierbei sind verschiedene Forscher
allzu eifrig bemüht gewesen, den Stammbaum der Ehe
zu konstruieren, indem sie um jeden Preis die Bedeutung
von Entwickelungsstufen und Veränderungen hervorzu-
heben strebten; dadurch aber sind sie von ihren eigenen
Theorien so sehr irre geführt worden, dass wieder
andere Forscher, obwohl selbst aufrichtige Evolutions-
philosophen, sich zu kritischer Durchsicht der Arbeiten
ihrer Vorgänger und zur Verwerfung derselben, als gar
zu leicht gefügt, genötigt sahen. Der sogenannte Ehe-
stammbaum, der nach jener Methode aufgestellt wurde,
lässt erkennen, dass es während des ursprünglichen Zustandes der Menschheit irgend eine geregelte geschlechtliche Verbindung nicht gegeben habe, sondern dass der
Fortbestand derselben nur auf die zufällige Vereinigung
von Mann und Weib begründet gewesen sein soll.
Darin, dass die geschlechtliche Vereinigung nicht ohne
weiteres und ohne Einschränkung gestattet gewesen,

sondern durch eine Art permanenter, sogenannter Kommunalehegemeinschaft ersetzt worden sei, innerhalb derer alle Männer der ursprünglichen Gesellschaft mit allen Frauen ebenderselben verheiratet waren, und ferner darin, dass das „Mutterrecht" (Matriarchat) eingeführt worden wäre, habe der nächste Fortschritt bestanden. In einer so gestalteten Gesellschaft bildete das heiratsfähige Weib eine Art Mittelpunkt, um den die Männer sich sammelten; sie schenkte ihre Gunst dem, den sie bevorzugte, sie erzog ihre Kinder, die von verschiedenen Vätern abstammten, und diese Kinder erhielten den Namen der Mutter, weil deren Abstammung von ihr stets unbestreitbar, die Vaterschaft aber unbeweisbar war.

Aus solchen Anfängen sollen dann während der historischen Zeit die Formen der Vielehe (Polygamie) und der Einzelehe (Monogamie) hervorgegangen sein.

Die hier angedeuteten Theorien haben mehrfach Anhänger gefunden, die ihnen nicht nur als vermeintlich geschichtlichen Thatsachen, sondern noch mehr, als Ausgangspunkten für erwünschte Gesellschaftsreformen Wert beilegten. So wagt es daraufhin z. B. ein dänischer Schriftsteller unserer Tage mit der Forderung aufzutreten, dass die erotisch-eheliche Verbindung als vollständige Privatsache zu betrachten sei, womit Staat und Gesetzgebung nichts zu schaffen hätten; so unterfangen sich ferner schwedische Reformeiferer voller Begeisterung für die Lehre vom Matriarchat einzutreten und dessen Wiedereinführung durch Abänderung der Gesetze vorzuschlagen.

Sicherlich befremdet es sehr, dass Leute, die sich rühmen der Evolutionstheorie zu huldigen, auch nur die

Möglichkeit erwägen können, um Jahrtausende in der
Kultur zurückzugehen, ein Unternehmen, dessen Aus-
sichtslosigkeit auf der Hand liegt. Ja, diese Vorliebe
für Descendenzkonstruktion kann ihren Anhängern ge-
legentlich so tolle Possen spielen, dass sie in ihrer Nai-
vität einer unfreiwilligen Komik verfallen. Eine englische Schriftstellerin, Mrs. Mona Caird, die die Hypothese vom Matriarchat mit allem, was drum und dran,
in sich aufgenommen hat, liefert in einem ernsthaft
gemeinten Aufsatze eine Schilderung des Weibes aus der
Urzeit, das, in einer Felsenböhle hausend, sich mit Ein-
sammeln von Kräutern beschäftigt und in primitivster
Weise Acker- und Gartenbau betreibt, während die
Männer nur als umherschweifende Jäger leben. Rings
um die Frau wächst ihre zahlreiche Kinderschar heran;
den erwachsenen Töchtern stellen die Männer in jeder
Weise nach, vermögen sie jedoch nicht anders als durch
Raub für sich zu gewinnen. Die Mutter der Familie
verteidigt sich und sie so lange als möglich mit Waffen
der Natur und der Kunst, wird aber früher oder später
doch überwunden. Diesen Kämpfen, sagt Mrs. Mona
Caird, entstammt als Erbstück der Widerwille, den jede
Schwiegermutter gegen die Schwiegersöhne und umge-
kehrt hegt. Sehr viele moderne Forscher, die sich nur
von den Lehren der Erfahrung leiten liessen, glauben
dagegen zu der Behauptung berechtigt zu sein, dass der
aufgestellte Stammbaum für die Entwickelung der Ehe
nicht haltbar sei. Je weiter man sich in die Ethnographie der Urvölker vertieft, desto mehr wird man zu
der Ansicht genötigt, dass die mehr oder weniger aus-
gebildete und gesetzlich anerkannte Monogamie das

früheste bekannte Stadium der ehelichen Gemeinschaft
√ darstellt, während Polyandrie, Haremsleben und andere
eigentümliche Verbindungen erst späteren Ursprungs sind.

. . . .

Überall finden wir das Eheleben gleichsam eingehegt
durch besondere, oft von langer Zeit her überlieferte
Sitten und Gebräuche. Zum Teil sind diese zu betrachten
als ein Teil der Erfahrung des Volkes, und unter solcher
Form ist auch in die Gesetze der meisten Völkerschaften
wenigstens irgend eine Bestimmung aufgenommen worden,
die auf dem Gebiete der Gesundheits- und Krankheits-
lehre wurzelt. Leider kann man nicht sagen, dass der
Gesundheitslehre ein ausgedehntes oder gar ein hin-
reichendes Bestimmungsrecht bezüglich der Abschliessung
der Ehe eingeräumt worden sei. Während die Fragen
nach Herkunft und Vermögen, nach äusserer Schönheit,
√ Bildung, gesellschaftlicher Gewandtheit und dergleichen
von jeher und auch noch heute bei ehelichen Verbindungen eine wichtige Rolle spielen, versäumt oder
verschmäht man es, den Anforderungen der Gesund-
√ heitslehre für ein glückliches Familienleben die nötige
Aufmerksamkeit zu schenken. Gerade um einige, hier
in Betracht kommende Hauptpunkte näher zu betrachten,
habe ich mir gestattet, das Wort zu ergreifen.

Die Gesundheitslehre fordert in erster Linie, dass
√ die Eheschliessenden ein gewisses Alter erreicht haben. Nicht unberechtigt dürfte wohl die
Annahme sein, dass die hierauf bezüglichen Paragraphen,
die das schwedische Civilgesetz enthält, darin aufgenommen worden sind infolge der Erfahrungen unserer

Ahnen in Bezug auf das Naturwidrige und das offenbar
Nachteilige allzufrüher Ehen. Es ist kaum anzunehmen,
dass man in den weit zurückliegenden Zeiten, wo derartige Bestimmungen zuerst aufgestellt wurden, den
Blick auf die Notwendigkeit der intellektuellen Entwickelung der Eltern gerichtet hätte; vielmehr dürfte
es die Sorge für das physische Gedeihen des Volkes
gewesen sein, die jene Bestimmungen diktierte. Leider
kann man den bezüglichen Teil der schwedischen Gesetzgebung nicht. gerade als befriedigend bezeichnen.
Ihr zufolge ist die Verehelichung schon Männern, die
das 21., und Frauen, die das 15. Lebensjahr*) beschlossen
haben, gestattet. Die Hygiene kann sich aber —
wenigstens heutzutage — nicht mit diesen Altersgrenzen
begnügen; sie muss vielmehr höhere fordern. Was die
Männer angeht, brauchen solche Bestimmungen kaum so
scharf präzisiert zu werden. Das Kulturleben schiebt
bereits in den allermeisten Fällen das Heiratsalter des
Mannes — d. h. das, in dem durchschnittlich eine Ehe
eingegangen wird — viel weiter hinaus, als das Gesetz
es festsetzte. Vom Manne verlangt die allgemein
herrschende Anschauung nicht allein, dass er völlig erwachsen und mündig sei, sondern dass auch er die
Kenntnisse und Fähigkeiten besitze, die ihn zu einem
verlässlichen Versorger der Familie machen. Bei den
Anforderungen, die die theoretische und praktische Vor-
bereitung zu den meisten bürgerlichen Lebensberufen
stellt, braucht man nicht zu fürchten, dass unsere Zeit

---

*) Das deutsche Gesetz bestimmt die Altersgrenze auf volle
20 bezw. 16 Jahre.

die jungen Männer vorzeitig auf den Heiratsmarkt
hinausschicken werde, weit eher darf man befürchten,
dass sie erst zu spät dahin kommen, und nicht nur
unserer, sondern ziemlich allen Nationen würde Derjenige eine Wohlthat erweisen, dem es gelänge, die
jungen Männer zu beschleunigterem Streben nach voller
Selbständigkeit anzuspornen.

Mit den jungen Mädchen verhält sich die Sache dagegen anders. Das Gesetz erlaubt ihnen nach vollen-
detem 15. Lebensjahre in die Ehe zu treten. Aus
älteren historischen und biographischen Schilderungen
kann man den Schluss ziehen, dass die Frauen früherer
Zeiten sich wenigstens in körperlicher Hinsicht zeitiger
zu einer gewissen Kraft und Reife entwickelten, als
das jetzt der Fall ist. Auch heute kann man zwar bei
vereinzelten Familien auf dem Lande beobachten, dass
deren jugendliche Töchter schon im erwähnten Alter zu
vollen kräftigen Gestalten ausgebildet sind, doch bleiben
solche Beobachtungen immer nur vereinzelt. Man kann
nicht sagen, dass eine derartige frühzeitige Entwickelung
durch einen gewissen Stand, durch eine Klasse oder
durch Vermögensverhältnisse bedingt wäre; sie scheint
vielmehr rein individuell oder zuweilen auf einen engeren
Familienkreis beschränkt zu sein, immer aber dürfte sie
ein gewisses Mass von Beschäftigung mit körperlicher
Arbeit zur Voraussetzung haben.

Bei der Stadtbevölkerung ist eine solche frühzeitige
Entwickelung jetzt so gut wie unbekannt. Das Stillsitzen in der Volksschule oder auf den Bänken der
höheren und Fortbildungsschulen, Mangel an körperlicher Thätigkeit und frischer Luft, sowie an Selbst-

ständigkeit und Initiative in der ganzen Lebensführung
— alles trägt dazu bei, das junge Mädchen in einem
unentwickelten Zustande zurückzuhalten, der keineswegs
dadurch gewinnt, dass in ihr vielleicht schon Begierden
und Leidenschaften zu frühzeitig rege geworden.

Da man also äusserst selten junge Mädchen findet,
die mit Beginn des gesetzlichen Heiratsalters genügende
physische Reife für die Ehe und die Mutterschaft besitzen, so ist es ganz berechtigt, die Gesetze mit den
Anforderungen der Verhältnisse in Übereinstimmung zu
bringen.

Es ist deshalb recht verdienstlich von unseren Reichs-
tagsabgeordneten, dass sie die Frage der Erhöhung der
niedrigsten zulässigen Altersgrenze aufgenommen haben,
und wenn wir heuer auch noch vor keinem Fortschritte
in dieser Richtung stehen, so liegt doch Grund genug
zu der Hoffnung vor, dass diese Frage sozusagen „trepp-
auf gefallen" ist und der zeitgemässe Vorschlag bald
zum Gesetz werden wird.

Es handelt sich hierbei nicht allein um die Festsetzung einer passenden Altersgrenze. Was mich betrifft, so würde ich bereit sein, dem Wortlaute des
schwedischen Gesetz-Antrages zuzustimmen und für in die
Ehe tretende Frauen ein Mindestalter von 21 Jahren zu
verlangen; ist das vorläufig noch unerreichbar, so würde
ich mich bis auf weiteres auch mit der Altersgrenze des
18. Jahres zufrieden geben. Was hierin nun auch gesetzlich bestimmt werden möge, immer bleiben sorgsame Eltern
verpflichtet, die Verhältnisse in jedem einzelnen Falle in
Rechnung zu ziehen. Ich für meinen Teil möchte es nicht
unterlassen auszusprechen, dass ich für die meisten jungen

Mädchen eine Eheschliessung gern bis zum 24. oder 25. Jahre hinausgeschoben sähe. Aus den im Vorhergehenden angeführten Grunde lässt sich leicht beweisen, dass der weibliche Organismus in seiner Entwickelung oft lange gehemmt wird; die in unserer Zeit als notwendig betrachtete intellektuelle Bildung wird nicht in so kurzer Zeit gewonnen, und für jede zukünftige Gattin erscheint eine gewisse freie Zeit zwischen der Studienzeit und dem Alter der Unmündigkeit auf der einen und der oft schweren Arbeit im eigenen Haushalte auf der andern Seite im höchsten Grade notwendig, deshalb aber hat man Veranlassung genug, das junge Mädchen sich erst im Leben umsehen und sie es tiefer erkennen zu lassen, bevor es den schwerwiegenden Entschluss fasst, sich auf dem nur zu oft unsichern Fahrzeuge der Ehe einzuschiffen. Es freut mich hierzu anführen zu können, dass auch französische Gelehrte dieselbe Anschauung vertreten, und das trotz der unbestreitbaren Thatsache, dass die Frauen in Frankreich und überhaupt in südlicheren Ländern sich geistig und körperlich zeitiger entwickeln, als die des Nordens. Der französische Moralist ist nämlich so häufig in der Lage, die schädlichen Folgen zu frühzeitiger Verheiratung der Frauen zu beobachten, dass man recht wohl seine ernstliche Mahnung: die Frau solle die Grösse des Schrittes, den sie mit der Verehelichung thut, selbst erkannt haben — wohl begreiflich findet.

Die gar zu frühzeitige Verehelichung der Frau wirkt schädlich auf ihre Nachkommenschaft. Weder die physische noch die intellektuelle Entwickelung erreicht unter solchen Verhältnissen einen höheren Grad der Vollendung. Vorzüglich zeigt sich das, wenn solche all-

zufrühe Eheschliessungen, wie es unter hochgestellten
und reichen Familien zu geschehen pflegt, sich von einer
Generation zur andren wiederholen. Das trägt schliesslich zur Entartung bei, die in solchen Familien nicht
selten vorkommt und die mit dem Aussterben des Geschlechts endigt, wenn ihr nicht durch Beimischung
fremden Blutes oder durch die Rückkehr zu natur-
gemässer Lebensweise entgegen gewirkt wird.

In gleicher Weise wie die Gesundheitslehre vor all-
zufrühen Ehen warnt, muss sie auch vor gar zu späten
warnen. In Fällen, wo beide Eheschliessende zu etwa
gleichem Alter vorgeschritten sind, bedarf es der Warnung des Arztes allerdings kaum. Beide Teile besitzen
dann dieselbe Lebenserfahrung, und wenn sie mit voller
Kenntnis ihrer eigenen Person und der Bedingungen der
Ehe sich zu gegenseitiger Hilfe und Gesellschaft in
alten Tagen verbinden wollen, kann die Medizin dagegen keine Einwendung erheben. Ganz anders aber
liegt es, wenn Personen von sehr verschiedenem Lebensalter einen Ehebund ins Auge fassen. Die Verbindung
eines alten und wohl gar altersschwachen Mannes mit
einem blühenden Weibe, oder einer Matrone mit einem
Jüngling ist von jeher als eine „monströse" bezeichnet worden, ein Name, den sie mit Recht verdient.
Die Hygiene hat alle Ursache, das Verdammungsurteil
der kirchlichen Ethik und der praktischen Erfahrung
über eine solche Verbindung zu unterstützen. Leidenschaft auf der einen und eigennützige Berechnung auf
der andern Seite können niemals die Grundlagen häus-
lichen Glücks bilden. Ausserdem sollte jede Ehe ebenso vom Standpunkt der Familie, wie von dem der etwa

zu erwartenden Kinder vorher sorgfältig geprüft werden. Für letztere zum Beispiel ist es keineswegs gleichgültig, ob ihr Vater nach menschlicher Berechnung ihre Kindheit und die Zeit ihrer Erziehung nicht überleben werde, oder ob sie während dieser Zeit vielleicht nur die zweifelhafte Stütze eines unthätigen Greises geniessen sollen, der schon lange jede Verbindung mit der Welt hat aufgeben müssen, in der seine Kinder sich Bahn brechen sollen. Noch viele andere schwerwiegende Einwendungen könnten gegen solche ungleiche („monströse") Ehen erhoben werden. So darf man nicht vergessen, dass in den meisten Fällen, wo junge Mädchen mit schon gealterten Männern verheiratet werden, die eigenen Eltern und bejahrten Verwandten eifrig bemüht gewesen sind, den weiblichen Teil an der wirklichen Information über die rechte Art und die Vorbedingungen der ehelichen Lebensführung zu verhindern, und dass infolgedessen die junge Gattin erst, wenn es zu spät ist, bemerkt, dass sie irre geführt, um nicht zu sagen, betrogen worden ist. Auch haben nicht alle, sonst folgsamen Töchter den Mut jenes achtzehnjährigen englischen Mädchens, das ihren Eltern im Hinblick auf den vorgeschlagenen Ehekandidaten (einen halben Greis) einfach fragte: „Was sollte er mit mir und ich mit ihm beginnen?"

. . . .

Von dem hygienischen Sachverständigen muss ferner eine andere Seite der menschlichen Verhältnisse in deren Beziehung zur Ehe geprüft werden; nämlich die **Frage nach der Verwandtschaft zwischen den Eheschliessenden.**

Bei den meisten Völkerschaften begegnet man einigen
Grundsätzen bezüglich der Grenzen, innerhalb oder
ausserhalb derer eine Eheschliessung verboten ist. So
spricht man in der ethnographischen Wissenschaft von
Endogamie und Exogamie und versteht unter der ersten
Bezeichnung ein Gesetz oder eine Sitte, die die Eingehung einer Ehe nur innerhalb einer gewissen Kaste,
eines Stammes oder eines Volkes zulässt, unter der
zweiten dagegen das Verbot des Eheschliessung zwischen
Personen, die einer mehr geschlossenen Verwandtschafts-
gruppe (Sippe) oder dem als „Geschlecht" gerechneten
Personenverbande angehören. Beispiele für beide Grundsätze liefert uns die im alten Testamente mitgeteilte
Geschichte des israelitischen Volkes. Zur Endogamie
gehört das Verbot der Ehe mit der jüdischen Nation
nicht angehörenden Frauen, zur Exogamie die Bestimmung
der verbotenen Glieder, also der Verwandtschaftsgrade,
innerhalb derer eine Ehe nicht zulässig war.

Die in den Gesetzen der neueren Kulturstaaten aufgestellten Grundsätze für verbotene Glieder stammen
grossenteils aus dem mosaischen Gesetze her, obwohl
sich in dieser oder jener Spezialfrage der Einfluss einer
andern Quelle bemerkbar macht. Es kann gar nicht
nachdrücklich genug hervorgehoben werden, dass die
Beschränkungen in der Freiheit der Eheschliessung sowohl für die physische, wie für die geistige Kultur im
höchsten Grade notwendig sind. Meines Erachtens
nimmt in dieser Hinsicht die schwedische Gesetzgebung
eine glückliche Mittelstellung zwischen zu grosser Strenge
und zu grosser Nachgiebigkeit ein. Wir haben nicht,
gleich dem englischen Gesetz, das oft angegriffene, doch

bisher noch aufrechterhaltene Verbot der Ehe mit der
Schwester der verstorbenen Gattin, wir kennen jedoch
glücklicherweise auch nicht die in verschiedenen Staaten
des Festlandes bestehende Erlaubnis der Eheschliessung
zwischen Onkeln und Tanten auf der einen und deren
Bruders- oder Schwesterkindern (Nichten und Neffen)
auf der andern Seite. Für uns liegt das Schwergewicht
dieser Frage darin, gemäss der allgemeinen Anschauung,
nicht dem Gesetzbuche gemäss, gesunde Ansichten über
die Ehe zwischen Geschwisterkindern zu begünstigen
und zu verbreiten. Im täglichen Leben hört man hierüber oft mit grösster Keckheit die bestimmtesten Ansichten für und wider die Zulässigkeit solcher Verbindungen aussprechen. In Wirklichkeit liegen die
Dinge jedoch so, dass die Forschung über die Vettern-
ehe ihr letztes Wort noch gar nicht gesprochen hat.
Mehrere, ja zahlreiche Gelehrte haben ihr Scherflein
zur Lösung dieser Streitfrage beigetragen; aber ihre
Untersuchungen waren nicht umfassend genug, ihre Me-
thoden nicht einwandsfrei, ihre Schlussfolgerungen nicht
unantastbar und eben deshalb müssen wir noch mehr
und bessere wissenschaftliche Arbeiten abwarten, ehe
sich ein begründetes Verdammungsurteil über derartige
Eheschliessungen abgeben lässt.

Obwohl nun verschiedene Analogien darauf hin-
deuten, dass Ehen zwischen Verwandten im allgemeinen
nicht wünschenswert sind, dürfte man doch nicht unrecht thun, wenn man von hygienischer Seite die Forderung stellt, dass Geschwisterkinder, die eine Ehe
einzugehen gedenken, beide an Leib und Seele ganz
gesund seien, dass in der Familie, aus der sie stammen,

keine erhebliche Krankheit nachweisbar sei; dass eine
gleiche Verwandtenehe wenigstens bei ihren nächsten
Vorfahren nicht stattgefunden habe, sowie dass die
Vetterschaft keine doppelte, d. h. eine solche von väter-
licher und mütterlicher Seite her sei. Sind im übrigen
beide Teile durch Vererbung von anderer Seite körperlich und geistig einander recht unähnlich, so wäre das
desto erwünschter. Ebenso darf es als ein Vorteil betrachtet werden, wenn die Eltern beider Kontrahenten
(die beiden Geschwister) sich Ehehälften von recht verschiedenen Orten, Familien und Volkstypen erwählt
hatten, sowie, dass die Kontrahenten selbst unter möglichst verschiedenen Verhältnissen aufgewachsen sind.

In den Fällen dagegen, wo diese aufgestellten Bedingungen in der einen oder anderen Hinsicht nicht er-
füllbar erscheinen, kann die Gesundheitslehre nur mit
Unbehagen auf eine Ehe zwischen Geschwisterkindern
blicken. Allerdings ist es nicht recht zu ergründen und
darzulegen, worin die Ursache zu den anerkanntermassen
ungünstigen Folgen wiederholter oder sonstwie bedenklicher Verwandtschaftsehen liegt. Dennoch darf man
als erwiesen annehmen, dass, da jeder Mensch grössere
oder geringere Mängel in physischer oder geistiger Hinsicht aufweist, und diese bei Blutsverwandten im Grunde
ziemlich gleichartiger Natur sind, gerade diese Fehler
durch jede zwischen näheren Verwandten abgeschlossene
Ehe weiter entwickelt und vergrössert, endlich aber in
späteren Generationen so bedenklich werden, dass die
Individuen schliesslich ausserhalb der Grenzen für normale menschliche Gesundheit und Begabung fallen, bis
zuletzt der unter solchen Bedingungen erzeugte Nach-

komme soweit entartet, dass er zur Fortpflanzung des
Geschlechts untanglich wird. Das Studium der Familien-
tafeln von Fürstenhäusern und Adelsgeschlechtern liefert
zu derartigen Wahrnehmungen überreichlichen Stoff.
Während es sich hier häufig zeigt, dass das ängstliche
Festhalten an der Standesgleichheit bei Abschliessung
der Ehe auf die Lebenskraft und Befähigung des Geschlechts sehr schädlich einwirkt, übt dagegen eine frei-
sinnigere Praxis mit der Bluteinführung aus fremden,
neu aufgekommenen Familien einen guten Einfluss aus.
So hat die lebenskräftigste Aristokratie Europas — die
englische — durch allmähliche Ernennung neuer Pairsfamilien und durch den graduellen Übergang der jüngeren
Söhne zur bürgerlichen Gesellschaft in fortwährendem
Blutaustansche mit weniger verfeinerten, aber mehr
ursprünglichen, gesünderen Geschlechtern gestanden und
sich durch dieses Mittel auf einen Standpunkt der
Lebensfähigkeit und Tüchtigkeit zu erhalten gewusst,
von dem der Adel vieler Festlandsstaaten durch seine
Exklusivität bezüglich der Eheschliessung meist herab-
gesunken ist.

Nach diesen Betrachtungen über die Ehe zwischen
Geschwisterkindern möge es mir gestattet sein, auf
die Frage von der Verheiratung von Onkeln und
Tanten einerseits und den Kindern ihrer Geschwister
andererseits einzugehen. Aus dem bisher Mitgeteilten
dürfte sich schon ergeben, dass die Gefahren für die
Ehe zwischen den Kontrahenten mit der Nähe der
Verwandtschaft in gleichem Masse zunehmen. Ein
Onkel ist ja weit näher blutsverwandt mit seines
Bruders Tochter, als der Sohn eines Onkels mit der-

selben Cousine. Man muss sich hierbei auch errinnern, dass die Blutsverwandtschaft keineswegs der einzige Gesichtspunkt ist, von dem aus die Frage eingehender Prüfung bedarf; man muss es auch im Interesse der Familie und der Gesellschaft fordern, dass gewisse Grade der Verwandtschaft festgehalten werden, zu denen der Leidenschaft der Liebe der Zutritt versagt bleibt; dass es Verwandtschaftsgruppen giebt, die durch das Band der Pietät miteinander verknüpft sind, dass aus solchen Gruppen aber nur Pflegeeltern und Vormünder gewählt werden können, die an Stelle verstorbener Eltern die vater- und mutterlosen Kinder erziehen und ausbilden. Zur Ausfüllung eines solchen Platzes erscheint nun niemand geeigneter, als eines der Geschwister der Verstorbenen; jene Aufgabe kann jedoch nicht mit Vertrauen übernommen und gelöst werden, wenn nicht das Verhältnis zwischen dem jüngeren und dem älteren Teile durch Gesetz und noch mehr durch Sitte und Brauch vollständig ausserhalb der Grenzen desjenigen Gebiets gestellt bleibt, in dem das Verlangen der Liebe vorwalten und herrschen darf.

. . . .

Die dritte Frage, die sich hier zur Beantwortung aufdrängt, war die bezüglich etwaiger Krankheit der Kontrahenten selbst.

Auf den ersten Blick möchte es wohl den Anschein gewinnen, als ob eine solche Frage nur von medizinischen Sachverständigen aufgeworfen und beantwortet werden könnte und als ob nur Ärzte dieselbe zuerst bei Beurteilung der Zulässigkeit einer Eheschliessung zur Verhandlung gestellt hätten. Das ist jedoch nicht

der Fall. Die schwedischen Gesetze enthalten noch
von einer Zeit her, die gegenüber dem Aufkommen der
Heilkunde in unserm Vaterlande weit zurückliegt,
mehrere Paragraphen, welche den Beweis liefern, dass
die Gesetzgeber recht wohl den Schaden erkannt haben,
den eine unheilbare und widerwärtige Krankheit innerhalb einer Ehegemeinschaft stiften kann. Diese Gesetzgeber waren hinreichend lebenserfahrene Menschenkenner
und Realisten, um einzusehen, dass kein wirklich glück-
licher Hausstand bestehen kann, ohne dass die beiden
Gatten sich körperlicher und geistiger Gesundheit erfreuen. Kein anderer Gesichtspunkt, ebensowenig aske-
tische Schwärmerei wie eigennützige Vermögensspeku-
lation, konnte einer Eheschliessung in ihren Augen gesetzliche Gültigkeit verleihen, wenn die Bedingungen
für ein vollständiges und natürliches Zusammenleben
beider Teile fehlten. Deshalb bestimmten auch gewisse
Paragraphen die Berechtigung eines jeden Teiles, von
den bindenden Verpflichtungen, der Verlobung und der
Trauung, befreit zu werden, wenn der andere Teil sich
eines Betrugs schuldig gemacht hatte. Ich will gewiss
nicht behaupten, dass das schwedische Gesetz ein vollständiger und exakter Ausdruck der Anschauungen der
neuzeitlichen Heilkunde in diesen Dingen ist, es hat
aber jedenfalls das Verdienst, dass es das Vorhandensein ungestörter Gesundheit als Vorbedingung betont
und die Verwandten der Kontrahenten verbindlich
macht, solche Gebrechen nicht zu verheimlichen, die
auf das Glück der Ehe störend einwirken müssten.
Es würde gar nicht schwierig sein, aus der schwedischen
Kasuistik Fälle anzuführen, bei denen Betrügereien in

diesem Sinne untergelaufen sind und wo der Mann oder
die Frau auf Lebensdauer an eine Gattin oder einen
Gatten gefesselt wurden, dem oder der nach dem Sinne
des Gesetzes niemals die Eingehung einer Ehe gestattet
worden wäre. Auch würde in solchen Fällen die Scheidung sowohl von den bürgerlichen Behörden wie von
den kirchlichen keiner Schwierigkeit begegnet sein, wenn
der leidende Teil diese nur hätte darum anrufen wollen,
statt Täuschung und Trauer in der eigenen Brust zu
verschliessen.

Bei der Frage über die Krankheiten könnte ja ein-
gewendet werden, dass diese, ganz abgesehen von allen
gesetzlichen Bestimmungen, schon bei der Ehewahl eine
sehr wichtige Rolle spielt. Es ist ja nicht zu leugnen,
dass Heiraten durch eine Art Urwahl zustande kommen,
und dass bei dieser bereits eine grosse Menge untaug-
licher Individuen bei der ersten Musterung von der
Zahl der annehmbaren ausgeschieden werden. So ist
ja allgemein bekannt, dass Krüppel, Idioten und dergleichen fast stets zu einem einsamen Leben verurteilt
bleiben und dass es schwerwiegender andrer Gründe
(gewöhnlich der Vermögensumstände) bedarf, wenn
minder geeignete Personen bei der Ehewahl Beachtung
finden sollen. Die höchstmögliche körperliche und geistige
Bildung ist es, die bei dieser Wahl die grösste An-
ziehungskraft ausübt, und das unzweifelhaft zum Vorteil der Entwickelung und Vermehrung des menschlichen
Geschlechts.

Sollte einer meiner Zuhörer gleich hier Antwort auf
die Frage verlangen, „welche Krankheiten verbieten eine
Ehe und welche nicht?" — so muss ich leider bekennen,

dass ich eine solche Unterscheidung zu treffen ausser stande bin. Die Sache ist nämlich mit der Anführung gewisser Krankheitsnamen keineswegs abgethan. „Es giebt keine Krankheiten, es giebt nur kranke Menschen", sagte einmal ein berühmter Arzt, und wenn man seine Worte auch nur cum grano salis aufnehmen darf, so kommt ihnen doch bezüglich der uns hier beschäftigenden Frage eine grosse Bedeutung zu. Es ist nicht allein die Art der Krankheiten, deren Definition und Name, wovon die Entscheidung in der so wichtigen Frage der Verehelichung abhängt, sondern es haben darauf auch manche Nebenumstände, wie Entwickelungszeit und -grad, das Alter, die Konstitution, der Beruf und die Abstammung des Kranken, sowie die etwaige Möglichkeit, sich mehr oder weniger zu hüten und zu pflegen, ziemlich weit reichenden Einfluss.

Die grosse Menge der akuten Krankheiten braucht in vorliegenden Fällen kaum berücksichtigt zu werden. Höchst selten bilden sie ein wirkliches Hindernis, sondern fordern nur eine Aufschiebung der Hochzeit, bis die Krankheit überstanden und die körperliche Frische und Kraft wiedergekehrt ist, doch das ist auch Alles.

Vor Eingehung einer Ehe sind es besonders die chronischen, oft sich lebenslang hinziehenden Krankheiten, die eine aufmerksame Beachtung verdienen. Es kann hier nicht meine Aufgabe sein, alle die Krankheiten aufzuzählen, die in der oder jener Gestalt ein Eheverbot seitens des weitblickenden Arztes veranlassen könnten; ich begnüge mich deshalb nur auf die wichtigsten, allgemeinsten und in grösseren Kreisen bekanntesten derselben hinzuweisen.

Den Anfang mache die Lungenschwindsucht (Tuberkulose). Dieses unheimliche Leiden, das schon Jahrhunderte hindurch die schwerste Geissel der civilisierten Menschheit war und noch heute ist, wird von vielen Ärzten als im hohen Grade erblich angesehen. Worin diese Erblichkeit beruht, ist noch immer nicht vollständig aufgeklärt; doch ob nun Kinder bereits mit Tuberkeln geboren werden oder mit einer gewissen Schwäche, die sie für die Aufnahme des Tuberkelgiftes besonders empfänglich macht, kann hier ganz dahingestellt bleiben. Ich brauche nur darauf hinzuweisen, dass die Krankheit unleugbar häufig von den Eltern auf die Kinder übergeht. Zuweilen kann die Erblichkeit schwächer oder stärker ausgeprägt erscheinen. Im letzteren Falle kann man die Sprösslinge einer Familie einen nach dem andern dahinschwinden sehen, während Vater und Mutter, gleich der Niobe der klassischen Sage, mit Aufbietung aller Liebe und der grössten Aufopferung und Kunst die Kleinen gegen die scharfen Pfeile des Todes zu schützen suchen.

So dürfte es nicht vermessen sein zu fordern, dass kein Mann und kein Weib, die mit Lungenschwindsucht behaftet sind, in den Stand der Ehe treten. Wohl kann man hiergegen einwenden, dass die Lungenschwindsucht ja keine unheilbare Krankheit sei, und dass Fälle vorkommen, wo um einen Vater oder eine Mutter, die in ihrer Jugend mit dieser Störung behaftet waren, eine blühende Kinderschar emporwächst. Ich leugne die Richtigkeit einer solchen Beobachtung gewiss nicht und habe ja selbst wiederholt Gelegenheit gehabt, dasselbe zu sehen — ich stelle aber die unbestreitbare Forderung auf, dass man zuvörderst seine Gesundheit wieder zu erlangen suche und erst eine Ehe eingehe, wenn die eingetretene Besserung sich als dauernd erweist.

Jedermann wird ohne weiteres zugeben, dass es eine höchst traurige Lage ist, wenn Vater oder Mutter einer grossen Kinderschar frühzeitig entrissen werden und der überlebende Teil dann obendrein ein Kind nach dem andern an Lungenschwindsucht oder einer anderen, mit der Tuberkelinfektion in unmittelbarem Zusammenhange stehenden Krankheit dahinsiechen und sterben sieht. Häufig töten wohl auch die letzterwähnten Krankheiten nicht, zerstören aber gewisse Teile des Körpers und machen das Kind für immer zum Krüppel. Ein sehr grosser Teil aller der hinkenden, buckligen, schiefen und lahmen Personen, die wir in den Wohlthätigkeits-anstalten oder in ihrem eigenen Heim finden, leitet seine Schäden von vererbter Tuberkulose her.

Durch einen Teil der weinerlichen Romanlitteratur hat sich in die allgemeine Anschauung ein gewisses, herzbrechendes Mitleid mit tuberkulösen Ehestands-kandidaten eingeschlichen; diese werden so interessant, so bleich und durchsichtig, so ätherisch geschildert; ja, wenn der betreffende Autor seinen Gegenstand recht aus dem Grunde beherrscht, lernen wir sie obendrein als halbe oder ganze Engel auf Erden kennen. Ich will gewiss nicht leugnen, dass jedes Leiden, und nicht zum mindesten die Tuberkulose, Charakter und Wesen zu reinigen und zu läutern vermag; irdische Ehen werden aber doch gewöhnlich aus weltlicher Rücksicht ge-schlossen, und gar oft fehlt es tuberkulösen Halb-kranken an Mut und Seelenstärke, der unheimlichen

Krankheit richtig ins Auge zu schauen; so kommt es,
dass sie sich eine Gattin nehmen oder die Frau sich
einem Manne hingiebt, das Elend aber, das die so häufige
Folge derartiger Verbindungen ist, erweist sich oft als
so gross, dass der Dichter, ja sogar der realistische
Schilderer der Wirklichkeit, nicht wagen würde, es in
seinem ganzen Umfange, in seiner ganzen Tiefe darzustellen. Wollen Lungenkranke eine Ehe eingehen, um
für die Zeit, die sie noch vor sich haben, einander treu
beizustehen und zu pflegen, so hab' ich nichts dawider,
dann muss aber eine volle Einsicht in das thatsächliche
Verhältnis und der unerschütterliche Entschluss vor-
handen sein, die auf sich genommene Lebensaufgabe in
wahrem humanen Geiste durchzuführen, sonst wird das
Unglück grösser, als man je ahnte. In den meisten
Fällen erscheint es jedoch am besten, dass die Kontrahenten, wie Bulwers: „Pilgrims of the Rhine", auf der
Stufe der Verlobung stehen bleiben und so den heran-
nahenden Tod abwarten, oder im glücklichsten Falle
nach wiedererlangter Gesundheit ihre Verbindung durch
eine Ehe abschliessen.

Obwohl für unsere Zeit und unser Volk nicht von
so besonderer Bedeutung, kann ich doch nicht unterlassen, hier mit einigen Worten, die Spetälska-
Krankheit (den norwegischen Aussatz) zu berühren.
In unserem Nachbarlande Norwegen hat dieselbe doch
noch eine gewisse Verbreitung, und durch die Erfahrung
von deren Übergang von den Eltern auf die Kinder
hat man sich von Zeit zu Zeit zu den abenteuerlichsten
Projekten zwecks Ausrottung dieser Krankheit verleiten
lassen. Nach den neuesten Forschungen scheint es nicht

unmöglich, dass jene Krankheit, wenigstens in den kälteren Klimaten, vollständig unterdrückt werden kann, und dass spezielle prohibitive, tyrannische Massregeln gegen die Eheschliessung derartiger Kranken wenigstens gesetzlich nicht angezeigt erscheinen. Für solche Leidende besteht freilich wie für alle anderen die moralische Verpflichtung, die Welt nicht mit weiteren, unheilbar leidenden Wesen zu bevölkern.

Hat aber die Spetälska bezüglich der Frage der Eheschliessung in der Gegenwart keine so grosse Bedeutung, so kommt dafür eine weit grössere den Nervenkrankheiten zu. Wohl jedermann ist bekannt, dass gerade diese Störungen dem letzten Teil unseres Jahrhunderts sein charakteristisches Krankheitsgepräge verleihen. Hierzu ist zu bemerken, dass Nervenstörungen in den vielfältigst wechselnden Formen, und zwar von unbedeutender Schwäche und Reizbarkeit bis zur vollständigen Vernichtung gewisser Seelen- und Körperfunktionen, vorkommen. Für den Arzt erleichtert es das Urteil keineswegs, dass einige dieser leichteren Störungen im Verlauf einer glücklichen Ehe nachlassen oder ganz verschwinden und sich auch nicht weiter vererben, während andere wieder zunehmen und sich in dieser und jener Gestalt bei etwaigen Nachkommen zu erkennen geben. Die Nervenkrankheiten unterliegen nämlich bezüglich der Vererbung ganz eigentümlichen Gesetzen. Während Tuberkeln allein von Tuberkeln und die Spetälska allein von dieser herrührt, können die Nervenkrankheiten bei ihrer Wanderung durch mehrere Generationen die abweichendsten Formen annehmen. Aus ein und derselben Krankheitsquelle können Geisteskrank-

heiten, Krämpfe, Fallende Sucht (Epilepsie), Lähmungen,
Hysterie und Hypochondrie, Nervenschwäche und Excen-
tricität, sowie unzählige andere Störungen hervorgehen,
und im einzelnen Falle ist es keineswegs leicht zu durch-
schauen, ob ein gelindes Nervenleiden nur eine schnell
vorübergehende Reaktion gegen eine zufällige Krank-
heitsursache darstellt oder ob dasselbe den Ausgangspunkt für schwerere Störungen bei dem Individuum selbst
oder bei dessen Nachkommen bilden wird. In solchen
Fällen hat man alle Ursache, sich über den Gesundheitszustand der Vorfahren und der Verwandten Aus-
kunft zu verschaffen, weil dadurch oft eine gute Anleitung zur Beurteilung der Aussichten des um Rat
fragenden Individuums gewonnen wird. Als Regel darf
dann gelten, dass, sobald Krankheitsfälle in der Familie
häufig und schwererer Art waren, während nur wenig
Mitglieder derselben gesund blieben, ferner sobald die
Erkrankung erst in reiferem Lebensalter eintrat und
keine deutliche Vorzeichen derselben während der Kindheit — der Jugend — nachzuweisen waren, . . . dass
dann dem Mitglied einer solchen Familie die Eingehung
einer Ehe zu widerraten ist. Zeigt sich aber die Veranlagung schon frühzeitig bei dem, der ein so unseliges
Erbe bekommen hat und bleibt er dann in der Entwickelungszeit von ausgesprochener Nervenstörung verschont, so kann es diesem Bessergestellten unter gewissen Vorsichtsmassregeln wohl gestattet sein, eine
Ehe einzugehen, vorzüglich, wenn sich die nervöse Belastung der Familie überhaupt mehr in der Abnahme
als in der Zunahme erweist.

Ich kann nicht umhin, hier besonders über ein Leiden

zu sprechen, das bei uns nicht selten ist, nämlich über
die Trunksucht. Bei vielen erfahrenen Ärzten macht
sich die Ansicht geltend, dass es eine Art wirklich krankhaften, oft ererbten Verlangens zum übermässigen Trinken
gebe, das also im Grunde als ein Nervenleiden zu behandeln wäre. Diese sogenannte Dipsomanie unterscheidet sich in ihren Äusserungen von der Trunksucht,
die von schlechter Moral, schlechten Sitten und schlechter
Gesellschaft erzeugt ist. Einem Trinker oder einer
Trinkerin darf eine Eheschliessung unter keiner Bedingung gestattet werden. Man sieht nicht selten junge
Frauen das Wagstück unternehmen, ihre Hand einem
im übrigen liebenswürdigen Manne zu reichen, der aber
doch eine Hinneigung zur Trunksucht erkennen lässt.
Sie rechnen dann darauf, dass ihr Einfluss stark genug
sein werde, den Gatten auf bessere Wege zurückzuführen, doch in den meisten Fällen täuschen sie sich
bitter: die Sucht zu trinken stellt sich früher oder
später mit solcher Macht wieder ein, dass alle ethischen
oder physischen Interessen davor verschwinden, und die
unglückliche Gattin des Trinkers hat dann in langer
und trauriger Zukunft auch noch die Reue über ihre
Leichtgläubigkeit und ihr zu grosses Selbstvertrauen zu
tragen. In den zum Glück seltenen Fällen, wo man
die Trunksucht bei Frauen findet, gestaltet sich die
Sache noch weit verzweifelter, weil das berauschte Weib
den ganzen Tag über in der Lage ist, die Kinder zu
misshandeln und zu vernachlässigen, und es scheint, als
ob das Weib fast schwerer als der Mann von diesem
Laster oder dieser Krankheit zu heilen wäre.

Stände man selbst vor der Frage, ein Mitglied aus

einer Familie zu heiraten, in der zwar Trunksucht
herrschte, während sich bei der in Frage kommenden
Persönlichkeit davon noch nie etwas gezeigt hatte, so
erscheint es mir am geratensten, dass der andere Kontrahent als Bedingung seiner Einwilligung das feier-
lichste Versprechen späterer vollständiger Enthaltsamkeit
fordere und dass dieses Versprechen noch durch den
Eintritt in eine Gesellschaft, die ihren Mitgliedern unbedingte Vermeidung aller alkoholischen Getränke zur
Pflicht macht, bekräftigt werde.

Es giebt ferner eine Gruppe von Störungen, die
sogenannten „venerischen Krankheiten", deren
Verhältnis zur Ehe ebenso bedeutungsvoll wie besonders
schwierig zu ergründen ist. Es ist ja allgemein bekannt,
dass diese Krankheiten meist infolge unsittlichen geschlechtlichen Verkehrs entstehen, man muss aber auch
daran erinnern, dass eine nicht geringe Anzahl von
Männern und Frauen von dem ansteckenden Gifte dieser
Krankheit ganz unschuldig getroffen werden, sowie dass
es Individuen giebt, die das Gift und dessen Folgen
bereits mit auf die Welt brachten. Hier kommt es mir
nicht zu, die Frage zu beantworten, wie ein sittlich
unbescholtener Jüngling oder eine solche Jungfrau sich
verhalten sollen, wenn Zuneigung und Gefühle sie zur
Verbindung mit einem Individuum veranlassen, das sich
nicht der gleichen moralischen Eigenschaften erfreut.
Weder religiöse Ethik noch menschliche Erfahrung
vermag auf diese Frage eine allgemein gültige Antwort
zu erteilen. Wir wissen jedoch, dass diese Frage oft
genug angeregt worden ist, und nachdem dieselbe vom
moralischen Gesichtspunkte aus eine Antwort erhalten hat,

kommt die Hygiene mit ihren Gewissensfragen und fordert auf diese eine ehrliche Antwort. Die hygienische Nachforschung bleibt ganz die gleiche für diejenigen Opfer der Krankheit, die sich die Schuld für ihr Unglück selbst zuzuschreiben haben, wie für die Personen, die durch unglücklichen Zufall oder durch opferfreudige Arbeit im Dienste der Menschheit von jener Krankheit befallen worden waren. Die schwerste aller venerischen Störungen (die Syphilis) ist nicht etwa nur als ein lokales Leiden zu betrachten, man kann eher behaupten, dass sie ihr Opfer allemal für die Lebenszeit ergreift, wenn sie auch durch passende ausdauernde Behandlung gemildert und in ihren Äusserungen gehemmt werden kann.

Bei manchen Ärzten begegnet man wohl solchen pessimistischen Ansichten, dass sie jedem Mann und jeder Frau, die einmal von dieser Krankheit heimgesucht wurde, stets anraten würden, sich niemals zu verheiraten, und wirklich giebt es nicht so wenige Menschen, die sich aus diesem Grunde zu lebenslänglichem Cölibate verurteilt haben. Die medizinische Erfahrung kann hiermit jedoch nicht vollkommen übereinstimmen. Sie weiss wohl, dass das syphilitische Gift im Organismus lange verborgen schlummern kann und dass es nach mehreren Jahren bei dem Kranken wieder „aufwacht" oder auf dessen (deren) Kinder übertragen werden kann, sie hat aber ebenso zahlreiche bekräftigte Thatsachen registriert, die den Beweis liefern, dass Kinder, deren Vater oder Mutter erst nach sorgfältiger Behandlung und gewissenhafter Prüfung des Gesundheitszustandes die Ehe eingingen, meist von allen Symptomen der Krankheit verschont

blieben und sich später selbst wieder ganz gesunder und
kräftiger Nachkommenschaft erfreuten. Aber sehr selten
sieht sich der Arzt in solchen Fällen gezwungen, mit
besonderem Nachdruck eine pessimistische Auffassung zu
bekämpfen — weit öfter muss er seine ganze Macht,
seine ganze Autorität in die Wagschale werfen, um eine
Person — meist einen Mann — zur Aufschiebung einer
beabsichtigten Eheschliessung zu veranlassen, weil dieser
sonst eine schwere Krankheit in die Familie verpflanzen
würde. Bei solchen Gelegenheiten ist niemand sparsam
mit Einwänden, um die von dem Arzte angeführten
Gründe abzuweisen. Man beruft sich auf gegebene
Versprechungen und getroffene Verabredungen, führt
ökonomische Ursachen zwingender Natur an, man spricht
von der Befürchtung eines Bruches und öffentlichen
Skandals, kurz, man führt fast alle menschlichen Hilfsmittel ins Treffen, um den Arzt ins Schwanken zu
bringen und ihn von dem einzigen Wege, dem zu folgen
Wissenschaft und Hummanität ihm gebieten, abzudrängen.

Je mehr eine richtige Anschauung dieser Verhältnisse in der Allgemeinheit Platz greift, je mehr sie sich
unter Vätern und Müttern verbreitet, desto mehr werden
die Arbeit und die Massregeln des Arztes erleichtert,
destoweniger die traurigen Folgen von Fehltritten und
Unglücksfällen der Eltern bei deren Kindern bemerkbar werden.

Innerhalb der venerischen Krankheitsgruppe giebt
es auch verschiedene Affektionen, die man nicht als
konstitutionelle und den ganzen Körper durchseuchende
anzusehen hat, sondern die nur lokaler Natur und auf
spätere Geschlechter nicht übertragbar sind. Man dürfte

nur schwer einsehen, warum es nötig erscheint, auch
bei diesen Störungen eine Warnung ergehen zu lassen
wegen etwaiger nachteiliger Folgen, die sie in der Ehe
haben könnten, und doch beweist die tägliche Erfahrung,
wie äusserst notwendig meist eine derartige Warnung
ist. Solche Leiden werden nämlich häufig in dem Grade
vernachlässigt, dass ihre Folgen nicht selten lange Jahre
hindurch bestehen bleiben, und wenn diese auch nicht
auf Kinder vererblich sind, so bleiben sie doch zwischen
den beiden Ehegatten übertragbar und verbittern das
Leben in mehrfacher Weise.

Es ist natürlich unmöglich, in den Rahmen einer
einzigen Abendvorlesung alle Krankheiten aufzunehmen,
die mit Hinblick auf eine Eheschliessung besondere Aufmerksamkeit und Untersuchung erfordern. Das erscheint auch nicht einmal notwendig, denn die Beurteilung eines einzelnen Falles kann niemals der Allgemeinheit, nicht einmal deren gebildetsten Mitgliedern,
ganz und gar überlassen werden. Bei der Entscheidung
über solche Fragen muss stets der Arzt hinzugezogen
und seinem Urteil der weiteste Einfluss auf die Ent-
schliessung zugestanden werden.

Immerhin kann ich nicht unterlassen, noch eine be-
deutungsvolle, zum Glück seltene Krankheit und eigentümliche Präventivkur derselben anzuführen, welch
letztere man zur Ausrottung jener vorgeschlagen und
ausgeführt hat. Diese Krankheit heisst die „Bluterkrankheit" (Hämophilie) und besteht darin, dass die
davon heimgesuchten Individuen so zarte Blutgefässe
und eine solche eigentümliche Beschaffenheit des Blutes
besitzen, dass sich bei ihnen immer und immer wieder

Blutungen einstellen. Der geringste Stoss kann bei ihnen blaue Flecken und Blutaustritte von erstaunlichem Umfange hervorrufen, eine leichte Verletzung der Haut schon kann zu grosser Gefahr, das Ausziehen eines Zahnes durch Verblutung zum Tode führen. Die allermeisten Bluter führen ein höchst elendes Leben; sie müssen sich stets vor den geringsten kleinen Stössen und äusseren Verletzungen hüten, die ja so häufig nicht zu vermeiden sind; ihre Gesundheit wird durch die wiederkehrenden Blutverluste untergraben, die sich nur allmählich durch Blutneubildung ersetzen, und auch diese geht wiederum durch den traurigen, wiederkehrenden Kreislauf der Krankheit für sie verloren. Trotz aller Vorsicht erreichen solche Patienten selten ein höheres Alter. Nun hat man beobachtet, dass diese Krankheit in hohem Grade erblich ist, sie erbt sich aber nicht direkt und auf alle Abkömmlinge fort, sondern wird gewöhnlich nur von einem Blutervater durch dessen gesunde Tochter auf deren aus der Ehe mit einem gesunden Manne entsprungenen Söhne weiter fortgepflanzt. So wunderbar dieses Erbgesetz erscheint, steht es bezüglich der Weiterverbreitung von Krankheiten doch nicht ganz vereinzelt da. Die Bluterkrankheit wird nun am häufigsten in den Alpengegenden Mitteleuropas beobachtet, und in einem Orte daselbst, im Dorfe Tenna (Kanton Graubünden in der Schweiz) beschlossen alle aus Bluterfamilien abstammenden jungen Mädchen, sich niemals zu verheiraten, um so die Krankheit auszurotten. Ich bitte, die Aufmerksamkeit meiner Zuhörer auf diesen Zug lenken zu dürfen. Auf hygienischem Gebiete ist mir kein Beispiel eines grösseren Heroismus begegnet. Im Vergleich hiermit treten die meisten asketischen Verzichtleistungen, von denen die Einsiedler- und Klostergeschichte zu berichten weiss, fast ganz zurück. Man darf hierbei nicht vergessen, dass jene weiblichen Cölibatäre alle völlig gesund waren, nichtsdestoweniger aber die moralische Kraft bewiesen, die sie befähigte, aller Liebe zu entsagen, alle Hoffnung auf eigenes Familienleben und Mutterfreuden hinzugeben, nur um die Welt nicht weiter mit lebensuntauglichen, leidenden Individuen zu bevölkern. Es wäre recht gut, wenn uns ein kleiner Teil dieser moralischen Kraft zur Verfügung stände, um ihn den Söhnen und Töchtern unseres Jahrhunderts einzuimpfen, die trotz der schlimmsten Aussichten für die Zukunft darauf bestehen, in die Ehe zu treten, und deren irdisches Glück dann durch zeitiges Hinsiechen, durch Krankheit und Tod der Eltern wie der Kinder gestört oder ganz vernichtet wird.

Die Schilderung erwähnter Episode führt mich auf die vierte Frage: „Ist die Ehe zulässig für ein gesundes Individuum, das einer mit vererbten krankhaften Anlagen behafteten Familie angehört?" Auf diese Frage kann eine allgemeine Antwort nicht gegeben werden. Hier bedarf es der allseitigen Prüfung jedes einzelnen Falles, ehe die Wissenschaft ihr Endurteil abzugeben vermag. Im Vorhergehenden haben wir gesehen, auf welche Weise die Graubündner Mädchen dieselbe Frage beantwortet haben. Im allgemeinen kann man aber doch sagen, dass es um so bedenklicher erscheint, eine Eheschliessung zuzulassen, je schwerer die in Frage kommende erbliche Krankheit und je gewöhnlicher es ist, dass sie sich auf weitere

Nachkommen fortpflanzt. Handelt es sich um eine geringere Störung, sind viele Familienglieder davon frei geblieben, nimmt sie von Generation zu Generation an Stärke ab, so mag eine Eheschliessung unter gewissen Vorsichtsmassregeln zugestanden werden In solchen Fällen ist aber immer noch darauf zu achten, dass die Ehe nicht zwischen Personen geschlossen wird, die beide aus derselben kränklich veranlagten Familie abstammen. Hier ist es mehr als sonst geboten, dem gebrechlichen Stamme frischen Lebenssaft einzuimpfen und ihn damit wieder lebenskräftiger zu machen.

Ein Fortschritt auf diesem Gebiete ist indes kaum zu erhoffen, ehe sich nicht die Allgemeinheit für die Sache zu interessieren anfängt. Zunächst müssen da in die Bildung weiter Kreise gewisse Grundzüge der hierhergehörigen Erfahrung Aufnahme finden; dadurch würde diese Frage sozusagen immer auf der Tagesordnung bleiben und jeder, der in persönlicher Beziehung spezielle Unterweisung und Anleitung benötigte, würde von Anfang an darauf vorbereitet sein und wissen, wohin er sich zu wenden habe.

Eine solche Forderung erscheint einer grossen Zahl achtungswerter, vortrefflicher Menschen höchst eigentümlich, da diese sich gewöhnt haben, wohl in allen Lebensfragen die Forderungen der Moral hochzustellen, es aber der physischen Natur zu überlassen, sich mit den weiteren Verhältnissen abzufinden, so gut und so schlecht das eben geht. Man ist vielfach zu der Ansicht gelangt, dass Moral und Physik oder Physiologie in feindlichem Verhältnis zu einander stehen Von höherem Standpunkt betrachtet, ist das jedoch keineswegs richtig.

Die Lehren der menschlichen Physiologie und der Moral
fallen in den meisten Punkten so vollständig zusammen,
dass man von einem Widerspruche zwischen beiden
nicht sprechen kann. Ein genaueres empirisches Studium der normalen und der durch Krankheit veränderten
Körper- und Seelenfunktionen würde schon beweisen,
dass beide gar mächtig in einander übergreifen. Man
braucht nicht im geringsten Fatalist zu sein oder die
Willensfreiheit abzuleugnen, um sich hiervon zu überzeugen. Ich wähle ein Beispiel aus dem Alltagsleben.
Es ist ja ein Akt des freien Willens, wenn ein Jüngling aus gesunder Familie dem Alkoholismus verfällt.
Hieraus können nun manche Schäden für seine Nachkommen herfliessen. Angeborene Dipsomanie, Schwach-
sinnigkeit, Willensschwäche u. s. w. können in mehreren
Generationen auftreten, während sie nur von der ersten
Abnormität ausgehen, und die Moral bethätigt sich gewiss
weit schwerer und entwickelt sich weit seltener zu voller
Kraft bei einem entarteten, gebrechlichen Geschlechte,
als bei völlig normalen Menschen. Personen jener Art
besitzen ja gar nicht mehr die richtigen Organe, um
Sittenlehren aufzunehmen und in sich weiter zu entwickeln.

Ich komme nun gewissermassen auf einen meiner
Ausgangspunkte und die Descendenzlehre zurück. Betrachtet man diese von der einen Seite, so muss man
erkennen, dass das Erblichkeitsgesetz darin sehr
scharf betont ist, doch kann man keineswegs sagen,
dass die Descendenzlehre dieses Gesetz erst klar gelegt
habe. Es war vielmehr schon Tausende von Jahren
vor der modernen Kultur erkannt und anerkannt, Vorstellungen von seinem Wert und seiner Bedeutung haben

bei einer Anzahl von kulturhistorischen Thatsachen Einfluss geübt, wie z. B. bei der Kastenbildung, den Standesunterschieden, der Beschränkung des Rechts zur Eingehung von Ehen u. s. w. Da nun die moderne Kultur mit Recht alle derartigen Institutionen weggefegt hat, die eigentlich nichts weiter mehr waren als Schattenbilder der Gedanken, denen sie ihr Dasein verdankten, so könnte man wohl nicht ohne Grund befürchten, dass die Jetztzeit die Bedeutung des Gesetzes der Vererbung vergessen und vernachlässigen möchte. Die moderne Anschauung begann sich so stark für das Individuum zu interessieren, dass sie gänzlich vergass, dass das Individuum nur ein Glied in der langen Kette des Geschlechts, dass sein ganzes Sein und Wesen von der Natur der Vorfahren gleichsam vorgebildet war, und dass es selbst wieder späteren Geschlechtern seinen Stempel aufdrücken werde. In der Welt der Bildung und der Kultur schenkte man der Vererbung zu wenig Raum und zu geringe Aufmerksamkeit. Nur in tieferen, von der Kultur weniger berührten Gesellschaftschichten hielt man an der traditionellen Anschauung von der Vererbung fest. Dann kam Darwin. Durch seine überaus vielseitigen und gründlichen Forschungen erhielt die Vererbungslehre eine besonders hervortretende Bedeutung, und damit war es ausgeschlossen, diese oft unbequeme Theorie mit ihren unabweislichen Forderungen ausser Acht zu lassen.

Für den Gegenstand, der uns hier beschäftigt, hat die Vererbungslehre, wie schon im Vorhergehenden dargelegt, ein ganz besonderes Gewicht. Es gilt dabei auch zu untersuchen, inwiefern den Gesetzen der Ver-

erbung ein moralischer Inhalt zukommt. Es giebt gar
viele Menschen, die alles, was von der modernen Wissenschaft kommt, als böse und verwerflich ansehen und es
schon verurteilen, ehe sie davon Kenntnis genommen
haben. Ich möchte hier besonders betonen, dass das
Erblichkeitsgesetz einen gar grossen moralischen Inhalt
einschliesst, einen Einfluss besitzt, der nur nach der
guten Seite hin wirken kann, wenn man den Gegenstand
nur in seiner ganzen Bedeutung und Ausdehnung durch-
schaut. Die Erblichkeitslehre predigt in eindringlichster
Weise die Verantwortlichkeit des Individuums. So
lange man sich nicht von dem fortlebenden Stammbaum
der Menschheit gänzlich trennt, kann man nicht glauben
und behaupten, dass man ausschliesslich für sich selbst
lebe. Jeder Gedanke, jede Handlung, jeder Fehler und
jede unrechte That drückt ihren Stempel auf unser
Wesen, und dessen Eindruck kann so tief gehen und
kann ein so unablöslicher Teil unseres Selbst werden.
dass unsre Kinder diesen mit oder gegen unsern Willen
ererben. Von einem solchen Gesichtspunkt gesehen,
muss sich der Ernst des Lebens in hellster Beleuchtung
darstellen, muss die Verantwortlichkeit des Lebens so
scharf hervortreten, dass es eine Ausflucht nicht mehr
giebt. Durch das Gesetz der Vererbung erkannte man,
dass es die Natur selbst ist, die für der Väter (oder
der Mütter) Sünden die Kinder heimsucht — bis ins
dritte und vierte Glied. Jetzt geht es nicht länger mit
den Schlägen des Hohns und des Spottes als einen
veralteten Aberglauben das zu geisseln, was sich als
eigene, bedeutsame Lehre der Natur und des Lebens
erwiesen hat.

Aus diesem Boden muss natürlich eine sehr strenge moralische Auffassung hervorwachsen. Wer mit dem nie schlummernden Bewusstsein von der Bedeutung der Vererbung lebt, kann Fehltritte, Sünden und Gebrechen nicht ferner leichtsinnig betrachten und begehen, da er weiss, dass sie sich nicht nur an ihm selbst, sondern auch an seinen unschuldigen Nachkommen rächen werden. Im täglichen Leben begegnet man noch recht oft Personen, die sich für Anhänger der Evolutionslehre ausgeben und doch ein Leben führen, das nicht im geringsten mit den von dieser Lehre gepredigten praktischen Grundsätzen übereinstimmt. Lassen wir uns von solchen nicht irre führen. Sie haben von der modernen Wissenschaft nur die Schale, nicht aber den Kern in sich aufgenommen, haben sich einige Schlagworte dieser Lehre angeeignet, um damit vielleicht den Rest von Religion und Sittenlehre, der sich in ihren Anschauungen und Lebensgewohnheiten etwa noch vorfindet, vollends auszumerzen — der moralische Wert der Entwickelungslehre ist ihnen aber ganz unbekannt geblieben. Solche Anhänger bringen Scham und Schande über jede Ansicht, zu der sie sich bekennen, und nach solchen Leuten darf die Bedeutung und Wirkung einer Lehre niemals beurteilt werden. Wenn solche Unglückliche, die nur ihre Feindschaft gegen alle Moral und Religion mit einigen losgerissenen, von den Verfechtern der Evolutionslehre entlehnten Phrasen zu bemänteln suchen, den hervorragendsten Vertretern dieser Lehre, einem Darwin, Huxley oder Herbert Spencer gegenübertreten wollten und könnten, so würden sie finden, dass das Urteil dieser Richter einstimmig gegen sie

selbst und zu Gunsten der Anschauung ihrer christlichen
oder — wie es oft heisst — ihrer orthodoxen Ankläger
ausfallen würde.

Die Naturphilosophie unserer Zeit kann von dem
Rechte der Natur sprechen, kann für ihr und für das
Recht der natürlichen Gefühle und Begierden eintreten,
sie erniedrigt sich aber niemals zum Sachwalter für das,
was man das Evangelium des Fleisches nennt, indem
sie das zügellose Leben in irgendwelcher Form an-
erkennte. Hat sich eine Person gegen die religiöse
Sittenlehre oder die Gesellschaft vergangen, so ist es
gar nicht selten, dass die Strafe dafür in der Gestalt
einer lebenslänglichen, zur Verzweiflung treibenden Erkenntnis der bindenden Kraft des Gesetzes der Vererbung nachfolgt. Mehr als einmal hat wohl jeder Arzt
in seinem Empfangszimmer ein Bekenntnis gehört wie:
„Ich fühle mich ja an keine religiöse Überzeugung
gebunden — in der ganzen Welt aber giebt es kein
wahreres Wort als das, dass an den Kindern die Sünden
der Väter heimgesucht werden." Mit dem hier Angeführten will ich doch keineswegs gesagt haben, dass
die Evolutionsphilosophie allein die Menschheit aufrecht
zu erhalten, deren sittliches Leben immer weiter zu
entwickeln vermöchte; ich wünschte vielmehr nur darzulegen, dass diese Lehre bestimmt nicht den Leichtsinn als natürliche Konsequenz haben könne. Wo es
gilt, für den Fortschritt der Menschheit zu arbeiten,
da muss das Sittengesetz von weit stärkeren Kräften
emporgehalten werden, als solche einer philosophischen
Theorie zur Verfügung stehen. Anschauungen und
Gefühle des Menschengeschlechts, dessen Triebe und

Instinkte müssen gesund und gut entwickelt sein, müssen leben und sich frei bewegen, ohne erst von Verstandes-operationen abhängig zu sein, und müssen schliesslich auf dem Grunde religiöser Überzeugung ruhen und von dieser tief innerlich durchtränkt sein.

. . . .

Die Frage der Moralität und der Gesundheit in ihrem gegenseitigen Verhältnisse verdient im täglichen Leben, vor allem, wenn es sich um die Erziehung handelt, die grösste Aufmerksamkeit. Von Schriftstellern ausgesprochen asketischer Richtung kann man die Ansicht aufgestellt sehen, dass Krankheiten und Leiden eigentlich den glücklichsten Zustand bilden, weil unter ihnen der Geist über die Materie triumphiere, weil sich dabei das moralische Leben mehr entwickele und die Seele ihre Schwingen entfalte. Es kommt mir nicht in den Sinn, die erziehliche Bedeutung der Krankheit und des Leidens zu bestreiten, doch wären diese unter allen Umständen wünschenswert, so würde ja jede Bekämpfung derselben unmoralisch sein. Wir kennen aus der Geschichte der Kirche Beispiele einer solchen Exaltiertheit, wissen aber auch, dass diese allemal in eine Schwärmerei ausgeartet ist, die eher alles andere als geistig war.

Es ist nicht zu leugnen, dass die Gesundheit in der Regel die beste Unterstützung der geistigen Entwickelung ist. Niemand weiss besser als Eltern und Erzieher, dass Krankheit bei Kindern sehr oft nicht nur den Gang der intellektuellen, sondern auch der sittlichen Fortschritte hemmt. Beobachtet man nun, dass das schon bei gewöhnlichen akuten oder chronischen, rein körper-

lichen Krankheiten der Fall ist, so muss man in dieser
Beziehung gewiss noch mehr von manchen, vielleicht
lebenslänglichen Krankheiten und Leiden fürchten,
die ja dann in alle Stufen der Entwickelung störend
eingreifen und imstande sind, unheilbare Schäden zu
erzeugen.

Man hat durch sorgfältige Beobachtung aufeinander-
folgender Generationen einsehen gelernt, wie krankhafte
Störungen vorzüglich des Nervensystems mit solchen der
moralischen Charakterzüge in innigster Wechselwirkung
stehen, und zwar teils so, dass sie gleichzeitig bei ein
und demselben Individuum vorkommen, teils so, dass
sie einander in den sich folgenden Geschlechtern ab-
wechselnd erzeugen. Auch auf diesem Gebiete steht
der menschlichen Freiheit die Verantwortlichkeit gegenüber. Das Unglück, das mehrere Familien hintereinander
heimsucht, lässt sich gar leicht auf ein einzelnes Individuum zurückführen, und dieses — Mann oder Weib —
kann recht wohl frisch und gesund zur Welt gekommen
sein, sich normal entwickelt und vielversprechende
Hoffnungen erweckt haben — eines Tages aber gab es
den Verlockungen der Welt nach, es wurde ein Sklave
der Trunksucht oder in das Netz fleischlicher Lüste
verwickelt, und von diesem Tage an war das Gift in
sein Blut gedrungen und es bedurfte dreier oder vier
Generationen, um dieses Gift wieder auszuscheiden.

Oder greifen wir eine andere alltägliche Erscheinung heraus: ein junges Weib, das in gesetzlicher Ehe
auf dem Wege ist, Mutter zu werden, hat nicht den
Mut, das vor ihrem Umgangskreise zu bekennen, besitzt
nicht Entsagungskraft genug, den geräuschvollen Ball-

vergnügungen, die sich ihr bieten, fern und statt dessen
ruhig zu Hause bleiben. Sie besucht jene geengt und
eingeschnürt von ihrer Kleidung, um noch schlank und
jungfräulich zu erscheinen — die Frucht ihres Leibes
aber wird bei dieser Gelegenheit geschädigt und ver-
krüppelt, so dass später weder Gehirn noch Gliedmassen
sich recht entwickeln können, und diesem durch Leichtsinn einer einzigen Mutter verkrüppelten Kinde entstammen dann kränkliche, abnorme und unglückliche
Wesen in grosser Zahl!

. . . .

Es liegt auf der Hand, dass die Menschheit über
alle Fragen nach den Bedingungen und Forderungen der
Gesundheitslehre betreffs der Ehe und der Hindernisse
derselben unterrichtet werden muss. Das ganze Thema
ist leider bis jetzt weder Gegenstand hinreichend gründlicher und allseitiger wissenschaftlicher Behandlung gewesen, noch ist es zu volkstümlicher Unterweisung herangezogen worden und gleichwohl muss es dazu kommen,
wenn die Wissenschaft auch dem Menschengeschlechte
Segen bringen soll. Vorläufig gilt es nur die Aufmerksamkeit der Allgemeinheit auf die Sache zu lenken, zu
beweisen, dass hier ein wichtiges Gebiet vorliegt, das
privatim im Familienleben und öffentlich in der Gesetzgebung bearbeitet werden muss. Hat es die Aufmerksamkeit erregt, so wird es auch nicht mehr schwierig
sein, die nötigen Kenntnisse in dieser Sache zu verbreiten. Die Funktionen des Lehrers fallen dabei begreiflicher Weise dem Arzte zu. Nur er vermag nach
eigener Forschung und Erfahrung aus erster Quelle die
Wahrheit mitzuteilen. Doch nicht einmal jeder Arzt ist

hier als Lehrer gleich geeignet. Es giebt viele vortreffliche, menschenliebende Männer, die die Kraft eines ganzen Lebens der Behandlung und Pflege von Kranken geopfert haben und noch opfern, die aber bei ihrer emsigen Arbeit zu tieferen Studien der Gesundheitslehre nicht die Zeit erübrigen konnten. Ja sogar die Männer, die sich vorwiegend mit Ausrottung und Verhütung von Krankheiten befassen, ermangeln zuweilen der Urteilsfähigkeit in Bezug auf die Sache, die uns hier beschäftigt. Dazu gehört in erster Linie Interesse und Neigung zu dem Studium dieses schwierigen Stoffes und ausserdem Gelegenheit zu praktischer Erfahrung, die freilich selbst wieder immer nur partiell bleibt, so dass z. B. die eine Krankheit und ihre Beziehung zur Ehe von dem einen Arzte, die andere von einem andern beurteilt werden müsste. Von jedem aber, der in der einen oder der andern dieser speziellen Fragen ein Urteil abgiebt, muss gefordert werden, dass er die rechte Mittelstellung zwischen Pessimismus und Optimismus, zwischen zu starkem Misstrauen und zu starker Zuversichtlichkeit einnimmt. Nur unter diesen Bedingungen vermag man ein nützlicher Berater seiner Mitmenschen zu werden.

Ich setze voraus, dass gegen meine hier ausgesprochenen Ansichten vielfache Einsprüche erhoben werden. Ich sehe schon die Einwendung, dass die strenge Befolgung der dargestellten Grundsätze die Ehe noch mehr, als es jetzt der Fall ist, unter die Herrschaft des kalten, berechnenden Verstandes bringen müsse. Sie unterliegt — so meint gar mancher — dieser Vormundschaft schon heute mehr als nötig. „Die Menschheit ist so furchtbar verständig geworden," so klagt

man nicht selten, „jedes echte Gefühl, jede weltüber-
windende Leidenschaft ist schon lange gestorben, verschwunden mit dem älteren Geschlechte, das bereits zu
Grabe gegangen ist oder diesem entgegeneilt." Alle
solche Klagen können nicht als berechtigt angesehen
werden. Die Ehegeschichte früherer Zeiten weist gar
viele dunkle Punkte auf, z. B. den nicht selten ausgeübten Zwang gegenüber der Freiheit und dem Selbst-
bestimmungsrechte der Tochter. Die Gesetzgebung der
neueren Zeit hat in dieser Beziehung grosse Verbesserungen geschaffen, sie hat den Umfang der individuellen
Rechte erweitert und nur dem Arzte einen weiteren
Spielraum zugestanden. Mit meiner Betonung des wichtigen Einflusses der Gesundheit auf das eheliche Glück
habe ich keineswegs eine neue hemmende Fessel für
die freie Wahl der Liebe empfehlen wollen. Ich werde
mehr als zufrieden sein, wenn es den Rücksichten auf
die Gesundheit gelingt, die Fragen nach den Vermögens-
verhältnissen allmählich zu verdrängen und zu ersetzen,
und wenn ein junger Mann im Vertrauen auf seine
Liebe, seine Arbeitskraft und seinen redlichen Willen
sich lieber mit einem frischen, gesunden, mittellosen
Mädchen verbindet, als mit einer kränklichen, wenn auch
reichen Dame.

Betrachtet man die zu allen Zeiten vorkommenden
Konflikte, vorzüglich die Unterschiede in der Auffassung einschlägiger Fragen bei den Eltern und den
Kindern, so gelangt man unwillkürlich zu der Annahme,
dass der hygienische Standpunkt hier für den älteren,
dort für den jüngeren Teil bewusst oder unbewusst be-
stimmend gewesen ist.

Ein Beispiel für die erstere Alternative ist der nicht seltene Fall, dass ein junger Mann von wahnsinniger Leidenschaft für eine Abenteurerin, eine Dirne oder eine beliebige andere excentrische Persönlichkeit ergriffen wird. Bedienen sich dann erfahrene Väter und Mütter aller Mittel der Überredung, um den liebessiechen Jüngling umzustimmen, während sie ihm vielleicht die guten Eigenschaften — leiblicher und geistiger Art — der Nachbarstochter schildern, so handeln sie ohne Zweifel im Interesse der ehelichen Hygiene. Wünschen sich auf der andern Seite aber ein Jüngling und eine Jungfrau, unter Verzicht auf eigennützige Berechnung, für das Leben zu verbinden, ohne an Mitgift und einstige Erbschaft zu denken, so wählen sie sicherlich den besseren Teil, ihre weltklugen Eltern dagegen, die ihnen vorstellen, wie es wichtiger sei, auf Reichtum Gewicht zu legen, als auf Zuneigung, Gesundheit und volle seelische Übereinstimmung, stehen in einem solchen Falle der ehelichen Hygiene und Moral entschieden hindernd im Wege. Nur den glücklichsten Menschenkindern ist es vergönnt, wie Goethe's Hermann in seiner Dorothea, der Tochter unbekannter Auswanderer, die Erwählte, eine an Leib und Seele gleich vollendete Braut zu finden. Und nur wirklich lebenserfahrene Eltern besitzen die Unparteilichkeit wie „der Wirt zum goldenen Löwen" und dessen edle Gattin, ihrem Sohne volle Freiheit der Wahl zu lassen und nach gewissenhafter Prüfung des Wertes seiner Auserwählten dieser Verbindung ihren wärmsten, aufrichtigsten Segen zu schenken.

. . . .

Im Vorhergenden habe ich angedeutet, dass es möglich sei, eine Ehe unter speziellen Vorsichtsmassregeln
einzugehen. Ich meine damit, dass der Arzt zuweilen
der Ansicht sein kann, ein junges Mädchen sei zu schwach,
um alle Beschwerden und Lasten des ehelichen Lebens
auszuhalten, während sie, nach dieser und jener Seite
geschont, recht wohl eine taugliche und glückliche Gattin
und Mutter werden könnte. Solche Ehen fallen zuweilen
noch recht gut aus. Selbstbeherrschung und die zärt-
liche Fürsorge, die sie zur Voraussetzung haben, wirken
oft besonders wohlthätig auf die Charaktere und begründen schon dadurch das Glück der Zukunft.

Eine allgemeine Darstellung der Bedingungen und
des Verhaltens bei derartigen Ehen kann ich hier
natürlich nicht liefern. Gerade in solchen Fällen gilt
es zu individualisieren und passend gewählte Vorschriften
zu erteilen. Als allgemein gültige Regel könnte man
höchstens hinstellen, dass in derartigen Fällen die
ökonomischen Verhältnisse und die hiermit verbundenen
Aussichten nicht zu gedrückt und trübe sein dürfen.

Zum Schlusse will ich nur daran erinnern, dass
man in Sprüchwörtern gar oft das Lob der Gesundheit
im Vergleich zu Geld und Gut preisen hört. Sprüch-
wörter sagen in der Regel die Wahrheit, doch höher
als die eigene Gesundheit sollte man noch den Vorteil
schätzen, zu wissen und zu sehen, dass diejenigen Wesen,
die uns ihren Ursprung verdanken, an Seele und Leib
gesund, tauglich zur Arbeit, zur Entwickelung, zur
Erfüllung aller Anforderungen des Lebens zur Welt
gekommen sind. Jedenfalls war es ein solcher Gedanke,
der dem griechischen Weisen Solon vorschwebte, als

er vor dem Könige der Lyder, Crösus, als den glücklichsten Menschen den athenischen Bürger Tellos pries,
✓ „der schöne und gute Kinder habe". „Schön und gut"
aber galt bei den Griechen so viel wie gesund an Leib
und Seele.

Wie nun ein solches Ziel erreichen? Hierzu kann
man zum Teil selbst mitwirken durch eine Lebensführung, die in Übereinstimmung steht mit dem, was
die Gesetze der physischen und moralischen Gesundheit
in dieser Hinsicht vorschreiben. Für männliche, wie
für die weibliche Jugend kann hier als erstes Gebot,
als wichtigste Ermahnung das bekannte biblische Wort
hingestellt werden: „Fliehe die Lüste der Jugend, jage
aber nach der Gerechtigkeit."

Im gleichen Verlage ist erschienen:

Die
Frauenkleidung vom Standpunkte der Hygiene.

Vortrag von Dr. med. **Anna Kuhnow**,
in der Schweiz approb. Ärztin.

Preis geheftet 50 Pfg.

Die kleine gehaltvolle Schrift ist „denkenden Frauen" gewidmet. Sie ist indessen nicht bloss für solche, sondern nicht
minder für alle Männer lesenswert, die auf die Erziehung und
Lebensweise von Angehörigen weiblichen Geschlechts Einfluss haben.

60 selbständige Kritiken

der Schrift:

Die sexuelle Hygiene und ihre ethischen Konsequenzen.

Von

Professor Dr. Seved Ribbing

in Lund (Schweden).

Deutsche vom Verfasser begutachtete Ausgabe
von **Dr. med. O. Reyher**, Leipzig.

23stes bis 25stes Tausend.

☞ Die sämtlichen Kritiken beziehen sich ausschließlich auf die Dr. Reyher'sche
deutsche Ausgabe der Schrift.

Verlag von Hobbing & Büchle in Stuttgart.

Urteile

von Ärzten und ärztlichen Fachblättern.

Herr Dr. med. C. Hennig, Professor der Gynäkologie an der Universität
Leipzig:
„Ich habe seit langer Zeit kein so spannendes und mir so zusagendes
ärztliches Produkt unter Händen gehabt, wie Ribbings Buch."

Litterar. Centralblatt (Herausg. von Prof. Dr. E. Zarncke), 1894,
Nr. 51.
„In der anspruchslosen Form von drei in dem Studentenverein in Lund
gehaltenen Vorträgen veröffentlichte der Verf. ein Buch, das ganz anders
beurteilt sein will, als Schriften unter ähnlichem Titel von obskuren Autoren,
die sich damit Namen und vor allem Praxis erwerben wollen. Ribbings

Werk stellt sich aber in seinem Inhalt auch in scharfen Kontrast zu gewissen fin de siècle-Erzeugnissen, die da meinen, berechtigt zu sein, die Grundlagen einer künftigen sexuellen Ordnung zu entwerfen und, allen ethischen Früchten kultureller Entwickelung Hohn sprechend, ihr Evangelium der „freien Liebe" predigen. Nicht minder Opposition macht der Verf. gewissen populären und wissenschaftlichen Schriften, die, im Glauben, die Physiologie des sexuellen Lebens darzustellen, unsere Jugend auf Abwege führen, indem sie angebliche Gefahren für die Gesundheit des Leibes und der Seele aus Nichtbefriedigung des Geschlechtstriebes behaupten. Klar und scharf, mit den Waffen der Statistik und dem Rüstzeug ernster Wissenschaft tritt der Verf. solchen leichtfertigen Theorien entgegen und weist nach, daß illegitimer sexueller Verkehr nur vom Übel sein kann, Keuschheit für ledige Personen aber nur eine Quelle von Gesundheit ist, niemals Schaden bringt. — (Folgt Inhaltsangabe.) — Der Schluß des bemerkenswerten Werkchens, auf dessen Lektüre kein Gebildeter verzichten sollte, enthält eine populäre Darstellung der geschlechtlichen Krankheiten und Verirrungen, eine Kritik der Maßregeln gegen die Verbreitung venerischer Krankheiten, die Ansicht des Verf.'s über Prostitution und deren Bekämpfung und Vorschläge zu einer sittlich sozialen Reform der Gesellschaft.   von Krafft-Ebing.

St. Petersburger Medizinische Wochenschrift vom 11. Oktober 1890 (Herr Professor Dr. med. Blessig):

„Angesichts des herrschenden, durch Philosophie und schöne Litteratur groß gezogenen Pessimismus in der Beurteilung des Geschlechtslebens unserer Zeit, sowie des hierauf begründeten „laisser faire, laisser aller" der Gesellschaft ist eine Schrift, wie die vorliegende, besonders von ärztlicher Seite, eine ebenso seltene wie erfreuliche Erscheinung. Mit sittlichem Ernste und warmer Menschenliebe tritt der Verfasser an die großen, tief in das Kulturleben einschneidenden Fragen heran. Die Vorlesungen wirken in gleicher Weise wohlthuend durch das Zartgefühl des erfahrenen Arztes und Menschenkenners, wie durch die rückhaltlose Offenheit, mit welcher dieser Schäden aufdeckt, Vorurteile bekämpft und Irrtümer entkräftet. — — Die Schrift ist zu einheitlich, zu sehr aus einem Guß, um sie auszüglich zu referieren; wir wollen hiermit nur die Aufmerksamkeit weitester Kreise auf dieselbe lenken. — — — Der studierenden Jugend möchten wir wünschen, daß sie, gleich den Studenten von Lund, Gelegenheit hätte, öfters solche Berater zu hören, wie den Verfasser dieses Buches."

Wiener medizinische Presse 1892, Nr. 11.

„Geschlechtsfragen würdig und gemeinverständlich zugleich zu behandeln ist überaus schwierig. Der Autor des vorliegenden Buches hat es verstanden, diese Aufgabe zu lösen, indem er mit sittlichem Ernste und vollster Offenheit den Schleier von Dingen hinwegzog, welche sehr wohl besprochen werden können, ja im Interesse der männlichen Jugend besprochen werden müssen. Zumal der zweite der hier wiedergegebenen Vorträge, welcher die sexuelle Diätetik behandelt, sollte von jedem in das Stadium der Geschlechtsreife tretenden Jüngling gelesen und beherzigt werden. Es wird ihn vor vielem bewahren, was er nachträglich bereuen dürfte, und vor allem die so gern acceptierte Anschauung der Notwendigkeit frühzeitigen geschlechtlichen Umganges widerlegen.

Die deutsche Litteratur kann dem gewandten Übersetzer nur dankbar dafür sein, daß er ihr die Kenntnis eines Werkes vermittelte, welches, die sozialen Schäden der sexuellen Sphäre auf wissenschaftlicher Grundlage rückhaltlos aufdeckend, von Ärzten und gebildeten Laien mit gleichem Interesse gelesen werden wird."
B.

Wiener medizinische Wochenschrift 1892, Nr. 44:

„Ein gutes Buch, das von Jedermann gelesen werden sollte. Es gehört zu den besten seiner Art. (Folgt eingehende rühmende Besprechung). — R.'s Schrift ist eine ernste, belehrende Lektüre und jenen Kreisen gewidmet, die für die Entwickelung und Verbesserung der menschlichen Gesellschaft ein herzliches Interesse fühlen." —

Medizinische Neuigkeiten für praktische Ärzte 1891, Nr. 45:

„Ribbing hat in diesen Vorlesungen gegenüber den modernen Litteraturerzeugnissen seine Anschauungen über die geschlechtlichen Beziehungen des Menschen, über Ehe, Polygamie, Prostitution niedergelegt. Er hat dies in so vollendeter Form und anregender Weise, durchdrungen von sittlichem Ernste, gethan, daß die Lektüre getrost jungen Männern empfohlen werden kann. Aber auch der Arzt und Erzieher wird in diesem gediegenen Buche in schwierigen Fragen des Geschlechtslebens Belehrung und Rat finden."

Münchener Medizin. Wochenschrift vom 7. Oktober 1890.:

„Die sexuelle Hygiene ist in Deutschland in der letzten Zeit Gegenstand verschiedener Schriften gewesen, die bei durchaus wertlosem Inhalt die unzweideutige Tendenz haben, durch einen verfänglichen Titel die Neugierde eines großen Leserkreises zu erwecken. Von solchen Erzeugnissen ist das vorliegende Buch des schwedischen Klinikers streng zu scheiden. Hervorgegangen aus Vorträgen, die der Verfasser vor vier Jahren in einem Studentenvereine zu Lund gehalten hat, behandelt dasselbe in allgemein verständlicher, für weitere gebildete Kreise berechneter Darstellung alle wichtigen Fragen, die mit dem Geschlechtsleben des Menschen zusammenhängen, seine Physiologie, seine abnormen Erscheinungen und Perversitäten, die davon bedingten Erkrankungen, die Prostitution ꝛc. Die hiermit gestellte Aufgabe war eine sehr schwierige; nur ein Mann von der Bedeutung und dem hohen sittlichen Ernste des Verfassers konnte sie lösen. Daß Ribbing ihr vollauf gerecht worden ist, beweist der große und nachhaltige Erfolg, den das Werk in seiner Heimat erzielte und vor allem die Lektüre der vorliegenden deutschen Übertragung selbst. Die edlen sittlichen Anschauungen, die in dem Buche auf jeder Seite zum Ausdruck kommen, und die würdige Sprache der Darstellung bürgen dafür, daß das Buch, Laienkreisen, insbesondere jungen Männern in die Hand gegeben, einen wirklich guten, erziehenden und aufklärenden Einfluß ausüben werde, sehr im Gegensatze zu litterarischen Produkten der oben bezeichneten Art. Dem Arzte aber wird das Buch nicht nur eine anregende Lektüre sein, sondern in manchen schwierigen Fragen der Praxis wird ihm die hier nieder=

gelegte Ansicht des erfahrenen Verfassers von hohem Wert sein können. Die Über=
setzung und Ausstattung des Buches ist eine sehr gute."

Ärztl. Vereinsblatt für Deutschland (Herausg. Geh. San.=Ra
Dr. med. Wallichs) 1892, Dezembernummer:

„Drei vor Studenten gehaltene Vorträge, die in einem edlen Sinne und
gewiß zum Nutzen der Jugend, das schwierige Thema behandeln."

Reichs-Medizinal-Anzeiger Nr. 24 (vom 19. Dezember 1890):

„Das Buch ist von einem tiefen sittlichen Ernste durchdrungen, die in
ihm ausgesprochenen Ansichten fußen auf dem Boden unserer Wissenschaft,
so daß sie sicher dem denkenden Arzte viele Anregung zur weiteren Beobach=
tung und Rat für die oft an ihn gestellten Fragen betreffend das geschlechtliche
Leben verschaffen werden."

Homöopath. Monatsblätter 1891, Nr. 8:

„Es ist zu bedauern, daß alle die Fragen der individuellen und gesell=
schaftlichen Hygiene, welche das Geschlechtsleben berühren, so selten eine sittlich=
ernste und eindringliche Besprechung erfahren und erfahren dürften. Ge=
sprochen und geschrieben wird ja über diesbezügliche Dinge genug und auch
gelesen, leider nur nicht am richtigen Orte und in der richtigen Weise. Die
Eltern und Erzieher betrachten derlei Fragen als „Kräutchen rühr' mich
nicht an!" und überlassen es dem Zufalle oder — schlechter Gesellschaft, ihre
Pflegebefohlenen über diese Dinge aufzuklären, die nun einmal von der Natur
dazu bestimmt sind, in unserm physischen Dasein eine recht wichtige Rolle zu
spielen und die sich deshalb auch nicht totschweigen lassen.

Mit Dank ist es daher zu begrüßen, wenn eine berufene Feder diesen
Bann bricht. Und Dr. Ribbings Feder gehört ganz entschieden zu den be=
rufenen. — Deshalb wird auch das Buch nicht verfehlen, in den rechten
Händen reichen Segen zu stiften. Auch gereiftere Männer können noch viel
daraus lernen, da bei solchen begegnet man noch häufig merkwürdig
verkehrten Ansichten über Fragen des Geschlechtslebens. Besonders alle Er=
zieher — Lehrer und Geistliche! — mögen das Buch sorgfältig studieren.
Vor allem aber möchte ich es in den Händen der reiferen Jugend, vorzüglich
der studierenden, sehen. — Möchten sie dem treuen Berater folgen, sie werden
es ihm als gereifte Männer danken!"   Dr. Möser.

Leipz. popul. Zeitschr. f. Homöopathie, 1893, Nr. 21 u. 22:
„Ein vortreffliches, empfehlenswertes Buch!"

Gesundheit. Zeitschrift für öffentl. und priv. Hygiene. 1891, Nr. 4:
„Dem Verlangen nach Aufklärung über sexuelle Fragen wird in der
Litteratur von berufener und unberufener Seite reichlichermaßen entsprochen.
Sachgemäße, gute Belehrung findet der Laie in diesem Buche. — Ribbing's
Schrift wird jedem denkenden Leser überhaupt manche dankenswerte Auf=
klärung bieten und ferner der reiferen Jugend ein sorgsamer Warner vor
vielen Irrwegen des Lebens sein, von denen dieselbe sonst auch bei früh=
zeitiger Umkehr nichts als bittere Erfahrungen und noch bitterere Reue
zurückbringt."

Internat. Zentralblatt für die Physiologie und Path. der Harn= und Sexual=Organe. Band III, Heft 2:

„Ein sehr interessantes und nützliches Buch, für dessen Verdeutschung wir dem Übersetzer entschieden zu Dank verpflichtet sein dürfen." (Folgt längere anerkennende Besprechung.) Eulenburg=Berlin.

Memorabilien. Zeitschrift für rationelle praktische Ärzte, 1891, Heft 3. (Schluß einer längeren Besprechung):

„Die Vorlesungen Ribbings sind an jüngere Männer gerichtet und dadurch besonders wichtig. Gerade in dem Lebensalter, wo der sexuelle Trieb mit besonderer Lebhaftigkeit erwacht, wo der Charakter nur selten schon eine gehörige Festigkeit erlangt hat, gerade in den Jahren, wo die Begriffe von sexueller Hygiene gewöhnlich roh, verworren und völlig ungeordnet zu sein pflegen, kann ein belehrendes Wort eines erfahrenen Arztes nur sehr willkommen sein. Aber auch der ältere Leser wird Gewinn von der inhaltreichen Diskussion von Fragen haben, die von ethischer, medizinischer und national=ökonomischer Seite gleich schwierig zu behandeln sind und hier eine leidenschaftslose und würdige Erörterung gefunden haben." C. Mettenheimer.

Excerpta medica 1891, Nr. 3:

„Mit hohem sittlichem Ernst wird hier die Geschlechtsfrage nach allen Richtungen hin erörtert, werden die Mängel der bestehenden sozialen Verhältnisse, die sittlichen Volksschäden der sexuellen Sphäre rückhaltlos aufgedeckt. Da das Werk trotz aller Wissenschaftlichkeit der Darstellung doch ein populäres Buch im besten Sinne des Wortes ist, so dürfte es die dankbarste Aufgabe des Arztes sein, die Lektüre desselben auch seinen Klienten angelegentlichst zu empfehlen und so nach Möglichkeit zu verhindern, daß Schriften von wertlosem Inhalt und unlauterem Charakter gelesen werden."

Bibliographische Rundschau für prakt. Ärzte und Studierende. Wien 1892, Nr. 3:

„Ribbings „Sexuelle Hygiene" hat weit über Skandinavien hinaus ungewöhnliches Aufsehen erregt; im Mai 1890 erschien die erste Auflage der deutschen Übersetzung, und im Verlaufe zweier Jahre sind bereits acht Auflagen nötig geworden. Auf dem Gebiete der Sexualfrage ist bisher keine tüchtigere Arbeit erschienen. Der Verfasser teilt sein Buch in drei Vorlesungen (folgt Inhaltsangabe). — Das Buch gehört in die Reihe jener Bücher, die man gelesen und in sich aufgenommen haben muß, um seinen Platz in der Gesellschaft auszufüllen, und die der Arzt seinen Patienten empfehlen soll, wenn er seinem erziehlichen Berufe gerecht werden will."

Urteile

von Blättern der verschiedensten Richtungen.

Apotheker-Zeitung 1891. Nr. 75:

„Der Verfasser behandelt in dieser Schrift ein Thema von einschneidendster sozialer Bedeutung in einer Weise, die durchaus geeignet ist, in den Leserkreisen derselben Aufklärung und damit Segen zu verbreiten. Es geht die Erziehung an dem hier von einem Hochschullehrer angeregten Thema so gern — aber kaum gerechtfertigter Weise — mit Stillschweigen vorüber. Wir aber möchten Eltern und Lehrer auf das vorliegende kleine Werk aufmerksam machen, weil der Titel anderenfalls zu einer Verwechslung desselben mit gewissen litterarischen Leistungen weniger würdiger Art Anlaß gegeben haben könnte."

—r.

Pharmazeutische Centralhalle 1891, Nr. 43:

„Diese in neuerer Zeit von den verschiedensten Seiten in sehr verschiedener Weise behandelte Frage ist von Prof. Ribbing hier in einer Form besprochen, welche von reichstem medizinischen Wissen und edelsten Grundsätzen getragen ist. Das Buch enthält eine vollständige Ethik des Geschlechtslebens; es will den vielen populär-medizinischen Schundbüchern den Weg verlegen und im edelsten Sinne aufklärend und bessernd wirken. Jedem, der über die tief in das Familien- und Volksleben eingreifende Fragen sich Klarheit verschaffen will, ist dieses Buch zu empfehlen; für Tausende wird es eine reiche Quelle der Belehrung sein."

—os—

Pharmazeut. Presse 1891, Nr. 12:

„Mit der Abhandlung des genannten Themas war Prof. Ribbing zunächst vor seine Hörer getreten, gedrängt von der in seinem Vaterlande immer mehr umsichgreifenden Verlotterung, die zu fördern es sich so manche Erscheinung auf dem Gebiete der sogenannten „schönen Litteratur" zur Aufgabe gemacht zu haben scheint. Das Wohl seiner Mitmenschen zu fördern, die heranreifende Jugend vor den Irrwegen des Lebens zu schützen, den sittlich Schwachen zu stützen, dem Irrenden auf den richtigen Weg zu helfen und auch den der Verzweiflung Nahenden aus der moralischen Versumpfung zu retten, das ist der löbliche Zweck dieses Büchleins, — das daher nicht genug zur Verbreitung empfohlen werden kann."

Zeitschrift für Schulgesundheitspflege 1892, Nr. 1:

„Die vorliegende Schrift hat in den nordischen Ländern großes Aufsehen gemacht und ihre edle Tendenz, sowie die gesunden moralischen Prinzipien, auf denen sie ruht, rechtfertigen dies." (Folgt längere Inhaltsangabe.) Dem sittlich ernsten und einsichtsvollen Buche sind recht viele Leser zu wünschen."

Geh. Ob.-Schulrat Dr. phil. Herm. Schiller,

Dir. d. großh. Gymn. und o. Prof. der Pädag. zu Gießen.

Der Natur- und Volksarzt 1892, Nr. 6 (Juni):

„Der Büchermarkt hat seit langem nicht eine so vorzüglich im Inhalte gehaltene Abhandlung wie die obige hervorgebracht. Der Stil ist fließend, die Sprache edel, der Gedankengang ein leicht verständlicher."

Der Pharmazeut 1893, Nr. 33:

"Man muß dem Übersetzer obigen Werkes Dank wissen, daß er uns die Bekanntschaft mit demselben vermittelte. Der Verfasser behandelt die Frage in einer so vorzüglichen, gemeinverständlichen Weise, daß man seinem Buche nur die allerweiteste Verbreitung wünschen kann. Vom Standpunkt des wissenschaftlich gebildeten Menschenfreundes ist dies Buch geschrieben — kein Gebildeter wird es ohne Nutzen lesen. Die Sexualfrage ist so eng mit der sozialen verknüpft, daß ihr Studium nur nützlich sein kann für jedermann. Wir empfehlen das Büchlein unseren Lesern angelegentlichst." H. B.

Ratgeber für Gesunde und Kranke (Leipzig) September 1890:
"Edel von der ersten bis zur letzten Seite."

Theologischer Litteratur-Bericht (Herausgeb. Pfarrer Eger) 1891, Nr. 1:

"Referent kann die Charakteristik der Schrift seitens des Übersetzers voll unterschreiben. in ernstem Sinne mit reicher medizinischer Kenntnis kämpft Verfasser für die Heilung der sittlichen Volksschäden in der sexuellen Sphäre. Freilich sind des Verfassers Resultate nur eine auf physiologischem Unterbau aufgebaute vernunftmäßige, aber durch und durch ehrbare, nicht eine aus religiösen Prinzipien geborene wirklich christliche Moral. Eine Herbeiziehung des religiösen Faktors würde sicher das Gewicht der ethischen Sätze des Verfassers vermehrt und tiefer in die Herzen der Zuhörer geschrieben haben. —" K. B.

Deutsche evangelische Kirchen-Zeitung 1891, Litter.-Beil. Nr. 3:

"Ein ausgezeichnetes Buch, das in drei Vorlesungen die geschlechtliche Frage medizinisch, psychologisch, ethisch behandelt. Die erste Vorlesung gilt der physiologischen Darstellung der Geschlechtsfunktionen; die zweite schildert die normalen Bedingungen des Geschlechtslebens und spricht sich ebenso gegen Polygamie wie gegen Unenthaltsamkeit der Ehelosen aus, indem sie allein in der monogamen Ehe das sittliche Ideal des Zusammenlebens von Mann und Weib aufweist; die dritte zeigt die Störungen des Geschlechtslebens durch physische wie moralische Entartung und bietet gleichsam eine eindringende Warnung vor Ausschweifungen jeder Art. Das ganze Buch ist meisterhaft in der Gründlichkeit wie in der Keuschheit der Darstellung, besonders auch dadurch, daß es keinerlei Reiz auf die Leser auszuüben vermag. Wer sich mit diesen Dingen auf dem Gebiete der inneren Mission zu beschäftigen hat, wird darin reiche Belehrung finden."

Kirchenblatt für die reformierte Schweiz 1891. Nr. 22 (Hauptartikel):

"Wir stimmen der Evang. Kirchenzeitung völlig bei; dagegen können wir nicht begreifen die Ausstellung des Theol. Litteraturberichtes, daß „die Herbeiziehung des religiösen Faktors den Eindruck der ethischen Sätze des Verf. vermehrt haben würde". Nein, gerade daß hier nur der Arzt redet, macht das Buch so überaus wertvoll. — Was Moralisten und Theologen längst wiſſen und predigen, was aber der moderne Menſch vielfach nicht glauben und einſehen will, das predigt nun der Arzt, und darin liegt eben unſeres Erachtens die eminente Bedeutung der Ausführungen Ribbings. Die religiöſe Seite der Frage, obwohl Ribbing ſie ſehr wohl zu würdigen verſteht, wird abſichtlich außer Acht gelaſſen. — Welcher Pfarrer wollte ſich nicht herzlich freuen über ſolche Bundesgenoſſen wie Prof. Ribbing? — Jedem Pfarrer und Erzieher und allen Eltern, die ihre Kinder vor dem Argen bewahrt wiſſen möchten, raten wir Ribbings Buch aufs angelegentlichſte zur Lektüre an. Mögen ſeine Worte weithin Gehör finden und auf fruchtbaren Boden fallen!"

Miſſionsblätter für innere Miſſion 1891, Heft 6 und 7.

"Neben den zahlreichen Schriften, welche ſich dem Laien als Ratgeber anbieten und die oft unter einem gelehrten Titel einen unſittlichen Inhalt verbergen, erſcheint vorliegendes Buch als ein wahrhaft treuer Eckhard. Weder ein idealiſtiſcher Moraliſt noch ein materialiſtiſcher Arzt — ſondern ein für die ethiſchen Aufgaben und Ziele des Menſchengeſchlechts ebenſo begeiſterter, ein mit ſeinen körperlichen Anlagen und Bedürfniſſen vertrauter Gelehrter und Lehrer redet hier zu uns. Wenn Hufeland in ſeiner Makrobiotik den unmoraliſchen Arzt ein Scheuſal nennt, ſo begrüßen wir die Erſcheinung eines Arztes, der ſeine gediegenen Kenntniſſe in den Dienſt der Moral ſtellt, mit herzlicher Freude, und wünſchen, daß ſein Buch in der Hand unerfahrener Jünglinge und reifer Männer zu eigener Inſtruktion und behufs Belehrung anderer ſeine Miſſion erfülle. Weit verbreiteten Vorurteilen tritt der Verfaſſer mit überzeugender Klarheit entgegen und zeigt, wie überall neues phyſiſches und pſychiſches Wohlergehen zu erwarten iſt, wo eines mit dem andern in die rechte Harmonie gebracht wird. So wird auch die Hygiene ein Gehilfe der Seelſorge und wir wünſchen auch die Seelſorger und Miſſionsfreunde mit den Kenntniſſen und Erfahrungen dieſes ärztlichen Buches ausgeſtattet, das in manchen ſchwierigen Fällen Wink und Rat erteilen könnte."

Korreſpondenzblatt zur Bekämpfung der öffentlichen Sittenloſigkeit 1891. Nr. 5:

"Wir halten uns im Intereſſe unſerer Sache für verpflichtet, dieſe Schrift unſern Leſern aufs wärmſte zu empfehlen. Im Gegenſatze zu vielen Schundbüchern, die ähnliche Fragen in gemeiner und platter Weiſe behandeln . . . hat der Verf. dieſes Buches ſeine reichen mediziniſchen Kenntniſſe taktvoll und doch aufs entſchiedenſte zur Pflege echter edler Sittlichkeit verwandt. Die würdige Sprache und der hohe ſittliche Ernſt des Ganzen beſeitigen die Gefahren, welche ſonſt mit der Beſprechung ſolcher Fragen leicht entſtehen und machen das Buch für jeden gebildeten jungen Mann zu einer anziehenden, belehrenden und ſittlich feſtigenden Lektüre."

Litterariſche Rundſchau (Beilage zur Kirchl. Korreſpondenz), I, Nr. 12:

"Es thut gegenüber der Flut unſittlicher „pikanter" Schriften doppelt wohl, ein durchaus ernſtes, wahrhaftig chriſtliches Buch zu erwähnen, dem wir die größte Verbreitung wünſchen: „Die ſexuelle Hygiene und ihre ethiſchen

Konsequenzen" u. f. w. — Ärzte wie Sittlichkeitsvereine haben sich in gleicher Weise lobend über diese treffliche Schrift ausgesprochen."

Kartell-Zeitung akadem. theol. Vereine 1892, Nr. 5:

„Eine offene, aber ernste und keusche Sprache, eine glückliche Verbindung der ärztlichen und sittlichen Anschauung, ein von übereifrigem Pathos wie leichtfertigem Gerede gleich entfernter Ton, eine mit traurigen Thatsachen nüchtern rechnende und doch den sittlichen Forderungen gerecht werdende Beurteilung, das sind die unleugbaren Vorzüge dieses Buches, welches nicht nur denen empfohlen werden darf, die berufsmäßig an dem Kampf gegen die Unsittlichkeit beteiligt sind, sondern welches auch, wie der Übersetzer will, der reiferen Jugend ein sorgsamer Warner vor vielen Irrwegen sein kann. Auf diesem heiklen Gebiete dürfte es nur wenig Schriften geben, welche Offenheit und Keuschheit in so taktvoller Weise zu verbinden wissen."

Sächsisches Kirchen- und Schulblatt 1891, Nr. 50:

„Nicht genug zu empfehlen, daß sei an dieser Stelle und nicht unter der Rubrik „Büchertisch" abgemacht, allen ernsten Männern und Jünglingen, die für diese Not des Volkes und die eigenen Kämpfe mit bösen Begierden ein Gewissen haben, ist ein Buch, das vor vielen verfehlten Büchern auf diesem Gebiete sich vorteilhaft unterscheidet und eine hervorragende Stelle einnimmt: die „Drei Vorlesungen über sexuelle Hygiene und ihre ethischen Konsequenzen" von Dr. med. Seved Ribbing. Dieses Buch, spannend geschrieben, in würdiger Sprache eine so schwer zu behandelnde Sache besprechend, voll edler sittlicher Anschauungen, besonders auch ausgezeichnet dadurch, daß es meisterhaft in der Keuschheit der Darstellung keinen Reiz auf die sinnlichen Begierden eines Lesers ausübt, ist völlig geeignet, der reiferen Jugend zur Belehrung und zur Warnung in die Hand gelegt zu werden."

Evangel. reformierte Blätter 1893, Nr. 10.

„Entschieden das beste Buch dieser Art; durchaus keusch und von gründlichster Instruktivität verdient es die weiteste Beachtung aller Interessenten."

Burschenschaftl. Blätter Nr. 7 vom 1. Januar 1892:

„Ein äußerst empfehlenswertes Buch für Jeden, der über die sittlichen Verhältnisse der Menschheit nachdenkt und die sich aufdeckenden Schäden zu verbessern wünscht. Es ist dem Verfasser bitterer Ernst mit seinen Forderungen an die Jugend, und namentlich an die studierende. Er steht auf einer sittlich hohen Stufe, und seine Arbeit wird vermutlich niemand aus der Hand legen, der durch dieselbe nicht wenigstens in seinen guten Ansichten und Vorsätzen bestärkt wäre; vielleicht wird auch mancher durch dieselbe veranlaßt, einmal gehörig Umschau in seinem Leben und Treiben zu halten. Sicherlich ist es für ihn besser, reinen Wein in gänzlich unverblümter Form eingeschenkt zu erhalten, als späterhin in pikanten Erzählungen und sogenannten Witzen etwa dasselbe, nur mit die reine Wahrheit zu erfahren."   Dr. J.

Akadem. Turnzeitung 1893, Heft XVI.

„Im Rahmen einzelner Vorlesungen verbreitet sich der Verf. über ein Gebiet, dessen Kenntnis nicht nur für den Mediziner wichtig ist, sondern auch) dem Seelsorger, dem Juristen, dem Lehrer, ja allen Gebildeten dringend wünschenswert sein dürfte. Wissenschaftliche Würde zeichnet das Buch aus, dabei ist die Darstellung doch an keiner Stelle trocken und langweilig, so daß uns seine Lektüre neben gründlicher Belehrung auch einen wirklichen Genuß geboten hat."

Akademische Blätter, Organ des Vereins deutscher Studenten 1891. Nr. 18.

„Recht angelegentlichst möchten wir allen Lesern der akad. Blätter, insonderheit den Medizinern, die Schrift des schwedischen Verfassers Prof. Ribbing empfehlen. Man merkt es dem Buche auf jeder Seite an, daß sein Verfasser nicht, wie es leider in puncto Geschlechtskrankheiten soviel der Fall ist, Gelderwerbs halber geschrieben hat, sondern daß ihm Liebe zu seinen Mitmenschen, die Liebe zur Moral die Feder in die Hand gegeben hat." (Folgt Inhaltsreferat.) Dr. med. Bg.

Bayer. Lehrerzeitung 1892, Nr. 25:

„Ribbings Werk bietet nicht etwa eine gelehrte Abhandlung, sondern eine gemeinverständliche Schilderung der anatomischen und physiologischen Grundgesetze des Sexuallebens, sowie die Bedingungen über dessen normale Funktionierung in der Ehe, wie anderteils die Störungen desselben — Krankheiten; es ist ein Gang durch das ganze Sexualleben von der edelsten Gattenliebe bis zu den unnatürlichen Auswüchsen und Gebrechen des modernen Gesellschaftslebens, eine Streife „vom Himmel durch die Welt zur Hölle", — immer ernst und wahr, nie verletzend. Das Werk verdient entschieden weiteste Verbreitung; es wird sicherlich auch allen Denkenden werden, was es verspricht: ein Berater und Lehrer, ein Mahner und Warner."

Neue Pädagog. Zeitung 1892, Nr. 39:

„— — Das ist auch ganz unsere Meinung, übereinstimmend mit den verschiedenen Empfehlungen, welche das Buch bereits in medizinischen, theologischen und anderen Zeitschriften gefunden hat. Für Erzieher in Haus und Schule und für Volksbibliotheken halten wir das Buch sehr geeignet."

Sammlung pädagogischer Vorträge. (Herausgegeben von Wilh. Meyer-Markau), Band V, Heft 3:

„Ich möchte die Amts-Genossen auf ein treffliches Buch aufmerksam machen, das weiteste Verbreitung auch unter Lehrern verdient: „Die sexuelle Hygiene und ihre ethischen Konsequenzen". Drei Vorlesungen von Dr. med. Seved Ribbing u. s. w."

Pädagog. Zeitung, Litt.-Beilage Nr. 3 vom 17. März 1892:

„Besonders von Eltern und Erziehern verdient das Buch gelesen zu werden. Vielen wird es eine Quelle der Belehrung sein, sie aufklären über ihre Aufgaben der heranwachsenden Jugend gegenüber. Es wird ihnen ermöglichen, ihre Kinder und Zöglinge nicht ungewarnt und ohne richtiges Verständnis für die schweren Gefahren des öffentlichen Lebens zu entlassen."

Deutsche Blätter f. erzieh. Unterricht 1893, Nr. 27.

„Es ist in hohem Grade beklagenswert, daß die (pädagogische) deutsche

Presse sich einem Buche, wie diesem gegenüber, dem unter den Werken über sexuelle Hygiene ein ganz hervorragender Platz gebührt, so unverantwortlich teilnahmlos verhalten kann. Freilich, so vielen ist dieses Gebiet ein Noli me tangere, dem einen aus Prüderie, dem andern aus schlechtem Gewissen. Um nicht in den Sumpf hineingreifen zu müssen, läßt man so manche hoffnungsvolle Existenz darin untergehen. Das Buch vermag der reifen Jugend ein sorgsamer Warner vor vielen Irrwegen des Lebens zu sein, aber jedem denkenden Leser überhaupt dankenswerte Aufklärungen zu bieten. Der hohe ethische Standpunkt, von dem aus es verfaßt ist, verleiht ihm besonderen Wert. Das tritt z. B. in dem Abschnitt: „Die Beherrschung des Geschlechtstriebes, eine Kulturkraft" hervor, desgleichen in dem über „Die Wirkung der Litteratur auf die Sitten." Es ist natürlich, daß ein Mensch von feinem ästhetischem Sinn und einem reinen, sittlichen Gefühle manche Kapitel in dem Buche nur mit Widerstreben lesen wird. Aber ein Vater, der sein Kind, ein Lehrer, der seinen Schüler lieb hat, muß damit bekannt werden. Wir wünschen Ribbings Werk einen großen und zwar den rechten Leserkreis."

Neues Braunschw. Schulblatt 1893, Nr. 1.

„Da jedes menschliche Leben und Dasein seinen Ursprung in einem geschlechtlichen Verhältnisse findet, kann das letztere als das Herz der Menschheit betrachtet werden. Wird dessen Wirksamkeit erschüttert und zerstört, so leiden davon alle Glieder der Menschheit." „Für mich ist die sexuelle Frage sowohl die Wurzel wie die Blüte, der Anfang und das Ende jeder Moral" — mit diesen Worten rechtfertigt Verfasser gegen den Schluß des Werkchens die eingehende Behandlung des obigen Gegenstandes, welche er im Frühjahr 1886 von den Mitgliedern des Studentenvereins in Lund in drei Vorlesungen unternommen hat. „Der warme und von echter Menschenliebe getragene Ton, der seine Ausführungen durchklingt; die vor nichts zurückschreckende, und doch in keiner Weise unlautere Wirkungen begünstigende, rein wissenschaftliche Würde, die er in jeder Zeile zu bewahren wußte", erklären das außergewöhnliche Aufsehen, welches das Buch überall erregt hat. Der Übersetzer hat sich ein großes Verdienst erworben, indem er dieses Werk in unsere Litteratur einfügte. Möchte das vortreffliche Buch doch recht viele, aufmerksame Leser finden! Möchte das Buch namentlich in keiner Lehrerbibliothek fehlen! Der Segen solcher Lektüre wird nicht ausbleiben!" M.

Preußische Schulzeitung 1893, Nr. 54.

„Das Werk, welches Anspruch darauf erhebt und erheben kann, das einzige wahrhaft gute Buch über geschlechtliche Sittenpflege zu sein, ist in seinen früheren Auflagen bereits von zahlreichen wissenschaftlichen, politischen, theologischen und pädagogischen Zeitschriften aufs wärmste empfohlen worden, und wir können uns diesen Empfehlungen nur anschließen. Die Darstellung gestattet es, ohne Besorgnis der reiferen Jugend das Buch in die Hand zu geben, und dem Lehrer, dem ja auch die schwere Pflicht obliegt, über die geschlechtlichen Verirrungen seiner Schüler und Schülerinnen zu wachen, empfehlen wir das Studium besonders. Wir empfehlen, in den Vereinssitzungen auf das Buch aufmerksam zu machen." W. L.

Allgem. konservative Monatsschrift für das christliche Deutsch-

land, herausg. von D. von Oertzen und Professor Dr. M. von Nathusius, 1891, Aprilheft:

„Dem Urteile der Petersb. Medizin. Wochenschrift schließen wir uns in aller Hinsicht an. Das Buch kann jedem gebildeten Jüngling in die Hand gegeben werden."

Die Grenzboten 1891. Nr. 26. Aus einer „Zum dunkeln Kapitel der Kulturgeschichte" überschriebenen längeren Besprechung des Buches:

— „Trotz aller Prüderie oder Leichtfertigkeit, trotz alles Pharisäertums und einer falsch angebrachten sittlichen Entrüstung kommen wir um die That-sache nicht herum, daß der Niedergang der mächtigsten Kulturvölker vor allen Dingen und zu allen Zeiten die Folge eines mißverstandenen schlechtgeordneten, verkommenen Geschlechtslebens gewesen ist. — Eine Ethica naturalis sexualis, die sich auf die Erfahrungen der Physiologie und Pathologie stützte, würde für unsere Gesellschaft, ja für den gesamten Kulturfortschritt der Menschheit von größerem Segen sein, als alle philosophischen und religiösen Sittenlehren zusammengenommen. — Ribbing hat in seinem Buche den Versuch solch einer natürlichen Sittenlehre gemacht. (Folgt eingehende lobende Erörterung des Inhalts der Schrift.) — Sein Buch hat in Schweden viele Angriffe erfahren, aber auch viel Anerkennung gefunden. Der deutschen Jugend kann es nicht genug zum eifrigen Studium empfohlen werden."

Deutsch-soziale Blätter 1893, Nr. 233.

„Ein ernster Berater der Jugend. — — In einer durchaus vornehmen und sittlich ernsten Weise hat Ribbing seiner Aufgabe gerecht zu werden ge-sucht. Wahrhaft wissenschaftlich und doch zugleich allgemeinverständlich, ist dieses ernste Buch wohl geeignet, der ratlos irrenden Jugend ein Stab und Stecken zu sein. Aber auch jedem reiferen Manne wird es manche Klärung in dunklen Gebieten bringen."   —h.

Der Bildungs-Verein. Zeitschr. d. Gesellsch. f. Verbreitung von Volksbildung ꝛc., 1890, Nr. 12:

„Ribbings Buch ist eines jener seltenen Werke, in denen die wichtigsten und zugleich wundesten Stellen unserer Kulturentwicklung von edler Hand berührt werden. Nie wird das Gefühl des Lesers verletzt, nie der Wirkungs-bereich des Arztes durch wohlfeile Ratschläge beeinträchtigt, voll und ganz hat der Autor seine Aufgabe erfüllt: als echter Volkshygieniker nicht spezielle Symptome und dergl., sondern die Darstellung der Krankheitsursachen im Sinne des vorbeugenden Prinzips zu pflegen. Dem reichen Inhalte des Werkes, der geschickten und kenntnisvollen Behandlung der schwierigsten sozial-sexuellen Fragen kann eine Besprechung unmöglich gerecht werden; sie kann hier nur andeuten. Wer erziehliche Aufgaben in Haus, Schule und im größeren Kreise des Vereinslebens zu erfüllen hat, dem sei die Schrift bestens empfohlen."   (Dr. med. F.-Berlin.)

Industrieblätter. Wochenschrift für gemeinnützige Erfin-dungen u. s. w. 1891. Nr. 42:

„Bei dem Leichtsinn im geschlechtlichen Leben, der unsere Tage charakteriſiert, und der von falſcher Prüderie eingegebenen Abſichtlichkeit, mit der die Pädagogik die Behandlung ſexueller Fragen übergeht, iſt das Erſcheinen vorliegenden Buches, das von Anfang bis zu Ende ſtrengſittlichen Ernſt atmet, mit Freuden zu begrüßen. Wir empfehlen das Buch jedem jungen Manne als einen Bewahrer vor den Gefahren des öffentlichen Lebens, jedem Vater und Erzieher als eine verſtändige Anleitung zur Erhaltung der Keuſch= heit und Kraft unſerer heranwachſenden Jugend.“ —rs.

Kaufmänn. Blätter 1891, Nr. 43:

„Dieſes vorzügliche Buch enthält eine vollſtändige Ethik des Geſchlechts= lebens, welche aus den Erfahrungen eines vielerfahrenen, ſittlich hochſtehenden Arztes hervorgegangen iſt; es will den vielen ſogen. „populär=mediziniſchen“ Schundbüchern, welche teils der Sittenloſigkeit Vorſchub leiſten, teils daran mindeſtens nichts beſſern, den Weg verlegen, Eltern, Berater und Erzieher über ihre Aufgaben in bezeichneter Richtung aufklären und der männlichen Jugend ein „getreuer Eckard“ ſein.“

Bank= und Handels=Zeitung (Berlin) vom 5. April 1891:

„Es iſt ein heikles Thema, welches der Verfaſſer des vorſtehend an= gezeigten Buches zu behandeln unternommen hat, und die Gefahr lag recht nahe, einerſeits den Dingen aus begreiflicher Scheu nicht nahe genug zu Leibe gehen, andererſeits in Frivolität und Cynismus zu verfallen. Aber, geleitet von einem feinen Taktgefühl, womit ſich hoher, ſittlicher und wiſſenſchaftlicher Ernſt und warme Humanität verbinden, hat der Verfaſſer eine Arbeit ge= liefert, die für die Art der Darſtellung und Behandlung ähnlicher Fragen geradezu als muſtergültig bezeichnet werden kann.“

Bayer. Verkehrsblätter 1893, Nr. 11.

„Unendlich viele dieſem Thema dienſtbare ſogenannte populär=medi= ziniſche Schriften ſind ſchon erſchienen, doch keine wohl vermochte in ſo ernſter und würdiger Behandlung des Stoffes zweifellos das Gepräge einer von reichſtem mediziniſchen Wiſſen und edelſten Grundſätzen getragenen Abhand= lung erkennen zu laſſen, als Ribbings Werk. In ſeiner ganzen Veranlagung und bei dem hohen ſittlichen Ernſt, der es erfüllt, wird dasſelbe als wert= voller Ratgeber ſeinen Weg in die breiteſten Volksſchichten nehmen.“

Die Bauhütte, Organ für die Geſamtintereſſen der Freimaurerei 1892, Nr. 41:

— — „Je mehr die moderne ſchöne Litteratur das ethiſche Niveau herab= zudrücken ſucht, deſto notwendiger iſt es, daß Fachleute mit ſittlichem Ernſt an ſolche, tief in das moderne Kulturleben einſchneidende Fragen herantreten und ihren Zeitgenoſſen die Augen öffnen. Das geſchieht hier aber mit ſolch feinem Takte, mit ſolchem Zartgefühle, in ſo vollendeter Form, daß wir nicht anſtehen, das Werkchen hiermit allen Brüdern auf das wärmſte zu empfehlen.“—

Die königl. **Leipziger Zeitung**, wiſſenſchaftl. Beilage vom 17. Juli 1890. (1. Beſprechung.):

— — — „Es iſt ungemein ſchwierig, die Geſchlechtsfrage nach jeder

Richtung hin in einem der Wissenschaft würdigen Gewande für den Laien zu erörtern. Ribbing hat es meisterhaft verstanden, bei aller Wissenschaftlichkeit der Darstellung diese doch interessant und fesselnd zu gestalten. Das Buch kann für Tausende eine reiche Quelle von Belehrung sein." — —

Dasselbe Blatt, wissenschaftliche Beilage zu Nr. 105 vom 3. Sept. 1891. (2. Besprechung.):

— „Wir verfehlen nicht, alle diejenigen, welche die hohe Bedeutung der sexuellen Hygiene für das ganze gesellschaftliche, wirtschaftliche und geistige Leben eines Volkes zu würdigen wissen, auf die hochinteressanten Darlegungen dieses Buches aufmerksam zu machen, und möchten demselben namentlich eine größere Verbreitung unter unserer Jugend, insbesondere auch unter derjenigen der sogenannten besseren Stände, die vielleicht dereinst berufen sein wird, auch diese hochwichtige Frage ihrer Lösung zuzuführen und auf deren geistiger und leiblicher Gesundheit die Zukunft unseres Staatslebens beruht, von ganzem Herzen wünschen."

Die **Danziger Zeitung** (freisinn. Organ) vom 28. Jan. 1892 schreibt:
„Ein Titel, der die Neugierde herausfordern wird. Wer aber glaubt, eine frivole Abhandlung und Sinnenreiz in diesem Buche zu finden, irrt sich gewaltig. Mit Ernst und Tiefe ist dieser Gegenstand, über den schon so viel geschrieben ist, erfaßt, und die Aufklärungen die hier gegeben werden, können ihre wohlthuende Wirkung nicht verfehlen. Möchte jeder junge Mann, der von Zweifel und Unsicherheit geplagt wird, in diesem Buche Rat finden, und wären nur viele in der Lage, sich einem so erfahrenen und gewissenhaften Arzte, wie es Professor Ribbing ist, anzuvertrauen. Nicht nur bei Ärzten, sondern auch bei Laien ist dem Buche eine große Verbreitung zu wünschen, um vielen zu helfen, viele zu schützen. Außerdem wird jeder denkende Leser interessante Daten und Erörterungen in großer Fülle in dem dankenswerten Werkchen finden."

Köln. Volkszeitung (führendes kathol. Blatt) vom 24. Mai 1893.
„Ribbings Schrift verdient gegenüber der noch schwebenden Diskussion in Sachen der lex Heinze große Beachtung aller Sozial=Politiker, Ärzte, Geistlichen u. s. w., die für die Entwickelung und Verbesserung der sittlichen Zustände der Gesellschaft zu wirken berufen sind. Wohlthuend ist das Zartgefühl, womit ein Arzt und Menschenkenner die Schäden des modernen Lebens aufdeckt, erhebend die rückhaltlose Offenheit, mit welcher er Vorurteile bekämpft und Irtümer entkräftet. Mit Entschiedenheit tritt Verfasser dem in ärztlichen Kreisen leider so häufig vertretenen Vorurteil der hygienischen Gefahren des Cölibates entgegen und bricht eine kräftige Lanze für die menschliche Freiheit. Unter den Reformen, welche eine bessere sittliche Zucht herbeizuführen geeignet wären, hebt Prof. Ribbing mit Recht die Beseitigung des in allen Gesellschaftskreisen vorhandenen, nur in der Form verschiedenen Alkoholismus hervor. Dem Gegenstande nach eignet sich das Buch natürlich nicht zum Studium für Jedermann, den berufenen Kreisen ist es zu empfehlen."

Norddeutsche allgemeine Zeitung vom 3. April 1892:
„So groß auch die Zahl der sogenannten „populär=medizinischen" Schrif=

ten über die verschiedensten Fragen des Sexuallebens sein mag, die abge=
sehen von ihrem mehr oder weniger wertlosen Inhalt, oft aus wenig lauteren
Motiven hervorgehen, ebensosehr fehlte es unseres Wissens bisher an einer
ernsten und würdigen Behandlung dieses Themas, die gleichzeitig auch den
Vorzug besaß, dem Verständnisse weiterer Kreise zugänglich zu sein. Beide
Eigenschaften, allgemeine Verständlichkeit, wie durchaus sittlichen Ernst in
Form und Inhalt trotz aller Freimütigkeit besitzt Professor Ribbings Buch
in vollstem Maße. Es ist deshalb durchaus geeignet, jedem in das Leben
hinaustretenden jungen Manne als Berater in die Hand gegeben zu werden.
Ebenso werden die Eltern und Erzieher mancherlei Aufklärung und Belehrung
zum Wohle der ihnen anvertrauten Jugend daraus schöpfen können."

Dr. W. F.

Straßburger neueste Nachrichten vom 30. August 1892:

„Ein vortreffliches Werk, dessen ernste wissenschaftliche und doch verständ=
liche Art wohltuend wirkt. Das Buch kann vielen zum reichsten Segen des
Leibes und der Seele werden."

Pfälzischer Kurier vom 11. November 1891:

„Das Buch ist von einem tiefen sittlichen Ernst durchdrungen und sucht
nicht wie andere derartige Schriften Reiz auf die Leser auszuüben. Aller=
dings deckt das Buch schonungslos alle Schäden auf, was aber notwendig ist,
wenn ein Heilungsprozeß erzielt werden soll. Mit prüdem Augenzuschließen
kann eben nichts erreicht werden. Wir empfehlen allen jenen das Werk,
welche die — Wahrheit hören wollen."

Würzb. Stadt- und Landbote vom 5. September 1891.

„Eine ernste, auf streng wissenschaftlicher Grundlage aufgebaute populäre
Behandlung der für die Gesundheit und Moral überaus wichtigen sexuellen
Hygiene, ein hochschätzbarer Ratgeber für Eltern und Erzieher, für Männer
und Frauen wie für reine gewissenhafte Jugend tritt in diesen Vorlesungen
vor uns. Jeder Einsichtsvolle, welchem daran liegt, nicht gegen die Natur-
gesetze auf Kosten seiner Gesundheit zu freveln, findet hier einen Freund und
Berater, welcher ihm in würdiger Form, mit tiefsittlichem Ernst und warmer
Menschenliebe ein Stück tief in das Kulturleben einschneidender Ethik erschließt,
gegen welche so vielfach blindlings gesündigt wird. Zart und leidenschaftslos
finden sich die maßgebenden Fragen behandelt, ein feines Gefühl für Anstand
und Sitte leuchtet uns auf jeder Seite entgegen und wohl beherzigenswert
sind die Warnungen und Ratschläge, welche das treffliche Buch manchen ernsten
Gefahren gegenüber uns bietet. Möge es sich einer weitesten Verbreitung
und durch sie eines nutzbringendsten Erfolges erfreuen!"

Rostocker Zeitung vom 26. März 1892:

„Die günstige Aufnahme, welche dieses Buch beim Publikum, wie in der
medizinischen, theologischen und anderen Presse gefunden hat, verdankt es den
edlen sittlichen Grundsätzen, welche eine ebenso edle und klare Darstellung
gefunden haben. Der wissenschaftliche Nachweis, daß die hygienischen Forde=
rungen mit den sittlichen durchaus übereinstimmen, ist in schlagender Weise

geführt. Den Vätern heranwachsender Söhne, sowie den Predigern, Lehrern und anderen, welche die Jugend für das Leben zu beraten und auszurüsten haben, aber auch der erwachsenen Jugend selbst, darf Ribbings Buch als weiser Ratgeber und Führer zu Tugend und Glück warm empfohlen werden."

St. Petersburger Zeitung, 1. Beil. zur Nr. vom 11. Oktbr. 1892:

„Es wird hier ein Gegenstand von der größten sozialen, sittlichen wie praktischen Bedeutung behandelt. Das Heikle, welches den Vorwurf enthält, wird vollständig durch den großen sittlichen Ernst, durch die strenge Wissenschaftlichkeit und die große Menschenliebe beseitigt, mit denen der Verfasser an die gerade für unsere Zeit so wichtigen und bedeutungsvollen Fragen herantritt. Es ist nichts damit gedient, wenn man einen Fehler oder einen Schandfleck uns verhüllt, aber ihn dabei fortbestehen läßt. Ebenso freimütig wie feinfühlig und warm empfindend beleuchtet Ribbing den Gegenstand und sucht den erörterten Schäden nicht durch Palliativmittel beizukommen, sondern ihm kommt es auf eine radikale Heilung an, für welche er ein klares Verständnis voraussetzt, dem nichts hinderlicher ist, als die Scheinsittsamkeit, die man sogar mit dem Fremdwort „Prüderie" bezeichnet. Auf Einzelheiten der Schrift näher einzugehen, ist unmöglich, da der Inhalt so innig mit der Darstellungsweise verknüpft ist, daß eine Scheidung beider ganz unmöglich ist und nur ihre Wirkung verfehlen würde, die ganz vorzugsweise auf der würdigen, von hohen sittlichen Idealen getragenen Sprache beruht. So ist das Buch nicht nur eine reiche Quelle der Belehrung, sondern auch der Besserung und Erhebung und verfolgt nicht minder ethische Zwecke, wie praktische."   H. O.

Das neueste Buch über England von gegenwärtig höchst aktuellem Interesse:

Gustaf F. Steffen:

In der Fünfmillionenstadt.

Kulturbilder aus dem heutigen England.

Ein stattlicher Band von 390 Seiten. Preis geheftet 2 Mk., gebunden 3 Mk.

Steffens, aus vorurteilsfreier, scharfer Beobachtung hervorgegangene, sich auf langjährigen Aufenthalt gründende und fesselnde Darstellung des gesellschaftlichen, sozialen, merkantilen, litterarischen, künstlerischen und politischen Lebens in England hat für jeden Gebildeten, insonderheit für jeden Deutschen Interesse.

„Steffens Werk ist ein Spiegel des gesamten englischen Lebens, wie er in solcher Klarheit dem englischen Volke noch nicht vorgehalten worden ist."

(Dresdener Nachrichten.)

Hofbuchdruckerei Carl Liebich, Stuttgart